普通高等教育机械类"十二五"规划系列教材

互换性与技术测量（第2版）

钱云峰　主　编

殷　锐　副主编

电子工业出版社

Publishing House of Electronics Industry

北京·BEIJING

内 容 简 介

本书依据国发［2014］19 号、教发［2014］6 号文件提出的全国高校改革"探索发展本科层次职业教育"、"深化专业、课程和教材改革，创新人才培养模式"的有关精神，从培养本科层次技术技能型人才的需要出发，以"易教易学"为核心，以互换性生产的技术要求为导向，强调概念、原理的"够用、实用、新用"，采用了我国公差与配合最新国家标准，并反映了新的测量方法与技术。本书将传统的教学内容进行整合，力求少而精，突出重点难点。全书分上篇（基础篇）和下篇（应用篇）共 9 章。上篇包括绪论、测量技术基础、极限与配合、形状和位置公差、表面粗糙度共 5 章；下篇包括光滑极限量，常用连接件，结合与传动，尺寸链共 4 章。每章均配有所需的数据表格和习题，同时还免费提供电子课件、习题解答和实验指导。

本书是面向应用型本科院校机械及相关专业的教学用书，也可供各类高等院校师生和其他行业的有关工程技术人员参考。

图书在版编目（CIP）数据

互换性与技术测量/钱云峰主编. —2 版. —北京：电子工业出版社，2015.10
普通高等教育机械类"十二五"规划系列教材
ISBN 978-7-121-27296-7

Ⅰ. ①互… Ⅱ. ①钱… Ⅲ. ①零部件－互换性－高等学校－教材②零部件－测量技术－高等学校－教材
Ⅳ. ①TG801

中国版本图书馆 CIP 数据核字（2015）第 227662 号

策划编辑：赵玉山
责任编辑：赵玉山
印　　刷：北京盛通商印快线网络科技有限公司
装　　订：北京盛通商印快线网络科技有限公司
出版发行：电子工业出版社
　　　　　北京市海淀区万寿路 173 信箱　邮编　100036
开　　本：787×1092　1/16　印张：16　字数：410 千字
版　　次：2011 年 4 月第 1 版
　　　　　2015 年 10 月第 2 版
印　　次：2022 年 6 月第 7 次印刷
定　　价：34.00 元

第 2 版前言

本教材自 2011 年 4 月出版以来，受到了广大师生的认可，被多所院校选用，已重印多次。这期间，我国高等教育形势发生了很大变化，依据国发 [2014] 19 号、教发 [2014] 6 号文件提出全国高校改革"探索发展本科层次职业教育"、"深化专业、课程和教材改革，创新人才培养模式"的有关精神，从培养本科层次技术技能型人才的需要出发，特进行本次修订。

本次修订，一方面考虑到高校"互换性与技术测量"课程的基本要求与多所高校教学时数较少的情况，另一方面分析总结了几年来教材的使用情况和企业反馈的人才素质要求，在保证教材全面性与系统性、保持原教材优点的前提下，调整和完善了内容结构，力求少而精，突出重点难点，便于教学过程的实施，使学生更易于掌握本课程的基本内容，为后续课程的学习或从事机电产品的设计、制造、维修和管理打下基础。

第 2 版的篇章结构如下：

1）上篇　基础篇。包括第 1 章绪论，第 2 章测量技术基础，第 3 章极限与配合，第 4 章形状与位置公差，第 5 章表面粗糙度。

2）下篇　应用篇。包括第 6 章光滑极限量规，第 7 章常用连接件：滚动轴承、键与矩形花键连接、普通螺纹结合，第 8 章结合与传动：圆锥结合、圆柱齿轮传动，第 9 章尺寸链。

3）总学时按 26～32 学时编写，使用中可以根据需要进行取舍。

参加本书修订和编写的有昆明学院钱云峰同志（第 1 章、第 7 章、第 8 章）、西北工业大学殷锐同志（第 4 章、第 5 章、第 7 章、第 9 章）、西南林业大学王远同志（第 6 章、第 7 章、第 8 章）、中国石油大学（华东）钱文聪同志（第 2 章、第 3 章）。本书由钱云峰同志任主编，殷锐同志任副主编，全书由钱云峰统稿。西南林业大学杨永发教授审阅了本书。

在此，对在本书的编写和出版过程中给予热情支持和帮助的院校和企业单位及提出宝贵意见的同志表示诚挚的谢意。

由于编者水平有限，书中难免有缺点和错误，恳请广大读者批评指正。

编　者
2015 年 5 月

第1版前言

"互换性与技术测量"是高等工科院校机械类各专业的一门综合性、实用性很强的主干技术基础课程,是与机械制造业发展紧密联系的基础学科。它包含几何量公差与选用及误差检测两方面的内容,将互换性原理、标准化生产管理、误差检测等相关知识融合在一起,涉及机械设计、机械制造及质量控制等多方面技术问题,是技术应用型人才、机械工程人员与管理人员必备的一门综合应用技术基础课程。

本书在编写过程中吸收国内同类教材的优点,听取企业的宝贵建议,参照兄弟院校的教学经验和成果,结合我国高等应用型本科专业教育的特色,以"能力培养"、"够用、实用、新用"为基本原则,以"能力中心课程范型"为课程的基本模式,注重基础内容,突出应用,尽量做到少而精,以便于自学。课后习题也围绕实际生产所需的知识和能力来设计,题型有选择题、填空题、判断题、简答题、计算题和作图题等。本书力求反映国内外的最新成就和最新国家标准,内容新颖齐全,资料丰富,层次分明,适用面广,总学时按45学时左右编写,其中理论课35学时,实践(实验)课10学时,使用中可以根据需要进行取舍。与本书配套的教学辅助资源包括电子课件、习题解答和实验指导,可免费提供给采用本书授课的教师使用。

我们认为,通过本教材的编写和推广使用,有助于加快改进高等应用型本科教育的新型办学模式、课程体系的构建和教学改革的思路和方法,形成具有特色的高等应用型本科教育的新体系,利于提高整体质量。

本书共分12章。参加本书编写的有昆明学院钱云峰同志(第1章)、西北工业大学殷锐同志(第5章、第6章、第12章)、泰山学院鲁杰同志(第3章、第4章)、西安工业大学王林艳同志(第2章、第10章)、西南林业大学王远同志(第7章、第8章、第9章)、山东科技大学孙静同志(第11章)。本书由钱云峰、殷锐同志任主编,王林艳、鲁杰同志任副主编。全书由殷锐同志统稿,钱云峰同志定稿。

在此,对在本书的编写和出版过程中给予热情支持和帮助的院校和企业单位及提出宝贵意见的同志表示诚挚的谢意。

由于编者水平有限,书中难免有缺点和错误,恳请广大读者对本书提出宝贵意见。

编 者

目录

上篇

基础篇

上篇

基础篇

第1章

绪　　论

> ➤ 学习目的

　　通过本章的学习，了解互换性生产的概念、作用和分类，互换性生产与误差、公差的关系，标准的基本概念与标准化的意义，优先数与优先数系的基本内容和特点，以及优先数系在标准化中的作用。

1.1　互换性

1.1.1　互换性的概念

　　我们在日常生活中经常会碰到灯泡损坏的情况，维修时，修理人员往往是将损坏的灯泡拆下，购买相同规格的完好灯泡装上，电路开关一合上，灯泡一定会发光。这是因为规格相同的灯泡，都是按互换性要求制造的，无论它们生产于哪个工厂，只要产品合格，都具有互相替换的性能；还有很多同样的例子，如人们经常使用的汽车、电视机、手机、手表等。所谓互换性，就是机器零件（或部件）相互之间可以替代，且能保证使用要求的一种特性。确切地说，互换性是指在同一规格的一批零件（或部件）中，不经选择、修配或调整，任取其一，都能装在机器上达到规定的功能要求。如图 1-1 所示，图 1-1（a）中上方规格的轴颈不能替换下方规格的轴颈，它们不具有互换性；而图 1-1（b）中上方规格的轴颈可以替换下方规格的轴颈，它们具有互换性。因此互换性生产是制造业和其他许多工业产品设计和制造的重要原则。

(a) 规格不同的轴颈　　　　(b) 规格相同的轴颈

图 1-1　互换性示例

　　在现代工业生产中常采用专业化的协作生产，即用分散制造、集中装配的办法来提高生产率，保证产品质量并降低成本。要实行专业化生产保证产品具有互换性，必须采用互换性生产原则。

　　互换性通常包括几何参数互换（如尺寸、形状等）、机械性能互换（如硬度、强度等）、物理化学性能互换（如导电性、化学成分、抗腐蚀性等）等。本课程仅讨论几何参数的互换性。

几何参数主要指尺寸大小、几何形状（包括微观与宏观），以及点、线、面间的相互位置关系等。为了满足互换性的要求，将同一规格的零件（或部件）的几何参数做得完全一致是最理想的，但由于加工误差的存在，在实践中这是达不到的，同时也是不必要的。实际上，只要求同一规格的零件（或部件）的几何参数保持在一定的范围内，就能达到互换性的目的。

1.1.2   互换性的作用

互换性生产对国家经济建设具有非常重要的意义。现代的工业，要求机械零件具有互换性，才能将一台设备中的成千上万个零件（或部件），分散到不同的工厂、车间进行高效率的专业化生产，然后集中进行装配，如图 1-2 所示。因此，按互换性原则组织生产，是现代生产的重要技术原则，它为生产的专业化创造了条件，不但促进了高效智能化生产的发展，而且有利于降低产品成本，提高产品质量。

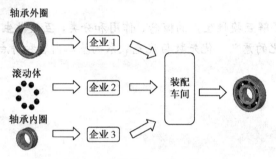

图 1-2   分散生产，集中装配

互换性生产为产品的设计、制造、使用和维修带来了很大的方便，使得各相关部门获得最佳的经济效益和社会效益。

在设计方面，遵循互换性生产原则，便于采用三化（标准化、系列化、通用化）设计和计算机辅助设计（CAD），大量采用标准件和通用件，减少绘图、计算等工作量，缩短设计周期，并有利于产品多样化开发。

在制造方面，遵循互换性生产原则，利于进行合理分工和组织专业化协作生产，利于采用先进工艺和高效专用设备，尤其是计算机辅助制造，利于实现加工和装配过程的机械化、自动化、智能化，提高生产率，保证产品质量，降低生产成本，缩短生产周期。

在使用和维修方面，零件（或部件）具有互换性，可以及时更换磨损或损坏的零件（或部件），以便迅速排除故障，恢复设备的工作性能；减少了修理机器设备的时间和费用，保证机器能连续而持久地运转。

由上可知，互换性生产对提高生产率，保证产品的质量和可靠性，降低生产成本，缩短生产周期，增加经济效益具有重要作用，因此，互换性生产已成为现代制造业中一个普遍遵守的原则，也是现代工业发展的必然趋势。

1.1.3   互换性的分类

按照互换的范围，可分为功能互换和几何参数互换。功能互换是指零部件的几何参数、机械性能、物理化学性能及力学性能等方面都具有互换性（又称为广义互换）；几何参数互换是指零部件的尺寸、形状、位置及表面粗糙度等参数具有互换性（又称为狭义互换）。

按照互换的程度，可分为完全互换、不完全互换和不互换，如图 1-3 所示。完全互换是指一批零件（或部件）在装配前不需要分组、挑选，装配中也不需要调整和修配，装配后就能满足预定的性能要求。如螺栓、圆柱销等标准件的装配大都属于此类情况。不完全互换是指允许一批零件（或部件）在装配前预先分组或在装配中采取修配、调整等措施，这类互换又称为有限互换。如当装配精度要求很高时，采用完全互换将要求零件的尺寸误差减得很小、制造精度提得很高，增加了加工难度与废品率，且成本增高，甚至无法加工。这时可适当降低零件的制造精度，使之便于加工；在加工完成后，通过测量将零件按实际尺寸大小分为若干组，将相同组号的零件进行装配，此时，仅是组内零件可以互换，组与组之间不可互换；如此，既可保证装配精度和使用要求，又降低了加工成本，解决了加工难的问题，这种方法称为分组装配法。又如，在装配时允许采用补充加工或钳工修刮的方法，获得所需的装配精度，称为修配法。用移动或更换某些零件来调整其位置和尺寸的方法，达到所需的装配精度，称为调整法。上述方法均属于不完全互换。不互换是指单件加工、装配时需要再加工或修配的互换。

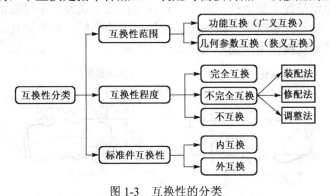

图 1-3　互换性的分类

对于标准件，互换性又可分为内互换和外互换。标准部件内部零件之间的互换称为内互换。如滚动轴承外圈内滚道、内圈外滚道与滚动体之间的互换即为内互换。标准部件与其他外部零件（或部件）之间的互换称为外互换。如滚动轴承外圈外径与机壳孔、内圈内径与轴颈的互换为外互换，如图 1-4 所示。

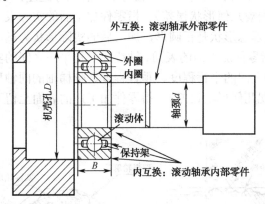

图 1-4　内互换、外互换

究竟采用何种互换性生产方式，要由产品精度、产品复杂程度、生产规模、设备条件及技术水平等一系列因素决定。一般来说，企业外部的协作、大量和成批生产，均采用完全互换法生产，如汽车、电视机、手机、手表等。采用不完全互换法生产的往往是一些特殊行业；精度要求很高的如轴承工业，常采用分组装配生产；而小批和单件生产的如矿山、冶金等重型机器业，常采用修配法或调整法生产。而不互换仅用于某些特殊情况下的机器零件维修，即对损坏零件进行单件生产，装配时需要再加工或修配。

1.2 互换性与技术测量

1.2.1 几何参数误差与公差

1. 几何参数误差

任何一种加工方法都不可能把零件做得绝对准确。零件在加工过程中，由于工艺系统（零件、机床、刀具、夹具等）误差和其他因素的影响，使得加工完成后的零件总存在着不同程度几何参数的误差；即便是提高制造技术水平，也仅可能减小误差，不可能消除误差。通常，我们称这类误差为加工误差。实践中，根据产品使用要求的高低，只要把几何参数的误差控制在一定范围内，就能满足互换性生产的要求，如图1-5所示。

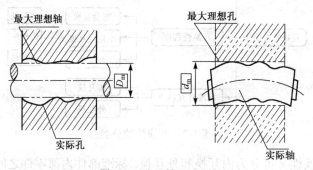

图1-5　孔、轴配合图

如图1-6所示，零件几何参数误差可分为如下几种：

1）尺寸误差　指零件加工后的实际尺寸相对于理想尺寸之差，如直径误差、长度误差等。

2）几何形状误差（宏观几何形状误差）　指零件加工后的实际表面形状相对于理想形状的差值，如孔、轴横截面的理想形状是正圆形，加工后的实际形状为椭圆形等。

3）相互位置误差　指零件加工后的表面、轴线或对称平面之间的实际相互位置相对于理想位置的差值，如两个表面之间的平行程度、垂直程度、阶梯轴的同轴程度等。

4）表面粗糙度（微观几何形状误差）　指零件加工后的表面上留下的较小间距和微小峰谷所形成的不平程度。

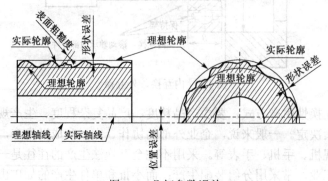

图1-6　几何参数误差

2．公差

公差是指一批合格零件的几何参数误差被限制在一个允许的变动范围内，这个允许的变动范围简称为公差。它用以控制加工误差的大小。单个零件的误差在公差范围内为合格件，超出了公差范围为不合格件。因而，公差也可以看成是合格零件被允许的最大误差，如图 1-7 所示。公差是由设计人员根据产品使用要求给定的，给定原则是在保证产品使用性能的前提下，给出尽可能大的公差范围。公差反映了一批零件对制造精度和经济性的要求，也体现了零件加工的难易程度。公差越小，加工越困难，生产成本越高。

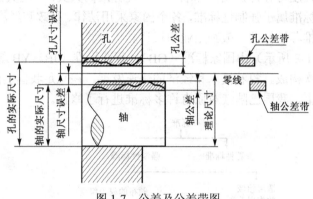

图 1-7　公差及公差带图

1.2.2　技术测量

在制造业中，判断加工后的零件是否符合设计要求，需要通过技术测量来进行。技术测量就是采用各种方法和措施，检测出零件实际的几何参数值，以公差为标准来比较和评定零件误差的合格性。

技术测量不仅能评定零件合格与否，而且能分析不合格的原因，指导我们及时调整工艺过程，监督生产，预防产生大量废品。技术测量就像制造业的眼睛，处处监控着产品质量的变化。事实证明，产品质量的提高，除设计和加工精度的提高外，往往更依赖于技术测量方法和措施的改进及检测精度的提高。

公差标准是实现互换性的应用基础，技术测量是实现互换性的技术保证。合理确定公差与正确进行技术测量是保证产品质量与实现互换性生产的两个必不可少的条件和手段。

1.3　互换性与标准化

1.3.1　标准

标准是以生产实践、科学试验和可靠经验的综合成果为基础，对各生产、建设及流通等领域中重复出现的共同技术统一规定的准则，是各方面共同遵守的技术法规。它由权威机构协调制定，经过一定程序批准生效后，在相应范围内具有法制性，不得擅自修改或拒不执行。标准代表着经济技术的发展水平和先进的生产方式，是科学技术的结晶、组织互换性生产的重要手段，也是实行科学管理的基础。通过对标准的实施，可获得最佳的社会经济效益。

标准的范围和内容非常广泛，种类繁多，涉及人类生产和生活的方方面面。标准按照适用领域、有效作用范围可分为基础标准、产品标准、方法标准、安全标准、卫生标准、环境保护标准等。基础标准是在一定范围内作为其他标准的基础而普遍使用、具有广泛指导意义的标准，如本课程所研究的公差标准。标准按照颁布的权力级别可分为：国际标准，如 ISO（国际标准化组织）、IEC（国际电工委员会）标准；区域标准（或国家集团标准），如 EN（欧盟）、DIN（德国）等标准；国家标准，如 GB（中国）、SNV（瑞士）、JIS（日本）等标准；行业标准（或协会标准），如我国的 JB（原机械部）、YB（原冶金部）等标准；地方标准 DB 和企业 QB 标准。标准按照民生的重要程度可分为强制性标准和推荐性标准两大类。一些关系到人身安全、健康、卫生及环保等方面的标准属于强制性标准，各个国家采用法律、行政和经济等手段来强制实施。其他大量的标准属于推荐性标准，鼓励企业积极认真执行。

我国标准（如图 1-8 所示）由国家标准（GB）、行业标准（JB、YB 等）、地方标准 DB 和企业标准 QB 几个层次构成。随着技术和经济的快速发展，在立足我国实际情况、利于加强国际间技术交流的基础上，我国已陆续对原有许多标准进行了修订。

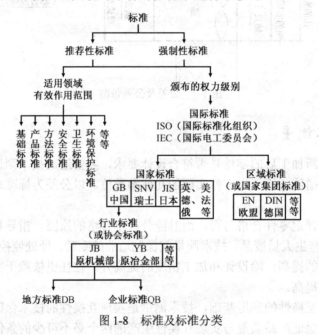

图 1-8　标准及标准分类

1.3.2　标准化

标准化是指制定、贯彻和修改标准，从而获得社会秩序和效益的全部活动过程。它由标准来体现，是一个不断循环和提高的过程。标准化的程度也体现出国家现代化的技术水平，是国家的一项重要技术政策。

互换性生产是规模大、品种多、分工细的协作生产。为了使社会生产有序进行，必须通过标准化过程正确地贯彻实施标准，使分散的、局部的生产技术环节达到相互协调和统一。标准化是实现互换性的基础，是实现专业化分工协作、组织现代高效智能化生产的重要手段，也是科学管理的组成部分。

1.3.3　优先数与优先数系

互换性生产中，各种技术参数的协调、简化和统一是标准化的重要内容之一。在产品设计、制造和使用时，总有自身的一系列通过数值来表达的技术参数指标（即便是同一产品的同一个参数，要形成产品的系列化同样需要选取大小不同的数值）。这些数值往往不是孤立的，当选定某产品的某个参数值时，这个数值就会按一定的规律向一切相关的参数传播。例如，螺栓的直径尺寸一旦确定，将会传播到相关的零件方面（螺母、垫圈、螺栓孔等）、加工刀具方面（丝锥、板牙、螺栓孔的钻头等）、测量检验方面（内外螺纹检验环规、卡规、塞规等）、使用工具方面（各种螺栓螺母扳手、螺纹销钉等）等相应的直径尺寸参数上。这种参数值的传播普遍存在于生产中，若不加以限制，将会造成产品、刀具、量具、夹具和辅具等尺寸规格的紊乱局面，给生产组织、协调配套及使用维护带来困难。为了使各种参数值协调、简化和统一，前辈们在生产实践中总结出一套科学合理的统一数值标准——优先数字系列，简称优先数系，优先数系中的任意一个数值都为优先数。

优先数系是国际上统一的数值分级制度，为无量纲的数系，它是在十进制和二进制的几何级数基础上形成的，适用于各种数值的分级。十进制级数就是 $\frac{1}{10^n}$、$\cdots$、0.01、0.1、1 和 1、10、100、$\cdots$、10^n 组成的级数，其中 n 为正整数，其规律是每经 r 项就使数值增大 10 倍，即若首项值为 a，公比为 q，则 $aq^r = 10a$，因而 $q = \sqrt[r]{10} = 10^{\frac{1}{r}}$。二进制级数具有倍增规律，如 1、2、4、$\cdots$、$2^n$，其中 n 为正整数。若要得到二进制与十进制相结合的级数，并规定在十进制级数中每经 x 项构成倍数系列，则 $q^x = 10^{\frac{x}{r}} = 2$，得 $\frac{x}{r} = \lg 2 \approx \frac{3}{10}$、$\frac{6}{20}$、$\frac{12}{40}$、$\cdots$；由此得到数列 x 和 r 值的任意组合情况，所以 x 与 r 为正整数时，就可以同时满足十进制级数和二进制级数要求。下面以 $\frac{r}{x} = \frac{10}{3}$ 的等比数列为例加以说明。当首项为 1 时，公比 $q_{10} = \sqrt[10]{10} \approx 1.25$，即构成 1.00、1.25、1.60、2.00、2.50、3.15、4.00、5.00、6.30、8.00、10.00 等一系列数值，该系列每经 3 项构成倍数系列，每经 10 项构成十倍数系列。

国际标准 ISO 与我国现行的《优先数和优先数系》国家标准（GB 321—1980）相同，规定了优先数系的 5 个系列，代号为 Rr，公比为 $q_r = \sqrt[r]{10}$（r 取 5、10、20、40、80），分别表示为 R5、R10、R20、R40、R80。系列的项值从 1 开始，可向大于 1 和小于 1 两边无限延伸。其中，前 4 个系列为常用的基本系列；R5 是为了满足分级更稀的需要而推荐的，其他四个都含有倍数系列，R80 为补充系列，仅用于分级很细的特殊场合。相应的各系列的公比分别为

$$R5\ 系列公比为\ q_5 = \sqrt[5]{10} \approx 1.60$$

$$R10\ 系列公比为\ q_{10} = \sqrt[10]{10} \approx 1.25$$

$$R20\ 系列公比为\ q_{20} = \sqrt[20]{10} \approx 1.12$$

$$R40\ 系列公比为\ q_{40} = \sqrt[40]{10} \approx 1.06$$

$$R80\ 系列公比为\ q_{80} = \sqrt[80]{10} \approx 1.03$$

范围为 1～10 的优先数系列见表 1-1。

表 1-1　优先数系的基本系列（摘自 GB 321—1980）

基本系列（常用值）											
R5	R10	R20	R40	R5	R10	R20	R40	R5	R10	R20	R40
1.00	1.00	1.00	1.00			2.24	2.24	5.00	5.00	5.00	5.00
			1.06				2.36				5.30
		1.12	1.12	2.50	2.50	2.50	2.50			5.60	5.60
			1.18				2.65				6.00
	1.25	1.25	1.25			2.80	2.80	6.30	6.30	6.30	6.30
			1.32				3.00				6.70
		1.40	1.40		3.15	3.15	3.15			7.10	7.10
			1.50				3.35				7.50
1.60	1.60	1.60	1.60			3.55	3.55	8.00	8.00	8.00	8.00
			1.70				3.75				8.50
		1.80	1.80	4.00	4.00	4.00	4.00			9.00	9.00
			1.90				4.25				9.50
	2.00	2.00	2.00			4.50	4.50	10.00	10.00	10.00	10.00
			2.12			4.75					

表 1-1 中列出了 1～10 范围内基本系列的常用值。在 R5 系列中插入比例中项，即得出 R10 系列，因而 R5 系列的各项数值包含在 R10 系列中，其余系列同理。另外，若将表中所列优先数乘以 10、100、…，或乘以 0.1、0.01、…，即可得到大于 10 或小于 1 的优先数。

此外，由于生产的需要，标准还允许从基本系列和补充系列中取值组成派生系列和复合系列。派生系列指从某系列中按一定项差取值所构成的系列，如 R10/3 系列，就是在 R10 系列中按每隔 3 项取 1 项，得到 1.00、2.00、4.00、8.00、…，它是倍数系列。复合系列是指由若干等公比系列混合而成的多公比系列，如 10、16、25、35.5、50、71、100、125、160、…，这一系列是由 R5、R20/3 和 R10 三种系列构成的复合系列。

优先数系的主要优点是分档协调、疏密均匀、便于计算、简单易记；且在同一系列中，优先数的积、商、乘方仍为优先数。因此，优先数系广泛适用于各种尺寸、参数的系列化和质量指标的分级，如长度、直径、转速及功率等分级。在应用上，机械产品的主要参数一般遵循 R5 系列和 R10 系列；专用工具的主要尺寸遵循 R10 系列；通用型材、通用零件及工具的尺寸、铸件的壁厚等遵循 R20 系列。所以，优先数系对保证各种产品的品种、规格、系列的合理简化、分档和协调配套具有十分重要的意义。

1.3.4　本课程的研究对象与任务

本课程是机械类专业及相关专业的一门重要技术基础课，在学习中起着连接基础课与专业课的桥梁作用，也是联系设计类课程和制造工艺类课程的纽带；它与“机械制图”、“机械设计”、“机械制造工艺”等课程一样是机械设计与制造的基础。其任务就是研究互换性与技术测量的原则和方法，初步掌握保证机械产品功能和质量要求的精度设计及其检测原理。

互换性与技术测量分别属于标准化和计量学两个不同的范畴。本课程正是将它们有机地结合在一起，从加工的角度研究误差、从设计的科学合理性探讨公差，从而形成一门重要的技术基础课，也是一门实践性很强的课程。我们知道，科学技术越发达，对机械产品的精度要求就越高，对互换性的要求也随之提高，机械加工就越来越困难，这就要求我们处理好产品的使用要求与制造工艺之间的矛盾，处理好公差选择的合理性与加工出现误差的必然性之间的矛盾。

本课程的特点是：概念、术语和定义多；代号和符号多；具体规定多、内容关联少；经验总结多、逻辑推理少。学习本课程时，学生会感到枯燥，内容多且繁杂，记不住、不会用等。因此，在学习时，应当了解每个术语、定义的实质，及时归纳和总结，掌握各术语及定义的区别和联系。通过听课、作业、实验等教学环节，要求做到如下几点：

（1）掌握互换性原理的基础知识；熟悉极限与配合的基本概念，理解极限配合标准的主要内容。

（2）了解各种公差标准及其基本内容，掌握确定公差的原则与方法，并总结其特点。

（3）学会根据产品的功能要求，选择合理的公差，并正确地标注到图样上；为正确地表达设计思想打下基础。

（4）掌握一般几何参数测量的基础知识；了解技术测量的工具和方法，学会使用常用的测量器具。

本 章 小 结

1．互换性的概述

简单地说，互换性就是同一规格的零件或部件具有能够彼此互相替换的性能。

零、部件在装配前不挑选，装配时不调整或修配，装配后能满足使用要求的互换称完全互换；零、部件在装配时要采用分组装配或调整等工艺措施，才能满足装配精度要求的互换称不完全互换。装配时还需要附加修配的零件，则不具有互换性。

互换性原则是机械工业生产的基本技术经济原则，是我们在设计、制造中必须遵循的原则。即使是采用修配法保证装配精度的单件或小批量生产的产品（此时零、部件没有互换性）也必须遵循互换性原则。

2．误差与公差

"机床—工具—辅具"工艺系统的误差、刀具磨损、机床的振动等种种因素的影响，使得工件在加工后的实际参数不可避免地与理论参数产生差异，总会存在一定的误差。实践中，根据产品使用要求的高低，只要把几何参数的误差控制在一定范围内（即公差），就能满足互换性的生产要求。

3．技术测量

技术测量是按照标准的要求和规定，采用合理的技术规范进行测量（定性与定量检验），并将被测的几何量值与作为计量单位的标准量值进行比较，以确定被测几何量的合格（具体数值）与否的过程。

4．实现互换性的前提

标准化是实现互换性的前提。只有按一定的标准进行设计和制造，并按一定的标准进行检验，互换性才能实现。

5．优先数系

由一系列十进制等比数列构成，代号为 Rr。优先数系中的每个数都是一个优先数。每个优先数系中，相隔 r 项的末项与首项相差 10 倍；优先数系可按比例放大或缩小，也可按规律组成派生系列。

习　题

简答题

1．试述互换性在机械制造业中的重要意义。

2．什么叫互换性？互换性的分类有哪些？

3．试述完全互换与不完全互换有何区别？各应用于何种场合？

4．零件几何参数误差可分为哪几种？

5．为什么要规定优先数系？R5、R10、R20、R40 系列各代表什么？

6．下列数据属于哪种系列？公比为多少？

（1）电动机转速为：375，750，1500，3000，…，单位为 r/min。

（2）摇臂钻床的最大钻孔直径有：25，40，63，80，100，125，…，单位为 mm。

第 2 章

测量技术基础

➤ 学习目的

通过本章的学习，了解测量的基本概念、计量器具与测量方法的分类及常用术语；掌握测量误差分析和数据处理的方法。

2.1 概述

为了满足机械产品的功能要求，在正确合理地完成了强度、运动、寿命和精度等方面的设计以后，还必须进行加工、装配和检测过程的设计，即确定加工方法、加工设备、工艺参数、生产流程和检测方法。其中，非常重要的环节就是质量保证措施，而有效执行这个措施的方法就是检验。

一般来说，检验就是确定产品是否满足设计要求的过程，即判断产品合格性的过程。

检验的方法可以分为两类：定性检验和定量检验。定性检验的方法只能得到被检验对象合格与否的结论，而不能得到其具体的量值。如用光滑极限量规检验工件的尺寸和用功能量规检验工件的位置误差是否超差。定量检验又称为测量检验。从本质上说，就是将被测的量和一个作为计量单位的标准量进行比较，以获得被测量值的实验过程，该方法简称为"检测"。

任何一个测量过程都必须有明确的被测对象和确定的测量单位。此外还有二者怎样进行比较和比较所得结果的准确程度如何的问题，即测量方法和测量的准确度问题。测量必须包含的四个部分，即测量对象、计量单位、测量方法和测量精度称为测量的四个基本要素。

（1）测量对象　测量对象是指被测定物体的某个参数，如物体的某个长度、工件某表面的表面粗糙度、工件某平面的平面度等。被测量则是指某一被测参数的量值。测量对象可包含多个被测参数，主要指长度、角度、形状、相互位置、表面粗糙度等，这些参数最终都以被测量来衡量，并归结为尺寸数值表示。

（2）计量单位　计量单位是指在定量评定被测量时，作为标准的量来与被测的量进行比较，以确定被测量的比值。1984 年 2 月 27 日正式公布中华人民共和国法定计量单位，确定米制为我国的基本计量制度。在长度计量中单位为米（m），其他常用单位有毫米（mm）和微米（μm）。在角度测量中以度、分、秒或弧度、微弧度为单位。在测量中，计量单位必须以实体形式体现出来，即必须以实体形式复制成的标准计量器具作为相应的计量单位与被测的量进行比较，才能进行测量。

（3）测量方法　要进行测量，除了测量对象和测量单位外，还必须具备一定的计量器具，相应的比较方法和测量的环境条件。例如工件某个长度的测量，必须在规定的环境条件下（如温度、湿度、振动等），用标准计量器具使用正确测量方法，进行标准量与被测量的比较。简言之，测量方法就是测量原理、计量器具和测量条件的总和。

（4）测量精度（即准确度）　测量精度是指测量结果与被测量真值的一致程度，即测量结果的准确和可靠程度。由于任何测量总不可避免地会出现测量误差，误差大说明测量结果偏离真值程度大，准确程度和可靠程度低。由于存在测量误差，任何测量结果都是以一近似值来表示的，故应对测量结果的可靠程度做必要的分析，看它能否满足客观实际的需要。

2.2　长度基准与量值传递

2.2.1　基准的建立

测量基准是复现和保存计量单位并具有规定计量特性的计量器具。对于测量基准的要求是稳定不变、便于保存和易于复制复现。

在几何量计量领域内，测量基准（计量基准）可分为长度基准和角度基准两类。

长度基本单位"米"的建立和变革，是与人类对自然界认识的深化及科学技术发展的历史密切相关的。在古代，各国多以人体的一部分作为长度基准，如我国的"布手为尺"（我国两拃为1尺），英国的"英尺"（英女皇足长为1英尺）等。1875年国际"米制公约"的签订，开始了以科学为基础的初始阶段。1889年的第一次国际计量大会决定，以通过巴黎的地球子午线弧长的四千万分之一定义为1米，并用铂铱合金制成基准米尺——国际米原器。由于以地球子午线弧长来定义米，精度低（复现精度只有0.1 μm）且复现困难，原始米尺的测量面又易于磨损，因此1960年的第十一届国际计量大会决定，以氪-86基准谱线波长来定义米，即"1米的长度等于氪-86原子在2p10和5d5能级之间跃迁时所产生的橙黄色光辐射在真空中的波长的1650763.73倍"。从此，长度基准的建立进入了现代阶段。随着激光技术的发展，1983年第十七届国际计量大会根据国际计量委员会的报告，批准了米的新定义，即"1米是光在真空中1/299792458秒时间间隔内的行程长度"。这实际上已将长度单位转化为时间单位和光速的导出值，是一个开放性的定义。只要能获得高频率稳定的辐射，并能对其频率进行精确的测定，就能够建立精确的长度基准。我国自1985年3月起正式使用碘分子饱和吸收稳频的0.612 μm氦氖激光辐射作为国家长度基准，其频率稳定度可达10^{-9}。后来又于20世纪90年代初采用单粒子存储技术，将辐射频率稳定度提高到10^{-17}的水平。由此可见，长度基准的建立经历了一个由自然基准、实物基准到物理常数的发展阶段。

国家基准是根据定义来复现和保存计量单位的，具有最高计量特性，经国家检定和批准，并作为统一全国量值最高依据的计量器具。早在20世纪60年代初，我国就已建立了复现米定义的氪-86光波波长装置。这一长度基准的建立，为我国长度量值的统一奠定了物质基础。

为了保证国家基准经常处于良好的工作状态，避免因频繁使用而丧失精度或受到损坏，从而影响担负统一全国量值的职能，还必须建立副基准和工作基准。

副基准是通过与国家基准比对或校准来确定其量值，并经国家检定、批准的计量器具。我国已建立的长度副基准有氪-86的其他谱线、汞-198光源、镉-114光源及He-Ne激光光源。

工作基准是通过与国家基准或副基准比对或校准、用以检定计量标准的计量器具。长度工作基准一般为实物基准，包括线纹和端面（量块）两类。线纹工作基准有1 m石英基准尺、1～

1000 mm 的殷钢基准线纹尺及 1～200 mm 的石英基准线纹尺。端面（量块）工作基准有 0.5～100 mm 的基准组量块。

计量标准是具有计量检定系统表所规定的准确度，用于检定工作计量器具的计量器具。如量块激光干涉仪、柯氏光波干涉仪、氦氖激光干涉比长仪等。

角度量与长度量不同。由于常用角度单位（角度或弧度）是由圆周角定义的，即圆周角等于 360° 或 2π弧度，而弧度与度、分、秒又有确定的换算关系，因此角度的自然基准是客观存在的，无须建立。

2.2.2　长度量值传递系统

根据定义建立的国家基准、副基准和工作基准，一般不能直接在生产中对零件进行测量。为了确保量值的合理和统一，必须按国家计量检定系统的规定，将具有最高计量特性的国家基准逐级进行传递，直至对零件进行测量的各种测量器具。

长度计量检定系统有端面（量块）量具和线纹量具两个子系统，图 2-1 所示的是量块计量检定系统和线纹尺计量检定系统。角度计量检定系统由基准棱体开始逐级传递，如图 2-2 所示。

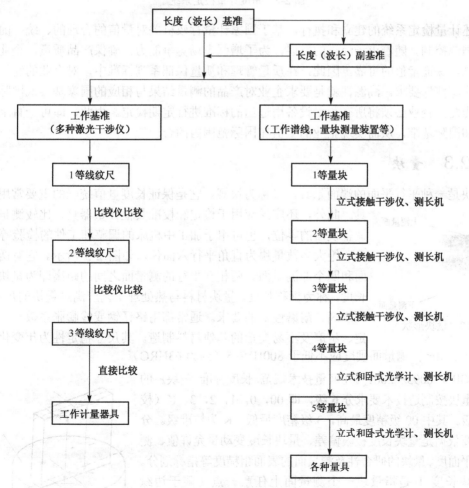

图 2-1　长度量值传递系统

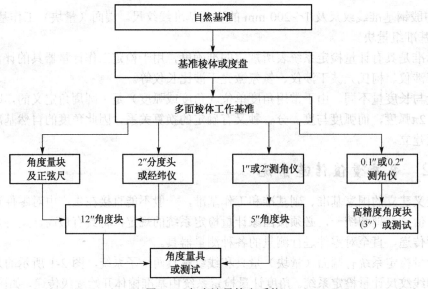

图 2-2   角度计量检定系统

上述计量检定系统的建立和执行，基于国家计量行政机关对量值的合理的、统一的、自上而下的强制控制。随着市场经济的发展，为了增强市场竞争能力，确保产品质量，企业应主动采取措施，保证量值的可靠。因此，在质量管理和质量保证系列标准中，对企业的测量设备提出了"溯源性"要求。溯源性就是要求企业对产品的测量结果与相应的国家基准或国际基准相关联。为此，企业必须将所有测量设备用适当的标准进行定期检定。由此，即可一直上溯到国家基准和国际基准，从而实现企业的量值在国际范围内的合理统一。

2.2.3   量块

量块是一种平行平面的端面量具，又称为块规。它是保证长度量值统一的重要常用实体量具。此外，还广泛应用于检定和校准其他计量器具，比较测量中用于调整仪器的零位，也可用于加工中机床的调整和工件的检验等。

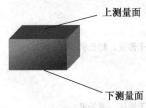

图 2-3   量块形状

绝大多数量块为直角平行六面体，如图 2-3 所示。它有两个测量面和四个非测量面。两相互平行的测量面之间的距离即为量块的工作长度，称为标称长度。量块材料与热处理工艺应满足量块的尺寸稳定、硬度高、耐磨性好的要求。通常都用铬锰钢或线膨胀系数小、性质稳定、耐磨及不易变形的其他材料制造。其尺寸稳定性为年变化量不超出 $\pm(0.5\sim1)$ μm，测量面硬度应不低于 800HV0.5（约为 63HRC）。

按 GB/T 6093—2001《几何量技术规范 长度标准 量块》的规定，量块按制造技术要求分 6 级，即 00，0，1，2，3、K（校准级）级。其中 00 级精度最高，3 级精度最低，K 为校准级。分级的主要依据是量块长度极限偏差、量块长度变动量允许值、测量面的平面度、量块的研合性及测量面的表面粗糙度等指标划分。

量块长度 1 是指量块一个测量面上任意一点（限于边缘 0.5 mm 以内区域）到与此对应另一个测量面相研合的辅助体（如平晶）表面之间的垂直距离，如图 2-4 所示。为了消除量块测量面的平面度误差和两测量面间的平行度误差对量块长度的影响，

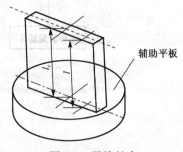

图 2-4   量块长度

辅助平板

量块的工作长度定义是量块的中心长度 l_c，即测量面中心点的量块长度。

量块长度极限偏差是指量块中心长度与标称长度之间允许的最大误差。量块长度变动量是指量块的最大长度与最小长度之差。

各级量块测量面上任意点的长度相对于标称长度的极限偏差 t_e 和长度变动量最大允许值 t_v 见表 2-1 所示。

表 2-1　各级量块技术要求的部分数值（摘自 GB/T 6093—2001）

标称长度 l_n/ mm	K 级		00 级		0 级		1 级		2 级		3 级	
	$\pm t_e$	t_v	$\pm t_e$	t_v	$\pm t_e$	t_v	$\pm t_e$	t_v	$\pm t_e$	t_v	$\pm t_e$	t_v
	最大允许值/μm											
$l_n \leqslant 10$	0.20	0.05	0.06	0.05	0.12	0.10	0.20	0.16	0.45	0.30	1.0	0.50
$10 \leqslant l_n \leqslant 25$	0.30	0.05	0.07	0.05	0.14	0.10	0.30	0.16	0.60	0.30	1.2	0.50
$25 \leqslant l_n \leqslant 50$	0.40	0.06	0.10	0.06	0.20	0.10	0.40	0.18	0.80	0.30	1.6	0.55
$50 \leqslant l_n \leqslant 75$	0.50	0.06	0.12	0.06	0.25	0.12	0.50	0.18	1.00	0.35	2.0	0.55
$75 \leqslant l_n \leqslant 100$	0.60	0.07	0.14	0.07	0.30	0.12	0.60	0.20	1.20	0.35	2.5	0.60

注：距离测量面边缘 0.5 mm 范围内不计

在计量测试与检验部门，量块常作为尺寸传递的工具。按 JJG 146—2003《量块检定规程》，将量块分为 5 等，即 1，2，3，4，5 等。其中 1 等量块技术要求最高，5 等量块技术要求最低。低一等的量块尺寸由高一等的量块传递而来。因此，按等使用量块时，是用量块的实测中心长度作为工作长度的，而不是量块的标称长度。此时影响量块使用的准确度已不再是量块长度的极限偏差，而是量块测量的不确定度允许值、量块长度变动量允许值和量块测量面的平面度公差。

各等量块长度测量不确定度和长度变动量应不超过表 2-2 的规定。

表 2-2　各等量块技术要求的部分数值（JJG 146—2003）

标称长度 l_n/ mm	1 等		2 等		3 等		4 等		5 等	
	测量不确定度	长度变动量	测量不确定度	长度变动量	测量不确定度	长度变动量	测量不确定度	长度变动量	测量不确定度	长度变动量
	最大允许值/μm									
$l_n \leqslant 10$	0.022	0.05	0.06	0.10	0.11	0.16	0.22	0.30	0.6	0.5
$10 < l_n \leqslant 25$	0.025	0.05	0.07	0.10	0.12	0.16	0.25	0.30	0.6	0.5
$25 < l_n \leqslant 50$	0.030	0.06	0.08	0.10	0.15	0.18	0.30	0.30	0.8	0.55
$50 < l_n \leqslant 75$	0.035	0.06	0.09	0.12	0.18	0.18	0.35	0.35	0.9	0.55
$75 < l_n \leqslant 100$	0.040	0.07	0.10	0.12	0.20	0.20	0.40	0.35	1.0	0.60

注：距离测量面边缘 0.8 mm 范围内不计；表内测量不确定度置信概率为 0.99

量块是单值量具，一个量块只代表一个尺寸。量块不仅尺寸准确、稳定、耐磨，而且其测量面具有研合性，即由于量块测量面上的粗糙度值和平面度误差均很小，当测量表面留有一层极薄的油膜时，在切向推合力的作用下，由于分子之间的吸引力，两量块能研合在一起。这样，就可使用不同尺寸的量块组合成所需要的尺寸。量块是成套生产的，共有 17 种套别，每套数目分别为 91、83、46、38、12、10、8、6、5 块等。以 83 块为例，其尺寸如表 2-3 所示。

表 2-3   83 块量块尺寸

总块数	尺寸系列/ mm	间隔/ mm	块数
	0.5	—	1
	1	—	1
	1.005	—	1
83	1.01, 1.02, …, 1.49	0.01	49
	1.5, 1.6, …, 1.9	0.1	5
	2.0, 2.5, …, 9.5	0.5	16
	10, 20, …, 100	10	10

选用不同尺寸的量块组合成所需尺寸时，为了减少量块的组合累计误差，应尽力减少量块的数目，一般不超过 4 块。选用量块时，应从消去所需尺寸最小尾数开始，逐一选取。例如，若需从 83 块一套的量块中组合所需要的尺寸 29.875 mm，其步骤如下：

$$
\begin{array}{r}
29.875 \\
-)\quad 1.005 \quad \text{第一块量块} \\
\hline
28.87 \\
-)\quad 1.37 \quad \text{第二块量块} \\
\hline
27.5 \\
-)\quad 7.5 \quad \text{第三块量块} \\
\hline
20 \quad \text{第四块量块}
\end{array}
$$

2.3   测量方法与计量器具

2.3.1   测量方法的分类

测量方法是测量过程的四要素之一，是过程的核心部分。一个好的测量方法，能使测量结果的误差在一定范围内。在实际工作中，测量方法通常是指获得测量结果的具体方式，它可以按下面几种情况进行分类。

1. 按获得测量结果的方法分类

（1）直接测量   用计量器具直接测量被测几何量得到其量值。如用游标卡尺和外径千分尺直接测量工件直径 D。

（2）间接测量   用计量器具不能直接测量到被测参数的几何量量值，但能测量到与被测参数有函数关系的其他参数的几何量量值，从而通过函数关系换算后得到该被测参数的几何量量值。如用弦长弓高法测量工件的直径，即可以先直接测量弦长 L 和弓高 h，再利用函数式 $D = \dfrac{L^2}{4h} + h$ 计算零件的直径 D。

直接测量过程比较简单，其测量精度只与这一测量过程有关，而间接测量的精度不仅取决于所测的几何量的测量精度，还与所依据的函数公式和计算的精度有关。一般来说，直接测量的精度比间接测量的精度高。因此，应尽量采用直接测量法，对于受条件所限无法进行直接测量的场合可采用间接测量法。

2. 按被测参数量值的示值方式不同分类

（1）绝对测量 指计量器具的示值就是被测参数的几何量值。例如用游标卡尺和外径千分尺直接测量工件直径 D。

（2）相对测量 相对测量又称比较测量，指计量器具的示值只是被测参数几何量相对于标准量（量块等）的偏差值，被测参数几何量的量值等于已知标准量与该偏差值（示值）的代数和。例如用立式光学比较仪测量轴径，测量时先用量块调整示值零位，再进行工件的测量，测量中比较仪的示值与量块尺寸的代数和即为工件的轴径。

3. 按被测表面与计量器具的测头是否接触分类

（1）接触测量 指在测量过程中，计量器具的测量头与工件的被测表面接触，并有机械作用的测力存在。例如针描法中利用电动轮廓仪进行工件表面粗糙度的测量。

（2）非接触测量 指在测量过程中，仪器的测量头与工件的被测表面之间不接触，且没有机械的测力存在。例如光切法中利用光切显微镜进行工件表面粗糙度的测量。

对于接触测量，测头和被测表面的接触会有弹性变形，即产生测量误差，而非接触测量则不影响，故易变形的软质表面或薄壁工件多选用非接触测量。

4. 按工件上同时测量参数的多少分类

（1）单项测量 指对工件上的各个被测参数几何量分别独立进行测量。例如，分别测量螺纹的中径、螺距和牙形半角等。

（2）综合测量 指同时测量工件上几个相关参数几何量的综合指标，以判断综合结果是否合格。例如用螺纹极限量规的通规检验螺纹。

综合测量比单项测量的效率高。一般来说单项测量便于分析工艺指标，是为了分析造成加工疵品的原因；综合测量便于只要求判断合格与否，而不需要得到具体测得值的场合。

5. 按计量器具测头与被测表面间的相对运动状态分类

（1）动态测量 指在测量过程中，测头与被测表面具有相对运动，它能反映被测参数的变化过程。例如针描法中利用电动轮廓仪进行工件表面粗糙度的测量。

（2）静态测量 指在测量过程中，测头与被测表面相对静止。例如干涉法中用干涉显微镜测量工件表面粗糙度。

动态测量效率高，并能测出工件上几何参数连续变化时的情况。

6. 按工件加工过程中有无测量分类

（1）离线测量（被动测量） 指零件加工完成后进行的测量。主要用于发现并剔除废品。目前大多数测量属于离线测量。

（2）在线测量（主动测量） 指在加工过程中进行的测量。例如基于图像处理的精密轴颈直径在线测量。在线测量结果直接用来控制零件的加工过程，决定是否继续加工、是否需调整机床或采取其他措施。因此，能及时防止废品产生。由于在线测量具有一系列的优点，因此是测量技术的主要发展方向，它的推广应用将使测量技术和加工工艺紧密地结合起来，从根本上改变测量技术的被动局面。

2.3.2 计量器具的分类

1. 标准量具类

量具类是指通用的有刻度的或无刻度的一系列单值和多值的量块和量具等，如长度量块、角尺、角度量块、游标卡尺、千分尺等。

2. 量规类

量规是没有刻度且专用的计量器具，可用以检验零件要素实际尺寸和形位误差的综合结果。使用量规检验不能得到工件的实际尺寸和形位误差值，而只能确定被检验工件是否合格。如使用光滑极限量规检验孔、轴，只能判定孔、轴实际尺寸的合格性。

3. 计量仪器

计量仪器（简称量仪）是能将被测几何量的量值转换成可直接观测的示值或等效信息的一类计量器具。计量仪器按其结构特点和原始信号转换的原理可分为以下几种。

（1）机械量仪 指用机械方法实现原始信号转换和放大的量仪，一般都具有机械测微机构。这种量仪结构简单、性能稳定、使用方便，如指示表、杠杆比较仪等。

（2）光学量仪 指用光学方法实现原始信号转换和放大的量仪，一般都具有光学放大（测微）机构。这种量仪精度高、性能稳定，如光学比较仪、工具显微镜、干涉仪等。

（3）电动量仪 指将被测量通过传感器将原始信号转换为电量信号再经变换而得到读数的量仪，一般都具有放大、滤波等电路。这种量仪精度高，测量信号经模数转换后，易于与计算机连接，实现测量和数据处理的自动化，如电动轮廓仪、圆柱度仪、CNC 齿轮测量仪等。

（4）气动量仪 指以压缩空气为介质，通过气动系统流量或压力的变化来实现原始信号转换的量仪。这种量仪结构简单、测量精度和效率较高、操作方便，但示值范围小。如水柱式气动量仪、浮标式气动量仪等。

4. 计量装置

计量装置是指为确定被测几何量值所必需的计量器具和辅助设备的总和。它能够测量比较复杂的工件，以及同一工件上不同类型的多个几何量，有助于实现检测自动化或半自动化，如齿轮综合精度检查仪、发动机缸体孔的几何精度综合测量仪等。

2.3.3 计量器具的基本技术参数

1. 一般技术性能指标

（1）刻线间距 指仪器刻度尺或刻度盘上两相邻刻线之间的距离。对于指针式仪器，为了保证 1/10 格的估读精度，刻线间距一般在 0.75～2.5 mm 之间。同时为了便于仪器示值和仪器零位的调整，长度计量仪器刻度尺的刻线间距，一般均为等分间距。

（2）量具的标称值和测量器具的示值 标注在量具上用以标明其特性或指导其使用的量值，称为量具的标称值。如标注在量块上的尺寸、标在刻线尺上的尺寸、标在角度量块上的角度等。由测量器具所指示的被测量值，称为测量器具的示值或简称示值。

（3）分度值（标尺间隔） 在测量器具的标尺或度盘上两相邻刻线所代表的测量值。它用标在标尺上的单位表示。分度值表示测量器具能准确读出的被测量值的最小单位。例如，外径千分尺的微分套筒上两相邻刻线所对应的量值之差为 0.01 mm，故分度值为 0.01 mm。一般来说，测量器具的分度值越小，测量器具的精度越高。

（4）分辨力 指测量器具显示装置能有效辨别的最小的示值变动。一般认为模拟式指示装置的分辨力为分度值的一半。对于数字式显示装置，就是当变化一个末位有效数字时其示值的变动。

（5）示值范围和测量范围 示值范围指测量器具的标尺所能显示的被测量值的下限值至上限值范围。例如，立式光学计的示值范围是±0.1 mm。测量范围是测量器具所能测量的被测量值的下限值至上限值的范围。例如，立式光学计的测量范围为 0～180 mm。

（6）灵敏度 指测量器具对被测量值变化的反应能力。对于一般长度测量器具，灵敏度等于刻度间距 a 与分度值 i 之比，又称为放大比或放大倍数 K，即 $K = a/i$。

（7）测量力 采用接触测量法时，测量器具的测量头与被测零件表面之间的接触压力。

2. 精度性能指标

（1）重复精度 指在相同的测量条件下，对同一被测量进行连续多次测量时，各测得值间的最大差异。差异值越小，重复精度越高。相同测量条件是指同一测量程序、同一测量器具、同一测量环境、同一测量地点，在短时间内对同一被测对象进行的重复测量。

（2）稳定性 稳定性是测量仪器在规定的工作条件下，保持其测量特性恒定不变的性能，可用计量特性规定的时间所发生的变化来定量表示。

（3）示值误差 指测量器具上的示值与被测量的真值之差。由于真值往往不可获得，所以用较高精度的测得值（实际值）作为约定真值。例如，标称尺寸为 30 mm 的量块，其实际尺寸为 30.002 mm，则该量块的示值误差为 30-30.002 = -0.002 mm。例如，用千分尺测量轴的直径，仪器示值为 19.885 mm，而该轴由立式光学计测得的直径为 19.889 mm。由于立式光学计的测量精度高于千分尺，因此以其测量值作为被测量的约定真值，则千分尺的示值误差等于 19.885-19.889 = -0.004 mm。显然，在测量仪器不同示值处的示值误差一般是不同的。测量器具的精度可用示值极限误差表示，也可用不确定度表示，都是该测量器具误差的界限值。

（4）回程误差 指在测量条件与被测量都不变的情况下，测量器具行程沿正、反方向移动，在同一个测量点上的两示值之差的绝对值。为了减少回程误差的影响，应使测量器具的运动件沿同一方向运动，即进行单向测量。当要求往返或连续测量时，则应选用回程误差较小的测量器具。

（5）鉴别力阈 指测量器具对被测量值微小变化的反应能力，又称灵敏阈或灵敏限。它是使测量器具示值产生可察觉变化的被测量值的最小变化值。

（6）测量不确定度 指由于测量器具的误差而对被测量真值中的微小部分不能肯定的程度。不确定度是一项综合精度指标，包括示值误差、重复精度、鉴别力阈等综合影响。此参数可以用标准偏差或其倍数来表示。以标准偏差表示的测量不确定度，称为标准不确定度。

2.4 测量误差及其处理

2.4.1 测量误差的基本概念

在测量的过程中，由于测量器具本身的误差以及测量方法、环境条件等因素的制约，导致测量过程的不完善，使测得值与被测量真值之间存在一定的差异，称为测量误差。

测量误差是指测得值减去被测量的真值，即

$$\delta = l - L$$

式中，δ 为测量误差，L 为被测量的真值，l 为测得值。

测量误差 δ 也称绝对误差。由于测得值 l 可能大于或小于真值 L，因此测量误差 δ 可能为正值或负值。因此 L 应满足

$$L = l \pm |\delta|$$

测量误差 δ 的大小反映了测得值偏离被测量真值的程度。因此，$|\delta|$ 越小，偏离程度越小，说明测得值 l 越接近于真值 L，测量精确度越高。

对于同一尺寸测量，可以用绝对误差 δ 的大小来衡量其精确度的高低。但若要对大小不同的尺寸进行测量，比较其精确度，沿用绝对误差 δ 的大小来衡量就不适合了，就需要采用另一种表达测量误差的参数来衡量。这个参数就是相对误差，即测量误差除以被测量的真值（近似地用测得值 l 代替）：

$$f = \frac{|\delta|}{L} \times 100\% \approx \frac{|\delta|}{L} \times 100\%$$

式中，f 为相对误差。

由于真值不能确定，实际上 L 用的是测得值近似地代替。相对误差是一个无量纲的数值，通常用百分数表示。例如，测得两轴颈分别为 $d_1 = 500$ mm，$d_2 = 50$ mm，$\delta_1 = \delta_2 = 0.005$ mm，则其相对误差分别为 $f_1 = 0.005/500 \times 100\% = 0.001\%$，$f_2 = 0.005/50 \times 100\% = 0.01\%$，由此可见，测量精度是前者高于后者。

2.4.2　测量误差产生的原因

测量误差产生的原因主要有以下四种。

1. 计量器具误差

计量器具本身在设计、制造和使用中所具有的误差，如由于制造工艺的不完善，计量器各组成部分的机构误差、调整误差、量值误差、变形误差等都有可能在测量中引入误差。

2. 环境误差

由于测量时各种环境因素与标准环境要求的条件不一致而引起的计量器具与被测量本身的变化造成的误差，如温度、湿度、气压、振动、灰尘、照明等引起的误差。计量器具在规定的使用条件下产生的误差称为基本误差，超出规定使用条件时增加的误差称为附加误差。

3. 方法误差

由于采用的测量方法不完善、计算公式不准确、测量基准不统一、测量力大小等因素而引起的误差，如计算公式中采用 π 的近似值、经验公式函数类型选择的近似性引入的误差。

4. 人为误差

由测量者的主观因素（包括测量技术的熟练程度、测量习惯、分辨能力、思想情绪等）引起的误差。如计量器具调整不准确、受分辨能力的限制，或因工作疲劳引起的视觉器官的生理变化而产生读数误差等引起的误差。

2.4.3　测量误差的分类

根据误差的特征和出现的规律，测量误差可分为下列三种。

1. 随机误差

在相同条件下，多次测量同一量值时，误差的绝对值大小和符号以不可预知的方式变化的误差称为随机误差。如温度波动、测量力不稳定、测量器具传动机械中的间隙和摩擦等引起的示值不稳定。由于在多次重复测量时随机误差的出现可大可小、可正可负，不可预知，因此它影响相同条件下对同一被测量进行重复测量所得测量结果的一致性，即影响测量的重复性。对于多次重复测量，随机误差与其他随机事件一样具有统计规律。

2. 系统误差

在相同条件下，多次测量同一量值时，误差的绝对值大小和符号保持恒定或按某一确定的规律变化的误差称为系统误差。绝对值和符号保持恒定的系统误差，称为定值系统误差；绝对值和符号按某一确定规律变化的系统误差称为变值系统误差。

如在比较法测量中，调零量块的示值误差引起的测量误差为定值误差，它对各次测量值的影响是相同的；指示表的指针与度盘的偏心引起的测量误差为变值系统误差，因为当指针处在不同位置时，其测量误差是不同的，但却有确定的规律。

3. 粗大误差

粗大误差是明显超出规定条件下预期的误差，即明显歪曲测量结果的误差。粗大误差是由于某种非正常的原因造成的，如读数错误、外部条件突然变动、记录错误等。含有粗大误差的测量值显著偏离其他正常的测量值，应根据误差理论，按一定方法予以剔除。

2.4.4　测量精度的分类

测量精度与测量误差是对同一个概念从不同的角度进行的研究。两者都是反映测量结果与其真值的接近程度。测量精度的高低是与测量误差大小相对应的，因此可用误差大小来表示测量精度的高低。误差小，说明测量结果与其真值较近，精度高；反之，则精度低。测量精度分为如下几种。

1. 精密度

表示测量结果中随机误差大小影响的程度。随机误差影响测量的重复性，因此精密度也就是指在一个测量过程中，在规定的测量条件下进行多次重复测量时，所得结果彼此之间的符合程度。

2. 正确度

表示测量结果中的系统误差大小影响的程度。

3. 准确度（精确度）

表示测量结果中系统误差与随机误差大小的综合程度，也就是测量结果与其真值的一致程度。对具体的测量，精密度高的正确度不一定高，正确度高的精密度也不一定高，但准确度高则精密度与正确度都高，三者之间的区别可用打靶的例子说明，如图 2-5 所示。

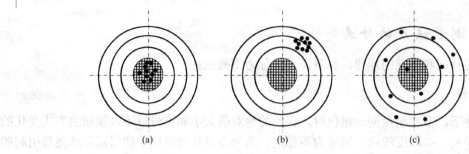

图 2-5 打靶分布图

图 2.5 中（a）、（b）、（c）分别表示三个打靶者的成绩，网纹处表示靶心，是每个打靶者的射击目标。由图 2-5 可见，（a）表示精密度和正确度都很好，即准确度很高；（b）表示精密度很好，但正确度不高；（c）射击点很分散，表示精密度和正确度都不好。

2.4.5 测量误差的处理方法

1. 随机误差的处理方法

1）随机误差的特性及分布规律

随机误差不可能被修正或消除，但通过先辈们的研究，可用概率与数理统计的方法，估计出随机误差的大小和规律。通过对一系列重复测量的实验数据进行统计后发现，随机误差常服从正态分布规律，其分布曲线如图 2-6 所示，图中横坐标 δ 表示随机误差，纵坐标 y 表示随机误差的概率密度。

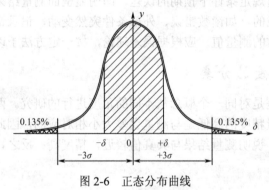

图 2-6 正态分布曲线

正态分布的随机误差具有如下 4 个基本特征。

（1）单峰性 绝对值越小的随机误差出现的概率越大，反之则越小。

（2）对称性 绝对值相等的正、负随机误差出现的概率相等。

（3）有界性 在一定测量条件下，随机误差的绝对值不超过一定界限。

（4）抵偿性 随着测量的次数增加，随机误差的算术平均值趋于零。

正态分布曲线的数学表达式为

$$y = \frac{1}{\sigma\sqrt{2\pi}} e^{-\frac{\delta^2}{2\sigma^2}}$$

式中，y 为概率密度，σ 为标准偏差（均方根误差），δ 为随机误差，e 为自然对数的底。

由数学表达式可看出随机误差 δ 与标准偏差 σ 有关，因此常把标准偏差 σ 作为评价随机误差的尺度。标准偏差的计算公式为

$$\sigma = \sqrt{\frac{\delta_1^2 + \delta_2^2 + \cdots + \delta_n^2}{n}} = \sqrt{\frac{\sum_{i=1}^{n} \delta_i^2}{n}}$$

标准偏差的计算公式中，δ_i 为测量列相应各次测得值与真值之差（随机误差），n 为测量次数，σ 是测量列单次测量值（任一测量值）的标准偏差，是反映测量列中测得值分散程度的一项精度指标。

如图 2-7 所示，有三条正态分布曲线，且 $\sigma_1 < \sigma_2 < \sigma_3$，可以看出，$\sigma$ 越小，曲线越陡，随机误差分布越集中，即测得值分布越集中，测量的精度就越高。反之，σ 越大，曲线越平缓，随机误差分布越分散，测量的精度就越低。

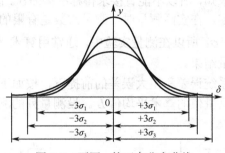

图 2-7　不同 σ 的正态分布曲线

2）随机误差的极限值

由于随机误差具有有界性，因此随机误差的大小不会超过一定的范围。随机误差的极限值就是测量极限误差。

按照概率论原理，正态分布曲线所包含的面积等于其相应区间确定的概率，即

$$P = \int_{-\infty}^{+\infty} \frac{1}{\sigma\sqrt{2\pi}} e^{-\frac{\delta^2}{2\sigma^2}} d\delta = 1$$

若误差落在（$-\infty$，$+\infty$）之中，则其概率 $P=1$；若研究误差落在（$-\delta$，$+\delta$）之中的概率，则上式可改写为

$$P = \int_{-\delta}^{+\delta} \frac{1}{\sigma\sqrt{2\pi}} e^{-\frac{\delta^2}{2\sigma^2}} d\delta$$

进行变量置换，设 $t = \dfrac{\delta}{\sigma}$，则有

$$P = \frac{1}{\sqrt{2\pi}} \int_{-t}^{+t} e^{-\frac{t^2}{2}} dt$$

根据上式可以求出积分值 P。为了应用方便，其积分值一般列成表格的形式，称为概率函数积分值表。由于函数是对称的，因此表中列出的值是 $0 \sim t$ 的积分值 $\phi(t)$，而整个面积的积分值 $P = 2\phi(t)$。当 t 值一定时，$\phi(t)$ 值可在概率函数积分表中查出。常用的 $\phi(t)$ 数值列在表 2-4 中。选择不同的 t 值，就对应不同的概率，测量结果的可信度也就不一样。随机误差在 $\pm t\sigma$ 范围内出现的概率称为置信概率，t 称为置信因子或置信系数。在几何量测量中，通常取置信因子 $t = 3$，则置信概率为 99.73%。即 δ 超出 $\pm 3\sigma$ 的概率为 100% − 99.73% = 0.27%，该种情况的概率非常小，所以取测量极限误差为 $\delta_{lim} = \pm 3\sigma$。$\delta_{lim}$ 也表示测量列单次测量值的测量极限误差。如某次测量值为 145.009 mm，若已知标准偏差为 0.002 mm，置信概率为 99.73%，则测量结果应为（145.009 ± 0.006）mm。

表 2-4　4 个特殊值的概率函数积分值表

t	$\delta = \pm 3\sigma$	$\phi(t)$	不超出$|\delta|$的概率	超出$|\delta|$的概率
1	σ	0.3413	0.6826	0.3174
2	2σ	0.4772	0.9544	0.0456
3	3σ	0.498 65	0.9973	0.0027
4	4σ	0.499 968	0.999 36	0.000 64

3）随机误差的处理步骤

由于被测几何量的真值未知，所以不能直接求得标准偏差 σ。因为当测量次数 n 充分大时，随机误差的算术平均值趋于零，在实际测量时，测量次数是有限的，为此用残余误差 ν_i 来代替 δ_i 估算单次测量值的标准偏差 σ。所以在测量实验中，通常用算术平均值代替真值，并估算出标准偏差，在此基础上确定测量结果。

在假定测量列中不存在系统误差和粗大误差的前提下，按如下步骤对随机误差进行处理。

（1）计算测量列中各个测量值的算术平均值 $\overline{L}$。设测量列的测量值为 $l_1, l_2, \cdots, l_n$，则算术平均值为

$$\overline{L} = \frac{1}{n}(l_1 + l_2 + \cdots + l_n) = \frac{1}{n}\sum_{i=1}^{n} l_i$$

（2）计算残余误差。残余误差 ν_i 是测量值与算术平均值之差，即

$$\nu_i = l_i - \overline{L}$$

（3）计算单次测量值的标准偏差 σ。在实用中，常用贝塞尔公式计算得到的实验估计标准偏差 s 来代替标准偏差 σ，即

$$s = \sqrt{\frac{\sum_{i=1}^{n} \nu_i^2}{n-1}}$$

实验估计标准偏差 s 代表一组测量值中任一测得值的标准偏差。

（4）计算测量列算术平均值的标准偏差 σ_L。根据误差理论，测量列算术平均值的标准偏差 σ_L 与测量列单次测量值的标准偏差 σ 之间存在一定关系。在实用中，用算术平均值实验估计标准偏差 $s_{\overline{L}}$ 来代替测量列算术平均值的标准偏差 σ_L，即

$$s_{\overline{L}} = \frac{s}{\sqrt{n}}$$

显然，算术平均值的精度比单次测量的精度高。因此，通常人们都用算术平均值作为测量结果。

（5）写出测量结果。测量列中单次测量结果为：$l_e = l_i \pm \delta_{\lim(l)} = l_i \pm 3s$，置信概率为 99.73%。

测量列中多次测量结果为：$l_e = \overline{L} \pm \delta_{\lim(\overline{L})} = \overline{L} \pm 3s_{\overline{L}}$，置信概率为 99.73%。

2. 系统误差的处理方法

系统误差的数值往往比较大，因而在测量结果中如何发现和消除它是提高测量准确度的一个重要问题。系统误差一般分为定值系统误差和变值系统误差。发现系统误差最直观的方法是"残差观察法"，即根据测量值的残余误差，用列表或作图进行观察。如根据测量值的残余误差

值观察，若残余误差大体正负相同，无显著变化规律，则可认为不存在系统误差，如图 2-8（a）所示。

（1）发现定值系统误差的方法　定值系统误差是通过实验对比的方法发现的，如采用高一精度级别的计量器具来检定用于测量工件参数的器具，从而得到误差大小不变的系统误差值。

（2）发现变值系统误差的方法　根据测量值的残余误差列表或通过作图观察，若残余误差有规律地递增或递减，则存在线性系统误差，如图 2-8（b）所示；若残余误差有规律地逐渐由负变正或由正变负，则存在周期性系统误差，如图 2-8（c）所示。

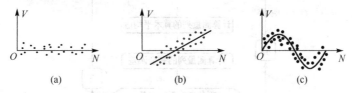

（a）　　　　　　　　　　　（b）　　　　　　　　　　　（c）

图 2-8　残差观察法发现系统误差

消除系统误差的方法主要有如下几种。

（1）误差修正法

这种方法预先将计量器具的系统误差检定或计算出来，做出误差表或误差曲线，然后取与误差数值相同而符号相反的值作为修正值，将测量值加上相应的修正值，即可使测量结果不包含系统误差。

（2）误差抵消法

这种方法要求在对称位置上分别测量一次，以使这两次测量中测量的数据出现的系统误差大小相等，符号相反，取这两次测量中数据的平均值作为测得值，即可消除系统误差。例如，在工具显微镜上测量螺纹螺距时，为了消除螺纹轴线与测量轴线不平行引起的系统误差，可分别测量螺纹左、右牙面的螺距，然后取两者平均值作为螺距的测得值。

（3）误差分离法

这种方法常用在形状误差测量中，例如，圆度、平面度和直线度的测量。因为这些项目的测量往往需要有高准确度的基准，如基准轴系、基准平面和基准直线。由于基准存在误差，所以测得的测量结果也包含系统误差。对这类系统误差可采用误差分离法，将其分离，使测量得到的测量结果中不包含系统误差。误差分离法就是采用反向测量或多步测量或多测头测量等测量方法，使之获得较多的测量结果，然后通过某一种计算方法将其分离，从而获得准确的测量结果。

3．粗大误差的处理方法

粗大误差的处理通常采用拉依达准则（3σ准则），即当测量列中出现绝对值大于3σ的残余误差时，即$|v_i| > 3\sigma$，则认为该残余误差对应的测量值含有粗大误差，应予剔除（即将测量列中该项测量值删除）。

2.4.6　等精度直接测量列的数据处理

等精度直接测量列的数据处理步骤（随机误差的处理）如下，其流程图如图 2-9 所示。

（1）检查测量列中有无显著的系统误差存在，如果有定值系统误差或能掌握确定规律的变值系统误差（线性系统误差、周期性变化的系统误差），应查明原因，在测量前加以减小与清除，或在测量值中加以修正（即消除测量列中的系统误差）。

（2）计算测量列的算术平均值、残余误差和标准偏差。

（3）判断粗大误差，若存在，应将其剔除后重新计算新测量列的算术平均值、残余误差和标准偏差（即消除测量列中的粗大误差）。

（4）计算测量列算术平均值的实验标准偏差值及测量极限误差。

（5）写出测量结果的表达式。

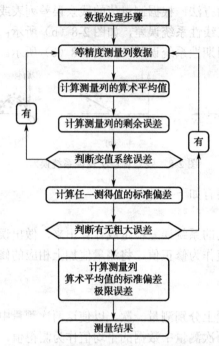

图 2-9　等精度直接测量列的数据处理步骤

【例 2-1】

对某尺寸的 9 次重复测量的测得值依次是：13.8 mm、14.4 mm、13.3 mm、14.1 mm、14.3 mm、13.9 mm、13.6 mm、13.7 mm、14.0 mm，求测量结果。

解：（1）经观察测量列中无系统误差存在。

（2）计算测量列的算术平均值 $\overline{L}$、残余误差 v_i 和标准偏差 σ，计算值列于表 2-5 中。

表 2-5　测量列的部分计算值　（单位：mm）

序号	测量值 l_i	残余误差 $v_i = l_i - \overline{L}$	v_i^2
1	13.8	−0.1	0.01
2	14.4	+0.5	0.25
3	13.3	−0.6	0.36
4	14.1	+0.2	0.04
5	14.3	+0.4	0.16
6	13.9	0	0
7	13.6	−0.3	0.09
8	13.7	−0.2	0.04
9	14.0	+0.1	0.01

续表

序号	测量值 l_i	残余误差 $v_i = l_i - \bar{L}$	v_i^2
	$\sum_{i=1}^{9} l_i = 125.1$	$\sum_{i=1}^{9} v_i = 0$	$\sum_{i=1}^{9} v_i^2 = 0.96$
	$\bar{L} = \sum_{i=1}^{n} l_i / n = \sum_{i=1}^{9} l_i / 9 = 13.9$	$s = \sqrt{\dfrac{\sum_{i=1}^{n} v_i^2}{n-1}} = \sqrt{\dfrac{0.96}{9-1}} = 0.346$	

（3）判断测得值是否含有粗大误差，若残余误差$|v_i|>3s=3\times0.346=1.038$，则含有粗大误差。经比较，所有测得值的残余误差$|v_i|$均小于 1.038，故测得值不含粗大误差，均为有效值。

（4）计算测量列算术平均值的实验估计标准偏差值。

$$s_{\bar{L}} = \frac{s}{\sqrt{n}} = \frac{0.346}{\sqrt{9}} = 0.115$$

然后，计算测量列的测量极限误差。

测量列的单次测量极限误差：$\delta_{\lim(l)} = \pm3s = \pm3\times0.346 = \pm1.038$

测量列算术平均值的测量极限误差：$\delta_{\lim(\bar{L})} = \pm3s_{\bar{L}} = \pm3\times0.115 = \pm0.345$

（5）写出测量结果

测量列中单次测量结果为：$l_e = l_i \pm 3s = l_i \pm 1.038$（$i=1,2,\cdots,9$），置信概率为 99.73%。

测量列中多次测量结果为：$l_e = \bar{L} \pm 3s_{\bar{L}} = 13.9 \pm 0.345$，置信概率为 99.73%。

2.4.7　等精度间接测量列的数据处理

1. 等精度间接测量列误差的计算

有些情况下，由于某些被测对象的特点，不能进行直接测量，这时需要采用间接测量。间接测量是指通过测量与被测量有一定关系的另一个几何量，按照一定的函数关系式计算出被测量的量值。因此，间接测量的被测量是所得到的各个实测几何量的函数，而间接测量的被测量的误差则是各个实测几何量误差的函数，故称这种误差为函数误差。

1）函数及其微分表达式

间接测量列中，被测量通常是实测几何量的多元函数，它可表示为

$$y = f(x_1, x_2, \cdots, x_n)$$

式中，y 为被测量，x_i 为实测几何量。

函数的全微分表达式为

$$dy = \frac{\partial f}{\partial x_1} dx_1 + \frac{\partial f}{\partial x_2} dx_2 + \cdots + \frac{\partial f}{\partial x_n} dx_n$$

式中，dy 为被测量的测量误差，dx_i 为实测几何量的测量误差，$\dfrac{\partial f}{\partial x_i}$ 为实测几何量的测量误差传递函数。

2）函数系统误差的计算

由各实测几何量测量值的系统误差，可近似得到被测量的系统误差的表达式为

$$\Delta y = \frac{\partial f}{\partial x_1} \Delta x_1 + \frac{\partial f}{\partial x_2} \Delta x_2 + \cdots + \frac{\partial f}{\partial x_n} \Delta x_n$$

式中，Δy 为被测量的系统误差，Δx_i 为实测几何量的系统误差。

3）函数随机误差的计算

由于各实测几何量的测得值存在随机误差，因此被测量也存在随机误差。根据误差理论，函数的实验估计标准偏差 s_y 与各个实测几何量的实验估计标准偏差 s_{x_i} 的关系为

$$s_y = \sqrt{\left(\frac{\partial f}{\partial x_1}\right)^2 s_{x_1}^2 + \left(\frac{\partial f}{\partial x_2}\right)^2 s_{x_2}^2 + \cdots + \left(\frac{\partial f}{\partial x_n}\right)^2 s_{x_n}^2}$$

4）函数随机误差的计算

一般随机误差服从正态分布，则

$$s_{\lim(y)} = \pm 3 s_y$$

5）测量结果为

$$y_e = y - \Delta y \pm s_{\lim(y)}$$

2. 等精度间接测量列的数据处理步骤

（1）根据函数关系式 $y = f(x_1, x_2, \cdots, x_n)$ 和各直接测得值（实测几何量值）x_i 计算间接测量值 y。

（2）计算函数的系统误差 Δy。

（3）计算函数的随机误差 s_y。

（4）确定测量结果 y_e。

【例 2-2】

用弓高法测量工件的直径 $\left(D = \dfrac{L^2}{4h} + h\right)$，已知测得值 $L = 100$ mm，$h = 20$ mm，其系统误差分别为 $\Delta L = 6$ μm，$\Delta h = 5$ μm，其实验标准偏差分别为 $s_L = 0.6$ μm，$s_h = 0.4$ μm，试计算其测量结果。

解：（1）利用函数计算被测直径 D，有

$$D = f(L, h) = \frac{L^2}{4h} + h = \frac{100 \times 100}{4 \times 20} + 20 = 145 \text{ mm}$$

（2）计算函数的系统误差

$$\Delta D = \frac{\partial f}{\partial L} \Delta L + \frac{\partial f}{\partial h} \Delta h = \frac{2L}{4h} \Delta L + \left(-\frac{L^2}{4h^2} + 1\right) \Delta h$$

$$\Delta D = \frac{2 \times 100}{4 \times 20} \times 6 + \left(-\frac{100^2}{4 \times 20^2} + 1\right) \times 5 = 2.5 \times 6 + (-5.25) \times 5 = -11.25 \text{ μm}$$

（3）计算函数的随机误差

$$s_D = \sqrt{\left(\frac{\partial f}{\partial L}\right)^2 s_L^2 + \left(\frac{\partial f}{\partial h}\right)^2 s_h^2} = \sqrt{2.5^2 \times 0.6^2 + (-5.25)^2 \times 0.4^2} = 2.58 \text{ μm}$$

（4）确定测量结果

$$D_e = D - \Delta D \pm \delta_{\lim(y)} = 145 - (-0.01125) \pm 3 \times 0.00258 = 145.01125 \pm 0.00774$$

置信概率为 99.73%。

本 章 小 结

测量是产品质量保证的有效手段。本章通过讲述测量的基本概念、量值传递、测量方法及

计量器具的分类及常用术语，使读者初步系统地了解了测量的含义。突出讲解了测量误差的数据处理，使读者能合理表述测量结果。

习　题

一、选择题

1．下列测量中属于间接测量的有（　　　）。

A．用千分尺测外径　　　　　　　　　B．用光学比较仪测外径

C．用内径百分表测内径　　　　　　　D．用游标卡尺测量两孔中心距

2．下列因素中可能引起变值系统误差的有（　　　）。

A．游标卡尺测量轴径时所产生的误差　　B．光学比较仪的示值误差

C．测量过程中环境温度的随时波动　　　D．千分尺测微螺杆的螺距误差

3．下列论述中正确的有（　　　）。

A．量块按级使用时，工作尺寸为其标称尺寸，不计量块的制造误差和磨损误差

B．量块按等使用时，工作尺寸为量块经检定后给出的实际尺寸

C．量块按级使用比按等使用方便，且测量精度高

D．量块需送交有关部门定期检定各项精度指标

二、判断题

1．直接测量比为绝对测量。（　　　）

2．为减少测量误差，一般不采用间接测量。（　　　）

3．使用的量块数越多，组合出的尺寸越准确。（　　　）

4．立式光学计的示值范围和测量范围是一样的。（　　　）

5．对同一测量值进行多次重复测量时，随机误差完全服从正态分布规律。（　　　）

三、简答题

1．量块的制造精度分哪几级，量块的检定精度分哪几等？分级和分等的主要依据是什么？

2．几何量测量方法中，绝对测量与相对测量有何区别？直接测量与间接测量有何区别？并举例说明。

3．进行等精度测量时，以多次重复测量的测量列算术平均值作为测量结果的优点是什么？它可以减小哪类测量误差对测量结果的影响？

四、计算题

1．试用 83 成套量块，组合出尺寸 51.985 mm 和 27.357 mm。

2．在相同条件下，对某轴同一部位的直径重复测量 15 次，各次测量值分别为 10.429、10.433、10.424、10.425、10.430、10.428、10.434、10.433、10.427、10.429、10.435、10.430、10.429、10.427、10.436，判断有无系统误差、粗大误差，并给出测量结果。

3．在立式光学计上测量一尺寸为 48.925 的工件，用 1.005、1.42、6.5、40 四块四等量块组合后调整立式光学计的标尺零位，测量工件的尺寸为 48.924，四块量块检定证书上的修正量分别为+1、+0.5、−0.5、+1.2。求该测量系统由量块引起的系统误差。

第 3 章

极限与配合

> 学习目的

通过本章的学习，了解极限与配合国家标准的组成及特点，掌握极限与配合标准中的术语、定义与作用，掌握标准公差和基本偏差的结构、特点和基本规律，掌握公差带的概念和公差带图的画法，并能熟练查取标准公差表和基本偏差表，正确进行有关计算；掌握极限与配合的选用原则，并能正确标注在工程图上；掌握检测尺寸时计量器具的选择和验收极限的确定。

3.1 概述

为了使零件具有互换性，必须保证零件的尺寸、几何形状和相互位置，以及表面特征的技术要求的一致性。就尺寸而言，互换性要求尺寸的一致性，并不是要求零件都准确地制成一个指定的尺寸，而只要求尺寸在某一合理的范围内，对于相互结合的零件，这个范围既要保证相互结合的尺寸之间形成一定的关系，以满足不同的使用要求，又要兼顾加工制造的经济性与合理性，这样就形成了"极限与配合"的概念。由此可见，"极限"用于协调机器零件使用要求与制造经济性之间的矛盾，"配合"则是反映零件组合时相互之间的关系。

经标准化的极限与配合制，有利于机器的设计、制造、使用与维修，有利于保证产品的精度、使用性能和寿命等，也有利于刀具、量具、夹具和机床等工艺装备的标准化。

我国 1958 年开始发布国家标准。自 1979 年以来，参照国际标准（ISO），并结合我国的实际生产情况，颁布了一系列国家标准，并于 1994 年后陆续修订，2009 年再次进行了修订。

新修订的"极限与配合"标准由以下几个标准组成

- GB/T 1800.1—2009《产品几何技术规范（GPS）极限与配合 第 1 部分：公差、偏差和配合的基础》；
- GB/T 1800.2—2009《产品几何技术规范（GPS）极限与配合 第 2 部分：标准公差等级和孔、轴极限偏差表》；
- GB/T 1801—2009《产品几何技术规范（GPS）极限与配合 公差带和配合的选择》；
- GB/T 1803—2003《公差与配合 尺寸至 18 mm 孔、轴公差带》；
- GB/T 1804—2000《一般公差 未注出公差的线性和角度尺寸的公差》；
- GB/T 3177—2009《光滑工件尺寸的检测》。

我们将在本章对这些标准的基本概念、主要内容及其应用进行介绍。

3.2 极限与配合的基本内容

3.2.1 尺寸与公差的基本术语

1. 有关尺寸的术语定义

1）尺寸

用特定单位表示线性长度的数值称为尺寸。如直径、长度、宽度、高度和中心距等。在机械制造中一般用毫米（mm）作为特定单位，在图样上用毫米作为单位标注尺寸时，规定只标注数字不加单位。

2）孔和轴

（1）孔　通常指工件的圆柱形内表面要素，也包括由单一尺寸确定的非圆柱形内表面要素（由两平行平面或切面形成的包容面）。如图 3-1（a）、（b）所示零件的各内表面上，D_1、D_2、D_3、D_4 尺寸都称为孔。其尺寸用大写字母表示。

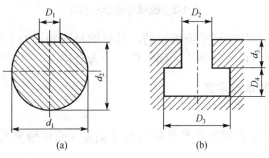

图 3-1　孔与轴

（2）轴　通常指工件的圆柱形外表面要素，也包括由单一尺寸确定的非圆柱形外表面要素（由两个平行平面或切面形成的被包容面）。如图 3-1（a）、（b）所示零件的各外表面上，d_1、d_2、d_3 尺寸都称为轴。其尺寸用小写字母表示。

为便于区分孔与轴，通俗的观点是：孔为包容面（内表面），其内部无材料，且越加工尺寸越大；轴为被包容面（外表面），其内部有材料，且越加工尺寸越小。从装配上来说，孔与轴具有孔包容轴的包容与被包容的关系。

3）基本尺寸

由设计给定的尺寸称为基本尺寸。孔的基本尺寸用 D 表示，轴的基本尺寸用 d 表示，如图 3-2 所示。基本尺寸是从零件的功能出发，通过强度、刚度、结构等要求经计算、圆整后确定的。基本尺寸数值应尽量按 GB/T 2822—2005《标准尺寸》选取，以减少定值刀具、量具、夹具的种类。基本尺寸是尺寸精度设计中确定极限尺寸和偏差的一个基准，不是实际加工要求得到的尺寸。

4）实际尺寸

通过测量获得的尺寸称为实际尺寸。孔和轴的实际尺寸分别用 D_a，d_a 表示。由于测量误差的存在，实际尺寸并非被测尺寸的真值。另外，由于加工误差的存在，即使同一零件，测量的部位不同、方向不同，其实际尺寸也往往不相等，因此，实际尺寸通常是指两点间的局部实际尺寸。

5）极限尺寸

允许尺寸变化的两个界限值称为极限尺寸。两个界限值中较大的一个称为最大极限尺寸，较小的一个称为最小极限尺寸。孔和轴的最大极限尺寸分别用 D_{max} 和 d_{max} 表示；最小极限尺寸分别以 D_{min} 和 d_{min} 表示，如图 3-2 所示。

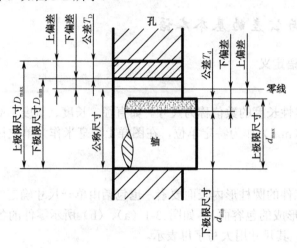

图 3-2　极限与配合示意图

极限尺寸是依据设计和使用要求而确定的，其目的是限制被加工零件的尺寸变化范围。加工后的零件尺寸若在两极限尺寸范围内，则零件尺寸为合格。

2．有关公差与偏差的术语定义

1）尺寸偏差

某一尺寸减去基本尺寸所得的代数差称为尺寸偏差（简称偏差）。偏差可以为正值、负值或零。

偏差又包括实际偏差与极限偏差。

（1）实际偏差　实际尺寸减去基本尺寸所得的代数差。计算公式如下：

孔的实际偏差　$E_a = D_a - D$

轴的实际偏差　$e_a = d_a - d$

（2）极限偏差　极限尺寸减去基本尺寸所得的代数差。

最大极限尺寸减去基本尺寸所得的代数差称为上偏差；最小极限尺寸减去基本尺寸所得的代数差称为下偏差。孔的上、下偏差分别用 ES、EI 表示，轴的上、下偏差分别用 es、ei 表示，计算公式如下：

孔的上偏差　$ES = D_{max} - D$　　孔的下偏差　$EI = D_{min} - D$

轴的上偏差　$es = d_{max} - d$　　轴的下偏差　$ei = d_{min} - d$

2）尺寸公差

尺寸公差是允许尺寸的变动量。它等于最大极限尺寸与最小极限尺寸之差，也等于上偏差与下偏差之差。公差是一个没有符号的绝对值，没有正、负值之分，也不允许为零。用公式表示如下：

孔公差　$T_D = |D_{max} - D_{min}| = |ES - EI|$

轴公差　$T_d = |d_{max} - d_{min}| = |es - ei|$

尺寸公差是依据设计和使用要求从精度方面考虑而确定的误差允许值，体现设计者对加工精度的要求。公差大小决定了允许尺寸变动范围的大小；若公差值大，则允许尺寸变动范围大，因而加工精度就低，加工就容易。

3）公差带图

公差带图是用图形方式表示的由代表两个极限尺寸或极限偏差的直线所限定的区域。公差带图是公差带的图解，表示零件的尺寸相对于基本尺寸所允许变动的范围，由零线和公差带两部分组成。由于公差或偏差的数值与基本尺寸数值相比，差别很大，在图中不便用同一比例表示［如图 3-3（a）所示］，同时为了表达清晰，在分析有关问题时，不画出孔、轴的结构，只画出放大的孔、轴公差区域和位置，用以图解孔、轴的公差与配合要求，我们把这种图解图称为公差带图，如图 3-3（b）所示。

（1）零线　在公差带图中，表示基本尺寸的一条直线。以其为基准确定偏差的位置。零线沿水平方向绘制，正偏差位于其上方，负偏差位于其下方。

（2）公差带　在公差带图中，由代表上偏差和下偏差的两条平行直线限定的区域称为公差带。公差带在垂直零线方向的宽度即代表公差值。公差带沿零线方向的长度可适当选取，不做统一规定。在图 3-3 公差带图中，基本尺寸单位为毫米（mm），偏差及公差的单位一般为微米（μm），单位均省略不写。

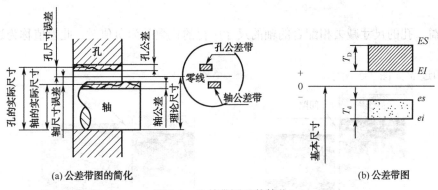

图 3-3　公差带图及其简化

4）标准公差

极限与配合制标准中，所规定的任一公差称为标准公差。标准公差确定了公差带的大小。按国家标准 GB/T 1800.3—2009 选取（见表 3-3）。

5）基本偏差

极限与配合制标准中，所规定的确定公差带相对于零线位置的极限偏差称为基本偏差。它可以是上偏差或下偏差，一般指靠近零线的那个极限偏差。按国家标准 GB/T 1800.2—2009 选取（见表 3-4、表 3-5）。

3.2.2　有关配合的基本术语

1. 配合

基本尺寸相同的相互结合的孔与轴公差带之间的搭配关系称为配合。

根据相结合的孔、轴公差带之间相对位置关系的不同，配合又分为间隙配合、过盈配合和过渡配合三大类，如图 3-4 所示。

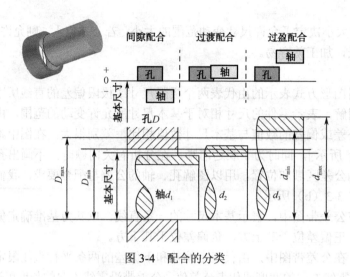

图 3-4　配合的分类

2．间隙和过盈

1）间隙　孔的尺寸减去相配合的轴的尺寸所得的代数差为正值时，此差值称为间隙，用 X 表示。

2）过盈　孔的尺寸减去相配合的轴的尺寸所得的代数差为负值时，此差值称为过盈，用 Y 表示。

间隙和过盈如图 3-5 所示。

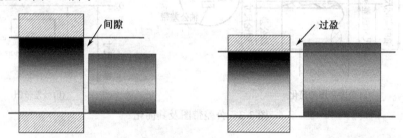

图 3-5　间隙和过盈

3．间隙配合

孔的公差带在轴的公差带之上，保证具有间隙（包括最小间隙为零）的配合称为间隙配合，如图 3-6（a）所示。

由于孔、轴的实际尺寸允许在各自公差带内变动，所以孔、轴配合的间隙也是变动的。当孔的尺寸为最大极限尺寸而轴的尺寸为最小极限尺寸时，装配后产生最大间隙 X_{max}；当孔的尺寸为最小极限尺寸而轴的尺寸为最大极限尺寸时，装配后产生最小间隙 X_{min}。X_{max} 和 X_{min} 统称为极限间隙，其计算公式如下：

最大间隙 $X_{max} = D_{max} - d_{min} = ES - ei$

最小间隙 $X_{min} = D_{min} - d_{max} = EI - es$

平均间隙 $X_{av} = (X_{max} + X_{min})/2 > 0$

实际生产中，成批生产的零件的实际尺寸大部分为极限尺寸的平均值，所以形成的间隙大多数在平均间隙附近。

间隙配合主要用于孔、轴间有相对运动的场合（包括旋转运动和轴向滑动）。孔、轴装配产生的间隙可起到储存润滑油、补偿由温度引起的尺寸变化、补偿弹性变形及制造与安装误差等作用。

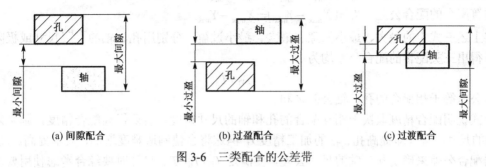

图 3-6　三类配合的公差带

4. 过盈配合

孔的公差带在轴的公差带之下，保证具有过盈（包括最小过盈为零）的配合称为过盈配合，如图 3-6（b）所示。

同间隙配合一样，过盈配合的过盈也是变动的，当孔的尺寸为最小极限尺寸而轴的尺寸为最大极限尺寸时，装配后产生最大过盈 Y_{max}；当孔的尺寸为最大极限尺寸而轴的尺寸为最小极限尺寸时，装配后产生最小过盈 Y_{min}。Y_{max} 和 Y_{min} 统称极限过盈，其计算公式如下：

最大过盈 $Y_{max} = D_{min} - d_{max} = EI - es$

最小过盈 $Y_{min} = D_{max} - d_{min} = ES - ei$

平均过盈 $Y_{av} = (Y_{max} + Y_{min})/2 < 0$

实际生产中，成批生产时，最可能得到的是平均过盈附近的过盈值。

过盈配合用于孔、轴的紧固结合，不允许两者有相对运动。原理是靠孔、轴表面在结合时因变形产生的压力所形成的摩擦力，使得孔与轴相对运动受阻，即可实现紧固连接。过盈较大时可承受较大的轴向力或扭矩。孔、轴装配要用压力或热胀冷缩法完成。

5. 过渡配合

孔的公差带与轴的公差带相互交叠，可能具有间隙或过盈的配合称为过渡配合。如图 3-6（c）所示。当孔的尺寸为最大极限尺寸而轴的尺寸为最小极限尺寸时，装配后产生最大间隙 X_{max}；当孔的尺寸为最小极限尺寸而轴的尺寸为最大极限尺寸时，装配后产生最大过盈 Y_{max}。其计算公式如下：

最大间隙 $X_{max} = D_{max} - d_{min} = ES - ei$

最大过盈 $Y_{max} = D_{min} - d_{max} = EI - es$

最大间隙 X_{max} 和最大过盈 Y_{max} 所得的平均值为正时是平均间隙，为负时是平均过盈，用 X_{av} 或 Y_{av} 来表示。与前两种配合一样，成批生产中的零件，最可能得到的是平均间隙或平均过盈附近的值，其间隙或过盈一般都比较小。

过渡配合主要用于孔、轴间既要求装拆方便，又要求定位准确的相对静止的连接。

6. 配合公差（T_f）

允许间隙或过盈的变动量称为配合公差，它表示配合松紧变化的范围。它是根据机器配合部位的使用性能要求而设计的松紧变动允许值。配合公差等于极限间隙或极限过盈之代数差的绝对值，其计算公式如下：

间隙配合的配合公差　$T_f = |X_{max} - X_{min}| = X_{max} - X_{min}$

过盈配合的配合公差　$T_f = |Y_{min} - Y_{max}| = Y_{min} - Y_{max}$

过渡配合的配合公差　$T_f = |X_{max} - Y_{max}| = X_{max} - Y_{max}$

将上述三式中的最大、最小间隙和最大、最小过盈，分别用孔、轴的极限尺寸或极限偏差代换，得出三类配合的配合公差均为

$$T_f = T_D + T_d$$

即配合公差等于相配合的孔、轴公差之和。

上式说明配合精度取决于相互配合的孔和轴的尺寸精度。若要提高配合精度，则必须减小孔、轴的尺寸公差（即提高孔、轴的加工精度），但这将会使制造难度增加，成本提高。设计时，可根据配合公差来确定孔和轴的尺寸公差，要满足 $T_D + T_d \leqslant T_f$。设计时要综合考虑使用要求和制造难度这两个因素，合理选取。

7．配合公差带图

配合公差带图是配合公差带的图解表示，用来直观地表达配合性质，即配合松紧及其变动情况。在配合公差带图中，横坐标为零线，表示间隙或过盈为零；零线上方的纵坐标为正值，代表间隙；零线下方的纵坐标为负值，代表过盈。配合公差带两端的坐标值代表极限间隙或极限过盈，它反映配合的松紧程度；上下两端间的距离为配合公差，它反映配合的松紧变化程度，如图 3-7 所示。

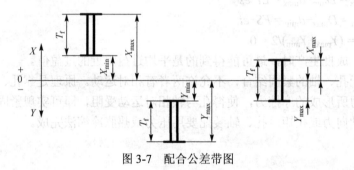

图 3-7　配合公差带图

【例 3-1】

孔 $\phi30^{+0.021}_{0}$ mm 与轴 $\phi30^{-0.020}_{-0.033}$ mm、$\phi30^{+0.021}_{+0.008}$ mm、$\phi30^{+0.048}_{+0.035}$ mm 相配合，试求上述三对相互配合的孔、轴的基本尺寸、极限尺寸、公差、极限间隙或极限过盈、平均间隙或平均过盈及配合公差，指出各属何类配合，并画出孔、轴公差带图与配合公差带图。

解： 根据题目要求，求得各项参数见表 3-1，尺寸公差带图与配合公差带图分别如图 3-8 和图 3-9 所示。

表 3-1　例 3-1 计算表　　　　　　　　　　　　　　　　（单位：μm）

所求项目		配合①		配合②		配合③	
		孔	轴	孔	轴	孔	轴
基本尺寸		30	30	30	30	30	30
极限尺寸	$D_{max}(d_{max})$	30.021	29.980	30.021	30.021	30.021	30.048
	$D_{min}(d_{min})$	30.000	29.967	30.000	30.008	30.000	30.035

续表

所求项目		配合①		配合②		配合③	
		孔	轴	孔	轴	孔	轴
极限偏差	$ES(es)$	+0.021	−0.020	+0.021	+0.021	+0.021	+0.048
	$EI(ei)$	0	−0.033	0	+0.008	0	+0.035
公差 $T_h(T_s)$		0.021	0.013	0.021	0.013	0.021	0.013
极限间隙 或 极限过盈	X_{max}	+0.054		+0.013			
	X_{min}	+0.020					
	Y_{max}			−0.021		−0.048	
	Y_{min}					−0.014	
平均间隙或 平均过盈	X_{av}	+0.037					
	Y_{av}			−0.004		−0.031	
配合公差 T_f		0.034		0.034		0.034	
配合类别		间隙配合		过渡配合		过盈配合	

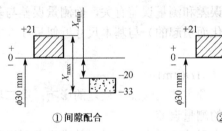①间隙配合　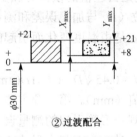②过渡配合　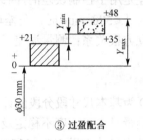③过盈配合

图 3-8　尺寸公差带

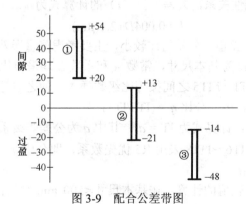

图 3-9　配合公差带图

3.3　标准公差系列

标准公差系列是国家标准制定出的一系列标准公差数值,它包含三项内容:标准公差等级、基本尺寸分段和标准公差数值。标准公差系列中的任一数值均称为标准公差,它用以确定公差带的大小,即公差带的宽度。

3.3.1　公差等级

公差等级是确定尺寸精确程度的等级。国家标准（GB/T 1800.2—2009）将标准公差分为20个公差等级，用 IT（国际公差 ISO Tolerance 的缩写）和阿拉伯数字组成的代号表示，按顺序 IT01、IT0、IT1、…、IT18，等级依次降低，标准公差数值依次增大。

公差值的大小与公差等级及基本尺寸有关。在基本尺寸至 500 mm 内有 20 个标准公差等级，即 IT01、IT0、IT1、…、IT18。在基本尺寸大于 500～3150 mm 内有 18 个标准公差等级，即 IT1～IT18。在机械制造业中，小于或等于 500 mm 的尺寸在生产实践中应用最广，是本教材的重点研究对象。

同一公差等级（例如 IT8）对应的所有基本尺寸的一组公差被认为具有同等精确程度，即公差等级相同，尺寸的精确程度相同。

3.3.2　公差单位（I、i）

公差单位是确定标准公差的基本单位，是制定标准公差数值的基础。

公差是用于控制误差的，因此确定公差值的依据是加工误差的规律性和测量误差的规律性。

当尺寸≤500 mm 时，公差单位（i）与加工误差和测量误差有关，而测量误差与基本尺寸近似呈立方根关系；测量误差（主要是由温度变化而引起的）与基本尺寸近似呈线性关系，其计算式为

$$i = 0.45\sqrt[3]{D} + 0.001D(\mu m)$$

式中，D 为基本尺寸段分段的计算值（mm）。第一项主要反映加工误差的影响；第二项主要用于补偿测量时由于温度不稳定及量规变形等引起的测量误差。

当基本尺寸大于 500～3150 mm 时，由于基本尺寸的增大，测量误差成为主要影响，而测量误差与基本尺寸近似呈线性关系，公差单位（I）的计算式为

$$I = 0.004D + 2.1(\mu m)$$

对 IT01、IT0、IT1 的公差值，公差值比较小，主要考虑测量误差的影响，其公差计算采用线性关系式为 $IT = A + BD$，D 为基本尺寸，常数 A 和系数 B 均采用优先数系的派生系列 $R_{10/2}$。

IT2～IT4 的公差值在 IT1 与 IT5 之间按等比级数插入，使之成等比数列，即 $IT2 = IT1 \times q$，$IT2 = IT1 \times q^2$，$IT2 = IT1 \times q^3$，…，公比 $q = (IT5/IT1)^{1/4}$。

对 IT5～IT18 的公差值，计算式为 $IT = ai$。其中 a 为公差等级系数，它的大小反映了加工的难易程度，除了 IT5 外，IT6～IT18 采用 R5 优先数系，即公比 $q = \sqrt[5]{10} \approx 1.6$ 的等比数列。每隔 5 级，公差数值增加 10 倍。

各个公差等级的标准公差值的计算，在基本尺寸≤500 mm 时的计算公式见表 3-2。基本尺寸在 500～3150 mm 时，可按 $T = aI$ 式计算标准公差，方法与基本尺寸≤500 mm 时相同，不再介绍。

表 3-2　尺寸≤500 mm 的标准公差计算式

公差等级	IT01			IT0			IT1		IT2		IT3		IT4	
公差值	$0.3 + 0.008D$			$0.5 + 0.012D$			$0.8 + 0.020D$		$(IT1)(IT5/IT1)^{1/4}$		$(IT1)(IT5/IT1)^{2/4}$		$(IT1)(IT5/IT1)^{3/4}$	
公差等级	IT5	IT6	IT7	IT8	IT9	IT10	IT11	IT12	IT13	IT14	IT15	IT16	IT17	IT18
公差值	$7i$	$10i$	$16i$	$25i$	$40i$	$64i$	$100i$	$160i$	$250i$	$400i$	$640i$	$1000i$	$1600i$	$2500i$

3.3.3 基本尺寸分段

按表 3-2 所列公式计算标准公差值，每个基本尺寸就应有一个相对应的公差值。在生产实践中，如果基本尺寸数目繁多，公差数值表将非常庞大，给生产、设计带来很多困难。为了减少公差数目，简化公差表格，便于生产应用，国家标准对基本尺寸进行了分段，将≤500 mm 的基本尺寸分成 13 个尺寸段，这样的尺寸段称为主段落，见表 3-3。考虑到某些配合对尺寸变化很敏感，故在一些主段落中又细分成 2～3 段中间段落，以供确定基本偏差时使用（参见表 3-4、表 3-5）。

在标准公差以及以后的基本偏差的计算式中，基本尺寸 D 一律按每个尺寸分段的首尾两个尺寸的几何平均值来进行计算。如 10～18 mm 尺寸段的计算直径 $D=\sqrt{10\times18}=13.42$ mm，只要属于这一尺寸分段内的基本尺寸，其标准公差的计算直径均按 13.42 mm 进行计算。对≤3 mm 的尺寸段，$D=\sqrt{1\times3}$ mm。

国家标准规定的标准公差数值（见表 3-3）就是经过这样的计算，并按规则圆整后得出的。

表 3-3 标准公差数值（摘自 GB/T 1800.3—1998）

基本尺寸 /mm		IT01	IT0	IT1	IT2	IT3	IT4	IT5	IT6	IT7	IT8	IT9	IT10	IT11	IT12	IT13	IT14	IT15	IT16	IT17	IT18
大于	至	μm										mm									
—	3	0.3	0.5	0.8	1.2	2	3	4	6	10	14	25	40	60	0.1	0.14	0.25	0.4	0.6	1	1.4
3	6	0.4	0.6	1	1.5	2.5	4	5	8	12	18	30	48	75	0.12	0.18	0.30	0.48	0.75	1.2	1.8
6	10	0.4	0.6	1	1.5	2.5	4	6	9	15	22	36	58	90	0.15	0.22	0.36	0.58	0.9	1.5	2.2
10	18	0.5	0.8	1.2	2	3	5	8	11	18	27	43	70	110	0.18	0.27	0.43	0.7	1.1	1.8	2.7
18	30	0.6	1	1.5	2.5	4	6	9	13	21	33	52	84	130	0.21	0.33	0.52	0.84	1.3	2.1	3.3
30	50	0.6	1	1.5	2.5	4	7	11	16	25	39	62	100	160	0.25	0.39	0.62	1	1.6	2.5	3.9
50	80	0.8	1.2	2	3	5	8	13	19	30	46	74	120	190	0.3	0.46	0.74	1.2	1.9	3	4.6
80	120	1	1.5	2.5	4	6	10	15	22	35	54	87	140	220	0.35	0.54	0.87	1.4	2.2	3.5	5.4
120	180	1.2	2	3.5	5	8	12	18	25	40	63	100	160	250	0.4	0.63	1	1.6	2.5	4	6.3
180	250	2	3	4.5	7	10	14	20	29	46	72	115	185	290	0.46	0.72	1.15	1.85	2.9	4.6	7.2
250	315	2.5	4	6	8	12	16	23	32	52	81	130	210	320	0.52	0.81	1.3	2.1	3.2	5.2	8.1
315	400	3	5	7	9	13	18	25	36	57	89	140	230	360	0.57	0.89	1.4	2.3	3.6	5.7	8.9
400	500	4	6	8	10	15	20	27	40	63	97	155	250	400	0.63	0.97	1.55	2.5	4	6.3	9.7

注：基本尺寸小于或等于 1 mm 时，无 IT14 至 IT18 级。

【例 3-2】

基本尺寸为 $\phi15$ mm，求标准公差 IT6、IT8 的数值。

解：$\phi15$ mm 属于 10～18 mm 的尺寸分段，则

计算直径：$D=\sqrt{10\times18}\approx13.42$（mm）

公差单位：$i=0.45\sqrt[3]{D}+0.001D$

$=0.45\sqrt[3]{13.42}+0.001\times23.24\approx1.084(\mu m)$

标准公差：$IT6=10i=10\times1.09\approx11(\mu m)$

$IT8=25i=25\times1.09\approx27(\mu m)$

3.4 基本偏差系列

基本偏差系列是国家标准规定的，一系列用来确定公差带相对零线位置的参数值。不同的孔与轴的公差带位置将形成不同的配合，基本偏差的数量决定配合种类的数量。为了满足各种不同松紧程度的配合需求，同时尽量减少配合种类，以利于互换，国家标准（GB/T 1800.2—2009）对孔和轴分别规定了 28 种基本偏差。

3.4.1 基本偏差代号

1. 基本偏差代号与规律

国家标准规定，基本偏差的代号用拉丁字母表示，其中孔用大写字母表示，轴用小写字母表示。28 种基本偏差代号，由 26 个拉丁字母中去掉易与其他含义混淆的 I（i）、L（l）、O（o）、Q（q）、W（w）5 个字母，采用了 21 个单写字母和 7 个双字母 CD（cd）、EF（ef）、FG（fg）、JS（js）、ZA（za）、ZB（zb）、ZC（zc）组成，如图 3-10 所示。

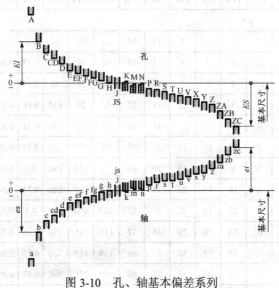

图 3-10 孔、轴基本偏差系列

从图 3-10 可见，孔 A～H 的基本偏差是 EI，轴 a～h 的基本偏差是 es，它们的绝对值依次减小，其中 H 和 h 的基本偏差为零。

孔 JS 和轴 js 的公差带相对于零线对称分布，故其基本偏差可以是上偏差（+IT/2），也可以是下偏差（−IT/2）。

孔 J～ZC 的基本偏差是 ES，轴 j～zc 的基本偏差为 ei，其绝对值依次增大。

孔和轴的基本偏差值原则上不随公差等级变化，只有极少数基本偏差（j、js、k）例外。

在基本偏差系列图中，只画出了由基本偏差决定的公差带的一端，未画出公差带的另一端，因为它取决于公差带（标准公差）的大小。所以说基本偏差是用来确定公差带相对零线位置的。

2. 基本偏差数值

国家标准（GB/T 1800.2—2009）中规定了孔、轴各级基本偏差的数值，如表 3-4、表 3-5 所示。

表3-4 基本尺寸≤500 mm 轴的基本偏差数值

（单位：μm）

说明：a～h 为上偏差 es（所有的等级）；js 为 ±IT/2（偏差等级）；j～zc 为下偏差 ei。j 分 5~6、7、8 等级；k 分 4~7 及 ≤3、>7 等级；其余为所有的等级。

基本尺寸/mm 大于	至	a	b	c	cd	d	e	ef	f	fg	g	h	js	j 5~6	j 7	j 8	k 4~7	k ≤3,>7	m	n	p	r	s	t	u	v	x	y	z	za	zb	zc
—	3	-270	-140	-60	-34	-20	-14	-10	-6	-4	-2	0		-2	-4	-6	0	0	+2	+4	+6	+10	+14	—	+18	—	+20	—	+26	+32	+40	+60
3	6	-270	-140	-70	-46	-30	-20	-14	-10	-6	-4	0		-2	-4	—	+1	0	+4	+8	+12	+15	+19	—	+23	—	+28	—	+35	+42	+50	+80
6	10	-280	-150	-80	-56	-40	-25	-18	-13	-8	-5	0		-2	-5	—	+1	0	+6	+10	+15	+19	+23	—	+28	—	+34	—	+42	+52	+67	+97
10	14	-290	-150	-95	—	-50	-32	—	-16	—	-6	0		-3	-6	—	+1	0	+7	+12	+18	+23	+28	—	+33	—	+40	—	+50	+64	+90	+130
14	18	-290	-150	-95	—	-50	-32	—	-16	—	-6	0		-3	-6	—	+1	0	+7	+12	+18	+23	+28	—	+33	+39	+45	—	+60	+77	+108	+150
18	24	-300	-160	-110	—	-65	-40	—	-20	—	-7	0		-4	-8	—	+2	0	+8	+15	+22	+28	+35	—	+41	+47	+54	+63	+73	+98	+136	+188
24	30	-300	-160	-110	—	-65	-40	—	-20	—	-7	0		-4	-8	—	+2	0	+8	+15	+22	+28	+35	+41	+48	+55	+64	+75	+88	+118	+160	+218
30	40	-310	-170	-120	—	-80	-50	—	-25	—	-9	0		-5	-10	—	+2	0	+9	+17	+26	+34	+43	+48	+60	+68	+80	+94	+112	+148	+200	+274
40	50	-320	-180	-130	—	-80	-50	—	-25	—	-9	0		-5	-10	—	+2	0	+9	+17	+26	+34	+43	+54	+70	+81	+97	+114	+136	+180	+242	+325
50	65	-340	-190	-140	—	-100	-60	—	-30	—	-10	0		-7	-12	—	+2	0	+11	+20	+32	+41	+53	+66	+87	+102	+122	+144	+172	+226	+300	+405
65	80	-360	-200	-150	—	-100	-60	—	-30	—	-10	0		-7	-12	—	+2	0	+11	+20	+32	+43	+59	+75	+102	+120	+146	+174	+210	+274	+360	+480
80	100	-380	-220	-170	—	-120	-72	—	-36	—	-12	0		-9	-15	—	+3	0	+13	+23	+37	+51	+71	+91	+124	+146	+178	+214	+258	+335	+445	+585
100	120	-410	-240	-180	—	-120	-72	—	-36	—	-12	0		-9	-15	—	+3	0	+13	+23	+37	+54	+79	+104	+144	+172	+210	+254	+310	+400	+525	+690
120	140	-460	-260	-200	—	-145	-85	—	-43	—	-14	0		-11	-18	—	+3	0	+15	+27	+43	+63	+92	+122	+170	+202	+248	+300	+365	+470	+620	+800
140	160	-520	-280	-210	—	-145	-85	—	-43	—	-14	0		-11	-18	—	+3	0	+15	+27	+43	+65	+100	+134	+190	+228	+280	+340	+415	+535	+700	+900
160	180	-580	-310	-230	—	-145	-85	—	-43	—	-14	0		-11	-18	—	+3	0	+15	+27	+43	+68	+108	+146	+210	+252	+310	+380	+465	+600	+780	+1000
180	200	-660	-340	-240	—	-170	-100	—	-50	—	-15	0		-13	-21	—	+4	0	+17	+31	+50	+77	+122	+166	+236	+284	+350	+425	+520	+670	+880	+1150
200	225	-740	-380	-260	—	-170	-100	—	-50	—	-15	0		-13	-21	—	+4	0	+17	+31	+50	+80	+130	+180	+258	+310	+385	+470	+575	+740	+960	+1250
225	250	-820	-420	-280	—	-170	-100	—	-50	—	-15	0		-13	-21	—	+4	0	+17	+31	+50	+84	+140	+196	+284	+340	+425	+520	+640	+820	+1050	+1350
250	280	-920	-480	-300	—	-190	-110	—	-56	—	-17	0		-16	-26	—	+4	0	+20	+34	+56	+94	+158	+218	+315	+385	+475	+580	+710	+920	+1200	+1550
280	315	-1050	-540	-330	—	-190	-110	—	-56	—	-17	0		-16	-26	—	+4	0	+20	+34	+56	+98	+170	+240	+350	+425	+525	+650	+790	+1000	+1300	+1700
315	355	-1200	-600	-360	—	-210	-125	—	-62	—	-18	0		-18	-28	—	+4	0	+21	+37	+62	+108	+190	+268	+390	+475	+590	+730	+900	+1150	+1500	+1900
355	400	-1350	-680	-400	—	-210	-125	—	-62	—	-18	0		-18	-28	—	+4	0	+21	+37	+62	+114	+208	+294	+435	+530	+660	+820	+1000	+1300	+1650	+2100
400	450	-1500	-760	-440	—	-230	-135	—	-68	—	-20	0		-20	-32	—	+5	0	+23	+40	+68	+126	+232	+330	+490	+595	+740	+920	+1100	+1450	+1850	+2400
450	500	-1650	-840	-480	—	-230	-135	—	-68	—	-20	0		-20	-32	—	+5	0	+23	+40	+68	+132	+252	+360	+540	+660	+820	+1000	+1250	+1600	+2100	+2600

注：
① 当基本尺寸小于 1 mm 时，各级的 a 和 b 均不采用；
② js 的数值，当 IT7～IT11 级时，如果以微米表示的 IT 数值是一个奇数，则取 js＝±(IT－1)/2 。

表 3-5　基本尺寸≤500 mm 孔的基本偏差

（单位：μm）

下偏差 EI 各列适用于所有的公差级；上偏差 ES 中 J 适用于公差级 6、7、8；K、M、N 分列 ≤8 与 >8；P 到 ZC 适用于 ≤7（在大于7级相应数值上增加一个Δ值）；其余 P、R、S、T、U、V、X、Y、Z、ZA、ZB、ZC 适用于 >7 级。JS 偏差等于 ±IT/2。

基本尺寸/mm 大于	至	A	B	C	CD	D	E	EF	F	FG	G	H	JS	J6	J7	J8	K≤8	K>8	M≤8	M>8	N≤8	N>8	P	R	S	T	U	V	X	Y	Z	ZA	ZB	ZC	Δ3	Δ4	Δ5	Δ6	Δ7	Δ8
—	3	+270	+140	+60	+34	+20	+14	+10	+6	+4	+2	0	±IT/2	+2	+4	+6	0	0	−2	−2	−4	−4	−6	−10	−14	—	−18	—	−20	—	−26	−32	−40	−60	0	0	0	0	0	0
3	6	+270	+140	+70	+46	+30	+20	+14	+10	+6	+4	0	±IT/2	+5	+6	+10	−1+Δ	—	−4+Δ	−4	−8+Δ	0	−12	−15	−19	—	−23	—	−28	—	−35	−42	−50	−80	1	1.5	1	3	4	6
6	10	+280	+150	+80	+56	+40	+25	+18	+13	+8	+5	0	±IT/2	+5	+8	+12	−1+Δ	—	−6+Δ	−6	−10+Δ	0	−15	−19	−23	—	−28	—	−34	—	−42	−52	−67	−97	1	1.5	2	3	6	7
10	14	+290	+150	+95	—	+50	+32	—	+16	—	+6	0	±IT/2	+6	+10	+15	−1+Δ	—	−7+Δ	−7	−12+Δ	0	−18	−23	−28	—	−33	—	−40	—	−50	−64	−90	−130	1	2	3	3	7	9
14	18	+290	+150	+95	—	+50	+32	—	+16	—	+6	0	±IT/2	+6	+10	+15	−1+Δ	—	−7+Δ	−7	−12+Δ	0	−18	−23	−28	—	−33	−39	−45	—	−60	−77	−108	−150	1	2	3	3	7	9
18	24	+300	+160	+110	—	+65	+40	—	+20	—	+7	0	±IT/2	+8	+12	+20	−2+Δ	—	−8+Δ	−8	−15+Δ	0	−22	−28	−35	—	−41	−47	−54	−63	−73	−98	−136	−188	1.5	2	3	4	8	12
24	30	+300	+160	+110	—	+65	+40	—	+20	—	+7	0	±IT/2	+8	+12	+20	−2+Δ	—	−8+Δ	−8	−15+Δ	0	−22	−28	−35	−41	−48	−55	−64	−75	−88	−118	−160	−218	1.5	2	3	4	8	12
30	40	+310	+170	+120	—	+80	+50	—	+25	—	+9	0	±IT/2	+10	+14	+24	−2+Δ	—	−9+Δ	−9	−17+Δ	0	−26	−34	−43	−48	−60	−68	−80	−94	−112	−148	−200	−274	1.5	3	4	5	9	14
40	50	+320	+180	+130	—	+80	+50	—	+25	—	+9	0	±IT/2	+10	+14	+24	−2+Δ	—	−9+Δ	−9	−17+Δ	0	−26	−34	−43	−54	−70	−81	−97	−114	−136	−180	−242	−325	1.5	3	4	5	9	14
50	65	+340	+190	+140	—	+100	+60	—	+30	—	+10	0	±IT/2	+13	+18	+28	−2+Δ	—	−11+Δ	−11	−20+Δ	0	−32	−41	−53	−66	−87	−102	−122	−144	−172	−226	−300	−405	2	3	5	6	11	16
65	80	+360	+200	+150	—	+100	+60	—	+30	—	+10	0	±IT/2	+13	+18	+28	−2+Δ	—	−11+Δ	−11	−20+Δ	0	−32	−43	−59	−75	−102	−120	−146	−174	−210	−274	−360	−480	2	3	5	6	11	16
80	100	+380	+220	+170	—	+120	+72	—	+36	—	+12	0	±IT/2	+16	+22	+34	−3+Δ	—	−13+Δ	−13	−23+Δ	0	−37	−51	−71	−91	−124	−146	−178	−214	−258	−335	−445	−585	2	4	5	7	13	19
100	120	+410	+240	+180	—	+120	+72	—	+36	—	+12	0	±IT/2	+16	+22	+34	−3+Δ	—	−13+Δ	−13	−23+Δ	0	−37	−54	−79	−104	−144	−172	−210	−254	−310	−400	−525	−690	2	4	5	7	13	19
120	140	+460	+260	+200	—	+145	+85	—	+43	—	+14	0	±IT/2	+18	+26	+41	−3+Δ	—	−15+Δ	−15	−27+Δ	0	−43	−63	−92	−122	−170	−202	−248	−300	−365	−470	−620	−800	3	4	6	7	15	23
140	160	+520	+280	+210	—	+145	+85	—	+43	—	+14	0	±IT/2	+18	+26	+41	−3+Δ	—	−15+Δ	−15	−27+Δ	0	−43	−65	−100	−134	−190	−228	−280	−340	−415	−535	−700	−900	3	4	6	7	15	23
160	180	+580	+310	+230	—	+145	+85	—	+43	—	+14	0	±IT/2	+18	+26	+41	−3+Δ	—	−15+Δ	−15	−27+Δ	0	−43	−68	−108	−146	−210	−252	−310	−380	−465	−600	−780	−1000	3	4	6	7	15	23
180	200	+660	+340	+240	—	+170	+100	—	+50	—	+15	0	±IT/2	+22	+30	+47	−4+Δ	—	−17+Δ	−17	−31+Δ	0	−50	−77	−122	−166	−236	−284	−350	−425	−520	−670	−880	−1150	3	4	6	9	17	26
200	225	+740	+380	+260	—	+170	+100	—	+50	—	+15	0	±IT/2	+22	+30	+47	−4+Δ	—	−17+Δ	−17	−31+Δ	0	−50	−80	−130	−180	−258	−310	−385	−470	−575	−740	−960	−1250	3	4	6	9	17	26
225	250	+820	+420	+280	—	+170	+100	—	+50	—	+15	0	±IT/2	+22	+30	+47	−4+Δ	—	−17+Δ	−17	−31+Δ	0	−50	−84	−140	−196	−284	−340	−425	−520	−640	−820	−1050	−1350	3	4	6	9	17	26
250	280	+920	+480	+300	—	+190	+110	—	+56	—	+17	0	±IT/2	+25	+36	+55	−4+Δ	—	−20+Δ	−20	−34+Δ	0	−56	−94	−158	−218	−315	−385	−475	−580	−710	−920	−1200	−1550	4	4	7	9	20	29
280	315	+1050	+540	+330	—	+190	+110	—	+56	—	+17	0	±IT/2	+25	+36	+55	−4+Δ	—	−20+Δ	−20	−34+Δ	0	−56	−98	−170	−240	−350	−425	−525	−650	−790	−1000	−1300	−1700	4	4	7	9	20	29
315	355	+1200	+600	+360	—	+210	+125	—	+62	—	+18	0	±IT/2	+29	+39	+60	−4+Δ	—	−21+Δ	−21	−37+Δ	0	−62	−108	−190	−268	−390	−475	−590	−730	−900	−1150	−1500	−1900	4	5	7	11	21	32
355	400	+1350	+680	+400	—	+210	+125	—	+62	—	+18	0	±IT/2	+29	+39	+60	−4+Δ	—	−21+Δ	−21	−37+Δ	0	−62	−114	−208	−294	−435	−530	−660	−820	−1000	−1300	−1650	−2100	4	5	7	11	21	32
400	450	+1500	+760	+440	—	+230	+135	—	+68	—	+20	0	±IT/2	+33	+43	+66	−5+Δ	—	−23+Δ	−23	−40+Δ	0	−68	−126	−232	−330	−490	−595	−740	−920	−1100	−1450	−1850	−2400	5	5	7	13	23	34
450	500	+1650	+840	+480	—	+230	+135	—	+68	—	+20	0	±IT/2	+33	+43	+66	−5+Δ	—	−23+Δ	−23	−40+Δ	0	−68	−132	−252	−360	−540	−660	−820	−1000	−1250	−1600	−2100	−2600	5	5	7	13	23	34

注：
① 当基本尺寸小于1 mm时，各级的A和B及大于IT8级的N均不采用。
② JS的数值，对于IT7~IT11，如果以微米表示的IT数值是一个奇数，则取 JS＝±(IT−1)/2；
③ 特殊情况，当基本尺寸为250～315 mm时，M6的 ES＝−9（不等于−11）；
④ 对于小于或等于IT8的K、M、N和小于或等于IT7的P至ZC，所需Δ值从表内右侧栏内选取。

3.4.2 轴的基本偏差

1. 轴的基本偏差确定

轴的基本偏差数值是以基孔制配合为基础，根据各种配合的要求，在生产实践和大量试验的基础上，依据统计分析的结果整理出一系列公式而计算出来的。轴的基本偏差计算公式如表 3-6 所示。

表 3-6 基本尺寸≤500 mm 的轴的基本偏差计算公式 （单位：μm）

代号	适用范围	基本偏差为上偏差(es)	代号	适用范围	基本偏差为下偏差(ei)
a	$D \leqslant 120$ mm	$-(265 + 1.3D)$	k	IT4~IT7	$+0.6\sqrt[3]{D}$
	$D > 120$ mm	$-3.5D$	m		$+\text{IT7} - \text{IT6}$
b	$D \leqslant 160$ mm	$-(140 + 0.85D)$	n		$+5D^{0.34}$
	$D > 160$ mm	$-1.8D$	p		$+\text{IT7} + (0\sim5)$
c	$D \leqslant 40$ mm	$-52D^{0.2}$	r		$+\sqrt{ps}$
	$D > 40$ mm	$-(95 + 0.8D)$	s	$D \leqslant 50$ mm	$+\text{IT8} + (1\sim4)$
cd		$-\sqrt{cd}$		$D > 50$ mm	$+\text{IT7} + 0.4D$
d		$-16D^{0.44}$	t		$+\text{IT7} + 0.63D$
e		$-11D^{0.41}$	u		$+\text{IT7} + D$
ef		$-\sqrt{ef}$	v		$+\text{IT7} + 1.25D$
f		$-5.5D^{0.41}$	x		$+\text{IT7} + 1.6D$
fg		$-\sqrt{fg}$	y		$+\text{IT7} + 2D$
g		$-2.5D^{0.34}$	z		$+\text{IT7} + 2.5D$
h		0	za		$+\text{IT8} + 3.15D$
j	IT5~IT8	经验数据	zb		$+\text{IT9} + 4D$
k	$\leqslant$ IT3 及 $\geqslant$ IT8	0	zc		$+\text{IT10} + 5D$

$$js = \pm \text{IT}/2$$

注：① 表中 D 的单位为 mm；

② 除 j 和 js 外，表中所列的公式与公差等级无关。

在基孔制配合中，a~h 用于间隙配合，其基本偏差为上偏差，其绝对值正好等于最小间隙的数值。其中 a、b、c 三种用于大间隙或热动配合，考虑到热膨胀的影响，最小间隙采用与直径成正比的关系计算。

d、e、f 主要用于一般润滑条件下的旋转运动，为了保证良好的液体摩擦，最小间隙应与直径成平方根的关系，但考虑到表面粗糙度的影响，间隙应适当减小，所以计算式中的 D 的指数略小于 0.5。

g 主要用于滑动、定心或半液体摩擦的场合，要求间隙小，所以直径 D 的指数更要减小。h 是最紧的间隙配合。

cd、ef、fg 的数值，分别取 c 与 d、e 与 f、f 与 g 的基本偏差的几何平均值，适用于小尺寸的旋转运动件。

j~n 主要用于过渡配合，所以间隙和过盈均不很大，以保证孔和轴配合时能够对中和定心，拆卸也不困难，其基本偏差为下偏差 ei，数值基本上根据经验和统计的方法确定。

p~zc 用于过盈配合，其基本偏差为下偏差 ei，数值按照与一定等级的孔相配合所要求的最小过盈而定。最小过盈系数的系列符合优先数系，规律性较好，便于应用。

2. 轴的基本偏差数值

在实际工作中，轴的基本偏差不必用公式进行计算，为了方便，计算结果的数值已列成表，如表 3-4 所示，使用时可直接查表。

3.4.3 孔的基本偏差

1. 孔的基本偏差确定

孔的基本偏差数值是从同名轴的基本偏差数值换算得来的。换算的前提是，同名代号的孔、轴的基本偏差（如 E 与 e、T 与 t），是在孔、轴为同一公差等级或孔比轴低一级的配合条件下，按基孔制形成的配合（如 $\phi50H7/g6$）与按基轴制形成的配合（如 $\phi50G7/h6$）性质（极限间隙或极限过盈）相同。据此有两种换算规则。

1）通用规则

同名字母的孔与轴的基本偏差的绝对值相等，而符号相反，即

对于 A~H $EI = -es$
对于 K~ZC $ES = -ei$

2）特殊规则

对于基本尺寸为 3~500 mm，标准公差≤IT8 的 J、K、M、N 和标准公差≤IT7 的 P~ZC，孔的基本偏差 ES 与同字母的轴的基本偏差 ei 的符号相反，而绝对值相差一个 Δ 值，即

$$ES = -ei + \Delta$$

$$\Delta = IT_n - IT_{(n-1)} = T_D - T_d$$

式中，IT_n 为孔的标准公差，$IT_{(n-1)}$ 为比孔高一级的轴的标准公差。

2. 孔的基本偏差数值

换算得到的孔的基本偏差值如表 3-5 所示。

在实际工作中，孔的基本偏差不必用公式进行计算，为了方便，计算结果的数值已列成表，如表 3-5 所示，使用时可直接查表。

【例 3-3】

查表确定 $\phi25f6$ 和 $\phi25K7$ 的极限偏差。

解：（1）查表 3-3，确定标准公差值为

$$IT6 = 13 \ \mu m, \ IT7 = 21 \ \mu m$$

（2）查表 3-5，确定 $\phi25f6$ 的基本偏差为

$$es = -20 \ \mu m$$

查表 3-6 确定 $\phi25K7$ 的基本偏差为

$$ES = -2 + \Delta, \ \Delta = 8$$

所以 $\phi25K7$ 的基本偏差为

$$ES = -2+8 = +6(\mu m)$$

（3）求另一极限偏差，得

$\phi25f6$ 的下偏差为

$$ei = es\text{-}IT6 = -20-13 = -33（\mu m）$$

$\phi25K7$ 的下偏差为

$$EI = ES\text{-}IT7 = +6-21= -15（\mu m）$$

故 $\phi25f6$ 的极限偏差表示为 $\phi25^{-0.020}_{-0.033}$，$\phi25K7$ 的极限偏差表示为 $\phi25^{+0.006}_{-0.015}$。

3.4.4　基准制配合

同一极限制的孔和轴组成配合的一种制度称为配合制。国家标准中规定有两种等效的配合制：基孔制配合和基轴制配合。

1. 基孔制配合

基本偏差为一定的孔的公差带，与不同基本偏差的轴的公差带形成各种配合的制度称为基孔制，如图 3-11（a）所示。

基孔制配合中的孔称为基准孔，代号为"H"，其基本偏差为下偏差，且数值为零，与之配合的轴为非基准轴。

2. 基轴制配合

基本偏差为一定的轴的公差带，与不同基本偏差的孔的公差带形成各种配合的制度称为基轴制，如图 3-11（b）所示。

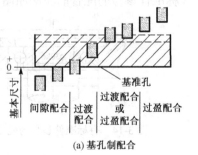
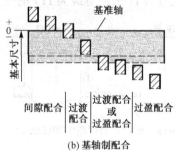

图 3-11　配合的基准制

基轴制配合中的轴称为基准轴，代号为"h"，其基本偏差为上偏差，且数值为零，与之配合的孔为非基准孔。

3.4.5　极限与配合的标注

1. 尺寸公差在零件图中的注法

在零件图中标注尺寸公差有以下三种形式。

1）标注公差带代号

如图 3-12（a）所示，公差带代号由基本偏差代号和标准公差等级数字组成，写在基本尺寸的右边，大小与尺寸数字相同。这种注法一般用于大批量生产，用专用量具检验零件的尺寸，如 $\phi30H6$，$\phi30h7$。

2）标注极限偏差数值

如图 3-12（b）所示，上、下偏差的数字字号应比基本尺寸数字小一号，且下偏差位置与尺寸数字齐平，上、下偏差小数点必须对齐。这种注法数值直观，适用于小批量或单件生产，如 $\phi 30^{+0.013}_{0}$，$\phi 30^{0}_{-0.021}$。

3）公差带代号和极限偏差同时标注

如图 3-12（c）所示，极限偏差数值注在公差带代号之后，并加圆括号。这种注法兼有前两种注法的优点，设计中便于审图，所以使用较多，如 $\phi 30H6(^{+0.013}_{0})$，$\phi 30h7(^{0}_{-0.021})$。

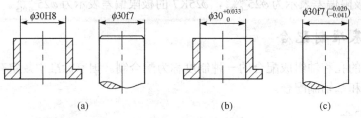

图 3-12　零件图中尺寸公差的注法

国家标准规定，同一张零件图上其公差只能选用一种标注形式。

2. 配合在装配图中的注法

在装配图中，两个零件的配合关系由基本尺寸加配合代号来表示，配合代号由孔、轴公差带代号以分式形式组成，孔公差带代号在分子上，轴公差带代号在分母上，如图 3-13 所示。图中 $\phi 30\dfrac{H8}{f7}$ 表示基本尺寸为 $\phi 30$，基本偏差代号为 H、公差等级为 IT8 的孔（8 级精度的基准孔），与基本偏差代号为 f、公差等级为 IT7 的轴的配合。有标准件参与的配合的注法如图 3-14 所示。

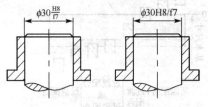

图 3-13　配合在装配图中的注法

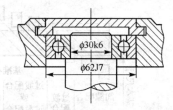

图 3-14　有标准件参与的配合的注法

3.5　国标规定尺寸公差带与一般公差

3.5.1　孔、轴公差带与配合的标准化

按照国家标准中规定的标准公差等级和基本偏差系列，若将其任意组合，将得到大小与位置不同的一系列公差带。公差带数量如此之多，势必会导致定值刀具、量具规格繁多，这显然是不经济的。为了简化公差配合的种类，减少定值刀、量具和工艺装备的品种及规格，国家标准在尺寸≤500 mm 的范围内，规定了孔公差带有 20×27+3 = 543 个，轴公差带有 20×27+4 = 544 个。为此，国家标准根据实际需要，推荐了优先、常用和一般用途的孔、轴公差带以供选用。

1. 一般、常用和优先的孔轴公差带

国家标准（GB/T 1801—2009）对基本尺寸≤500 mm 的常用尺寸段，规定一般用途轴的公差带 116 个、孔的公差带 105 个，再从中选出常用轴的公差带 59 个、孔的公差带 44 个，在常用公差带中再选出轴与孔的优先公差带各 13 个，如图 3-15 和图 3-16 所示。图中粗实线框中的为常用公差带，圆圈中的为优先公差带，其余为一般用途公差带。选用顺序为优先、常用、一般。

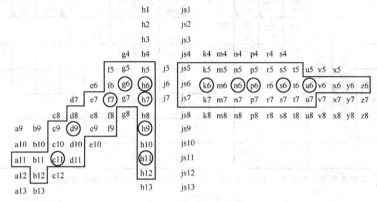

图 3-15　尺寸至 500 mm 轴的一般、常用和优先公差带

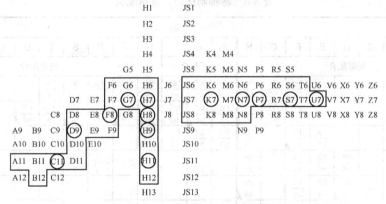

图 3-16　尺寸至 500 mm 孔的一般、常用和优先公差带

2. 常用和优先的配合

在上述推荐的轴、孔公差带的基础上，国家标准还推荐了孔、轴公差带的组合（配合）。对基孔制推荐有常用配合 59 个，优先配合 13 个，见表 3-7；对基轴制推荐有常用配合 47 个，优先配合 13 个，见表 3-8。

由表 3-7 和表 3-8 的内容可以看出，当尺寸<500 mm，公差等级≤IT8 时，孔比轴低一级，如 H8/f7，H7/g6 ；当公差等级 = IT8 时属于临界值，可选孔、轴同级，也可以选孔比轴低一级的配合，如 H8/f8，H7/g6；当公差等级 > IT8 时，孔、轴同级，如 H9/d9，H11/c11。

当尺寸 > 500 mm 时，一般采用孔、轴同级的配合。

表 3-7　基孔制优先、常用配合

基准孔	轴																				
	a	b	c	d	e	f	g	h	js	k	m	n	p	r	s	t	u	v	x	y	z
	间隙配合								过渡配合				过盈配合									
H6						H6/f5	H6/g5	H6/h5	H6/js5	H6/k5	H6/m5	H6/n5	H6/p5	H6/r5	H6/s5	H6/t5					
H7						H7/f6	H7/g6 ▲	H7/h6 ▲	H7/js6	H7/k6 ▲	H7/m6	H7/n6 ▲	H7/p6 ▲	H7/r6	H7/s6 ▲	H7/t6	H7/u6 ▲	H7/v6	H7/x6	H7/y6	H7/z6
H8					H8/e7	H8/f7 ▲	H8/g7	H8/h7 ▲	H8/js7	H8/k7	H8/m7	H8/n7	H8/p7	H8/r7	H8/s7	H8/t7	H8/u7				
				H8/d8	H8/e8	H8/f8		H8/h8													
H9			H9/c9	H9/d9 ▲	H9/e9	H9/f9															
H10			H10/c10	H10/d10																	
H11	H11/a11	H11/b11	H11/c11 ▲	H11/d11				H11/h11 ▲													
H12		H12/b12						H12/h12													

注：① H6/n5、H7/p6 在基本尺寸小于或等于 3 mm 和 H8/r7 在小于或等于 100 mm 时，为过渡配合；

② 带"▲"的配合为优先配合。

表 3-8　基轴制优先、常用配合

基准轴	轴																				
	A	B	C	D	E	F	G	H	JS	K	M	N	P	R	S	T	U	V	X	Y	Z
	间隙配合								过渡配合				过盈配合									
h5						F6/h5	G6/h5	H6/h5	JS6/h5	K6/h5	M6/h5	N6/h5	P6/h5	R6/h5	S6/h5	T6/h5					
h6						F7/h6	G7/h6 ▲	H7/h6 ▲	JS7/h6	K7/h6 ▲	M7/h6	N7/h6 ▲	P7/h6 ▲	R7/h6	S7/h6 ▲	T7/h6	U7/h6 ▲				
h7					E8/h7	F8/h7 ▲		H8/h7 ▲	JS8/h7	K8/h7	M8/h7	N8/h7									
h8				D8/h8	E8/h8	F8/h8		H8/h8													
h9				D9/h9 ▲	E9/h8	F9/h9		H9/h9 ▲													
h10				D10/h10				H10/h10													
h11	A11/h11	B11/h11	C11/h11 ▲	D11/h11				H11/h11 ▲													
h12		B12/h12						H12/h12													

注：带"▲"的配合为优先配合。

3.5.2　一般公差（线性尺寸的未注公差）

1. 一般公差的概念

一般公差又称线性尺寸的未注公差，是指在车间普通工艺条件下可以保证的公差，是机床设备在正常维护和操作的情况下，能达到的经济加工精度。采用一般公差时，在该尺寸后不加注极限偏差和其他代号，因此也称未注公差。

采用一般公差的线性尺寸是在车间加工精度的情况下加工出来的，主要用于较低精度的非配合尺寸，一般可不检验。若有争议时，应以表中查得的极限偏差作为依据来判断其合格性。

应用一般公差，可简化图样，使图样清晰易读。由于一般公差不需在图样上进行标注，则突出了图样上的标注出公差的尺寸，从而使人们在对这些标注出尺寸进行加工和检验时给予应有的重视。

2．标准的有关规定

国家标准 GB/T 1804—2000 对线性尺寸的一般公差规定有 4 个公差等级。从高到低依次为精密级、中等级、粗糙级和最粗级，分别用字母 f、m、c 和 v 表示。对线性尺寸也采用了大的分段，具体数值见表 3-9。这 4 个公差等级分别相当于 IT12、IT14、IT16 和 IT17。

表 3-9 线性尺寸的未注极限偏差的数值 （单位：mm）

公差等级	尺寸分段							
	0.5～3	>3～6	>6～30	>30～120	>120～400	>400～1000	>1000～2000	>2000～4000
f（精密级）	±0.05	±0.05	±0.1	±0.15	±0.2	±0.3	±0.5	—
m（中等级）	±0.1	±0.1	±0.2	±0.3	±0.5	±0.8	±1.2	±2
c（粗糙级）	±0.2	±0.3	±0.5	±0.8	±1.2	±2	±3	±4
v（最粗级）	—	±0.5	±1	±1.5	±2.5	±4	±6	±8

由表 3-9 可见，不论孔和轴还是长度尺寸，其极限偏差的数值都采用对称分布的公差带，与旧国标相比，使用方便，概念清晰，数值更合理。

标准同时也对倒圆半径与倒角高度尺寸的极限偏差的数值作了规定，见表 3-10。

表 3-10 倒圆半径与倒角高度尺寸的极限偏差的数值 （单位：mm）

公差等级	尺寸分段			
	0.5～3	>3～6	>6～30	>30
f（精密级） m（中等级）	±0.2	±0.5	±1	±2
c（粗糙级） v（最粗级）	±0.4	±1	±2	±4

3．一般公差的表示方法

当采用国标规定的一般公差时，在图样上只标注基本尺寸，不标注极限偏差，但应在图样的技术要求或有关文件中，用标准号和公差等级代号作出总的说明。例如，选用中等级时，表示为 GB/T 1804—m；选用粗糙级时，表示为 GB/T 1804—c。

线性尺寸的一般公差主要用于较低精度的非配合尺寸。当零件的功能要求允许一个比一般公差大的公差，而该公差比一般公差更经济时，如装配盲孔的深度，则在基本尺寸后直接标注出具体的极限偏差数值。

3.6 极限与配合的选择

极限与配合（即公差与配合）的选择是机械设计与制造中的一个重要环节，选择是否恰当，对产品的性能、质量、互换性及经济性都有着重要的影响。选择的内容主要包括配合制、公差等级及配合种类。选择的原则是在满足使用要求的前提下能够获得最佳技术经济效益。

3.6.1 基准制的选用

一般来说，相同代号的基孔制与基轴制配合性质相同，即极限间隙或极限过盈相同。因此配合制度的选择与使用要求无关，主要从加工的工艺性及测量的经济性和结构形式的合理性等方面综合分析确定。

1. 优先选用基孔制

一般情况下，优先选用基孔制。因为从工艺上看，对较高精度的中小尺寸孔，通常采用定值刀具、量具（如钻头、铰刀、塞规）加工和检验。采用基孔制配合，孔的公差带位置固定，可以最大限度地减少孔用定值刀具、量具的规格与数量，从而获得显著的经济效益，也利于刀具、量具的标准化和系列化。

2. 特殊情况下选用基轴制

（1）农业机械和纺织机械中，有时采用 IT9～IT11 的冷拉成型钢材直接做轴，轴的外表面不需切削加工即可满足使用要求，此时应采用基轴制配合。

（2）尺寸小于 1 mm 的精密轴比同一公差等级的孔加工要困难，因此在仪器制造、钟表生产和无线电工程中，常使用经过光轧成型的钢丝或有色金属棒料直接做轴，此时应采用基轴制配合。

（3）当同一轴与基本尺寸相同的几个孔配合，并且配合性质要求不同时，应采用基轴制。如图 3.17（a）所示，柴油机的活塞连杆组件中，由于工作时要求活塞销和连杆相对摆动，所以活塞销与连杆小头衬套采用间隙配合。而活塞销和活塞销座孔的连接要求准确定位，故采用过渡配合。若采用基孔制，则活塞销应设计成中间小两头大的阶梯轴，如图 3-17（b）所示，这不仅给加工造成困难，而且装配时阶梯轴大头易刮伤连杆小头衬套内表面。若采用基轴制，活塞销设计成如图 3-17（c）所示的光轴，这样既有利于轴的加工，又便于装配。

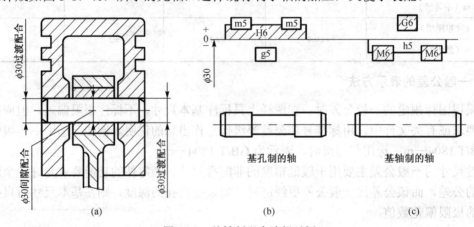

图 3-17 基轴制配合选择示例

3. 与标准件相配合时，必须按标准件选择基准制

例如滚动轴承外圈与轴承座孔配合必须选用基轴制；滚动轴承内圈与轴颈配合必须选用基孔制。

4. 非基准制配合的选用

为满足特殊配合的要求，允许选用非基准制的配合。如图 3-18 所示，箱体外壳孔同时与轴承外径和端盖直径配合。由于轴承与外壳孔的配合必须选用基轴制的过渡配合（M7），而端盖与外壳孔的配合则要求有间隙，以便于拆装，所以端盖直径就不能再按基准轴制造，而应小于轴承的外径。在图 3-18 中，端盖外径公差带取 f7，所以它和外壳孔组成的配合 $\phi100M7/f7$ 为非基准配合。又如有镀层要求的零件，要求涂镀后满足某一基准制配合的孔或轴，在电镀前也应按非基准制配合的孔、轴公差带进行加工。

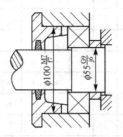

图 3-18 非基准制配合的应用

3.6.2 公差等级的选用

正确合理地选择公差等级，就是为了更好地解决机器零部件的使用要求与制造工艺及成本之间的矛盾。零件的尺寸精度是保证机器工作质量的基础，但精度越高加工难度就越大，工艺成本越高。因此选择公差等级的基本原则是在满足使用要求的前提下，尽量选择较低的公差等级。另外还要考虑孔和轴的公差等级关系，即考虑孔和轴的工艺等价性，以及相关配合标准件的公差等级等诸多因素。

1. 公差等级的选择方法

1）计算法

用计算法选择公差等级的依据是：$T_f = T_D + T_d$，至于 T_D 与 T_d 的分配则可按工艺等价原则来考虑。对≤500 mm 的基本尺寸，当公差等级在 IT8 及以上高精度时，推荐孔比轴低一级，如 H8/f7，H7/g6，…；当公差等级为 IT8 级时，也可采用同级精度孔、轴配合，如 H8/f8 等；当公差等级在 IT9 及以下较低精度级时，一般采用同级孔、轴配合，如 H9/d9，H11/c11。对>500 mm 的基本尺寸，一般采用同级孔、轴配合。

2）类比法

类比法也称经验法，就是找一些生产中验证过的同类产品的图样，将所设计的机械工作要求、使用条件、加工工艺装备等情况进行比较，从而定出合理的标准公差等级。

2. 选择公差等级应考虑的问题

（1）注意相配合的孔、轴应加工难易程度相当，即满足孔、轴工艺等价原则。对于较高精度等级的配合，孔比同级轴的加工难度大、成本高。所以为满足孔轴工艺等价，当公差等级≤IT8 时，应使孔比轴低一级（如 H7/n6）；孔精度>IT8 时，可使孔轴同级。

（2）了解各种加工方法能够达到的加工精度。公差等级与加工方法的关系见表 3-11。

表 3-11　加工方法所能够达到的公差等级

加工方法	公差等级（IT）																		
	01	0	1	2	3	4	5	6	7	8	9	10	11	12	13	14	15	16	17	18
研磨	+	+	+	+		+	+													
衍磨						+	+	+	+											
圆磨							+	+	+											
平磨							+	+	+											
金刚石车							+	+	+											
金刚石镗							+	+	+											
拉削							+	+	+	+										
铰孔								+	+	+	+	+								
车									+	+	+	+	+							
镗									+	+	+	+	+							
铣										+	+	+	+							
刨、插												+	+							
钻孔												+	+	+	+					
滚压、挤压												+	+							
冲压												+	+	+	+	+				
压铸													+	+	+	+				
锻造																	+	+		
砂型铸造、气割																		+	+	+

（3）熟悉各公差等级的应用范围，见表 3-12。表 3-13 为常用公差等级的应用示例。

表 3-12　公差等级应用范围

应用	公差等级（IT）																		
	01	0	1	2	3	4	5	6	7	8	9	10	11	12	13	14	15	16	17	18
量块	+	+	+																	
量规			+	+	+	+	+	+	+											
配合尺寸							+	+	+	+	+	+	+							
特精密零件				+	+	+	+													
原材料										+	+	+	+	+	+	+				
未注公差尺寸														+	+	+	+	+	+	+

表 3-13　常用公差等级应用示例

公差等级	应用
5 级	用于配合精度、形位精度要求均较高的地方。一般应用于机床、发动机、仪表等中。例如，与 5 级滚动轴承配合的箱体孔；与 6 级滚动轴承配合的机床主轴，机床尾架与套筒，精密机械及高速机械中的轴径，精密丝杆轴径等
6 级	用于配合性质均匀性要求较高的地方。例如，与 6 级滚动轴承配合的孔、轴颈；与齿轮、蜗轮、联轴器、带轮、凸轮等连接的轴径，机床丝杠轴径；摇臂钻立柱；机床夹具中导向件外径尺寸；6 级精度齿轮的基准孔，7、8 级精度齿轮的基准轴径

续表

公差等级	应用
7 级	在一般机械制造中应用较为普遍。例如，联轴器、带轮、凸轮等孔径；机床卡盘座孔；夹具中固定钻套、可换钻套；7、8 级齿轮基准孔；9、10 级齿轮基准轴
8 级	在机器制造中属于中等精度。例如，轴承座衬套沿宽度方向尺寸；低精度齿轮基准孔与基准轴；通用机械中与滑动轴承配合的轴颈；重型机械或农业机械中某些较重要的零件
9 级、10 级	精度要求一般。例如，机械制造中轴套外径与孔；操纵件与轴；键与键槽等零件
11 级、12 级	配合精度较低，装配后可能产生很大的间隙，适用于基本上没有什么配合要求的场合。例如，机床上法兰盘与止口；滑块与滑移齿轮；加工中工序间尺寸；冲压加工的配合件等

（4）与标准零件或部件相配合时应与标准件的精度相适应。例如，与滚动轴承相配合的轴颈和轴承座孔的公差等级，应与滚动轴承的精度等级相适应，与齿轮孔相配合的轴的公差等级要与齿轮的精度等级相适应。

（5）过渡配合与过盈配合的公差等级不能太低，一般孔的标准公差≤IT8 级，轴的标准公差≤IT7 级。间隙配合则不受此限制。一般间隙小的配合公差等级应较高，而间隙大的公差等级可低些。

（6）产品精度越高，加工工艺越复杂，生产成本越高。图 3-19 是公差等级与生产成本的关系曲线图。由图 3-19 可见，在高精度区，加工精度稍有提高将使生产成本急剧上升。所以高公差等级的选用要特别谨慎。而在低精度区，公差等级提高使生产成本增加不显著，因而可在工艺条件许可的情况下适当提高公差等级，以使产品有一定的精度储备，从而取得更好的综合经济效益。

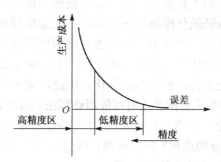

图 3-19　公差等级与生产成本的关系曲线图

3.6.3　配合种类的选择

当配合制和公差等级确定后，配合的选择就是根据所选部位松紧程度的要求，确定非基准件的基本偏差代号。国家标准规定的配合种类很多，设计中应根据使用要求，尽可能地选用优先配合，其次考虑常用配合，然后是一般配合。

1. 配合种类的选择

配合的选择首先选择配合种类，即根据具体的使用要求选择间隙配合、过渡配合或过盈配合。

（1）a～h（或 A～H）11 种基本偏差与基准孔（或基准轴）形成间隙配合，主要用于结合件有相对运动或需方便装拆的配合。

（2）js～n（或 JS～N）5 种基本偏差与基准孔（或基准轴）一般形成过渡配合，主要用于需精确定位和便于装拆的相对静止的配合。

（3）p～zc（或 P～ZC）12 种基本偏差与基准孔（或基准轴）一般形成过盈配合，主要用于孔、轴间没有相对运动，需传递一定的扭矩的配合。过盈不大时主要借助键连接（或其他紧固件）传递扭矩，可拆卸；过盈大时，主要靠结合力传递扭矩，不便拆卸。

具体选择配合类别时可参考表 3-14。

表 3-14　配合类别的选择

无相对运动	需要传递转矩	要精确定心	永久结合	过盈配合
			可拆结合	过渡配合或基本偏差为 H（h）[1]的间隙配合加紧固件[2]
		不要求精确同轴		间隙配合加紧固件[2]
	不需要传递转矩			过渡配合或过盈量较小的过盈配合
有相对运动	只有移动			基本偏差为 H（h）、G（g）[1]的间隙配合
	转动或转动与移动同在			基本偏差为 A～F（a～f）[1]的间隙配合

注：① 指非基准件的基本偏差代号；
　　② 紧固件指键、销和螺钉等。

2. 基本偏差的选择

在选择了配合大类的基础上就要选择具体的配合，也就是选择基本偏差的代号。选择的方法有计算法、试验法和类比法三种。

1）计算法

根据配合部位的使用要求和工作条件，按一定理论建立极限间隙或极限过盈的计算公式。如根据流体润滑理论，计算保证液体摩擦状态所需要的间隙和根据弹性变形理论，计算出既能保证传递一定力矩而又不使材料损坏所需要的过盈。然后按计算出的极限间隙或极限过盈选择相配合孔、轴的公差等级和配合代号（选择步骤见例 3-5）。由于影响配合间隙和过盈量的因素很多，所以理论计算往往是把条件理想化和简单化，因此结果不完全符合实际，也较麻烦。故目前只有计算公式较成熟的少数重要配合才有可能用计算法。这种方法理论根据比较充分，有指导意义，随着计算机技术的发展，将会得到越来越多的应用。目前，我国已经颁布 GB 5371—2004《极限与配合　过盈配合的计算和选用》国家标准，其他配合的计算与选用也在研究中，故计算法将会日趋完善，其应用也将逐渐增多。

2）试验法

对于与产品性能关系很大的关键配合，可采用多种方案进行试验比较，从而选出具有最理想的间隙或过盈量的配合。这种方法较为可靠，但周期长、成本高，一般用于大量生产的产品的关键配合。

3）类比法

类比法就是参照同类型机器或机构，分析其经生产实践验证的成功配合，再结合所设计产品的实际使用要求和应用条件，加以类比修正确定的配合。类比法是目前选择配合的主要方法。

用类比法选配合，必须掌握各类配合的特点和应用场合，并充分研究配合件的工作条件和使用要求，进行合理选择。

表 3-15 为各种基本偏差的特点及选用说明，表 3-16 为尺寸至 500 mm 的基孔制常用和优先配合的特征和应用说明，这些可供选择时参考。

用类比法选择配合时还应考虑，当待选部位和类比的典型实例在工作条件上有所变化时，应对配合的松紧做适当的调整。修正时必须充分分析零件的具体工作条件和使用要求，考虑工作时结合件的相对位置状态（如运动速度、运动方向、停歇时间、运动精度要求等）、承受负荷情况、润滑条件、温度变化、配合的重要性、装卸条件以及材料的物理机械性能等。表 3-17 给出了不同工作条件影响配合间隙或过盈的趋势，供读者参考。

表 3-15　各种基本偏差的特点及选用说明

配合	基本偏差	配合特性及应用
间隙配合	a(A) b(B)	可得到特别大的间隙，应用很少。主要用于工作时温度高，热变形大的零件的配合，如发动机中活塞与缸套的配合为 H9/a9
	c(C)	可得到很大的间隙，一般用于工作条件较差（如农业机械），工作时受力变形大及装配工艺性不好的零件的配合，也适用于高温工作的动配合，如内燃机排气阀与导管的配合为 H8/c7
	d(D)	与 IT7～IT11 对应，适用于较松的间隙配合（如滑轮、空转皮带轮等与轴的配合），以及大尺寸滑动轴承与轴的配合（如涡轮机、球磨机等的滑动轴承），如活塞环与活塞槽的配合可用 H9/d9
	e(E)	与 IT6～IT9 对应，具有明显的间隙，用于大跨距及多支点的转轴与轴承的配合，以及高速、重载的大尺寸轴与轴承的配合，如大型电机、内燃机的主要轴承处的配合为 H8/e7
	f(F)	多与 IT6～IT8 对应，用于一般转动的配合，受温度影响不大，采用普通润滑油的轴与滑动轴承的配合，如齿轮箱、小电动机、泵等的转轴与滑动轴承的配合为 H7/f6
	g(G)	多与 IT5、IT6、IT7 对应，形成配合的间隙较小，用于轻载精密装置中的转动配合，最适合不回转的精密滑动配合，也用于插销等定位配合，如精密连杆轴承、活塞及滑阀、连杆销等处的配合
	h(H)	多与 IT4～IT11 对应，广泛用于无相对转动零件的一般的定位配合。若没有温度、变形的影响，也可用于精密滑动配合，如车床尾座体孔与滑动套筒的配合为 H6/h5
过渡配合	js(JS) j(J)	多用于 IT4～IT7 具有平均间隙的过渡配合，用于略有过盈的定位配合，如联轴节、齿圈与轮毂的配合，滚动轴承外圈与外壳孔的配合多用 JS7 或 J7，一般用手或木槌装配
	k(K)	多用于 IT4～IT7 平均间隙接近零的配合，用于定位配合，如滚动轴承的内、外圈分别与轴颈、外壳孔的配合，用木槌装配
	m(M)	多用于 IT4～IT7 平均过盈较小的配合，用于精密定位的配合，如蜗轮的青铜轮缘与轮毂的配合为 H7/m6
	n(N)	多用于 IT4～IT7 平均过盈较大的配合，很少形成间隙，用于加键传递较大扭矩的配合，如冲床上齿轮与轴的配合
过盈配合	p(P)	与 H6 或 H7 的孔形成过盈配合，而与 H8 的孔形成过渡配合。碳钢和铸铁制零件形成的配合为标准压入配合，如卷扬机的绳轮与齿圈的配合为 H7/p6。对于弹性材料，如轻合金等，往往要求很小的过盈，故可采用 p（或 P）与基准件形成的配合
	r(R)	用于传递大扭矩或受冲击负荷而需要加键的配合，如蜗轮与轴的配合为 H7/r6。配合 H8/r7 当基本尺寸小于 100 mm 时，为过渡配合；当基本尺寸大于 100 mm 时，为过盈配合
	s(S)	用于钢和铸铁制零件的永久性和半永久性结合，可产生相当大的结合力，如套环压装在轴上、阀座上用 H7/s6 的配合。当尺寸较大时，为避免损伤配合表面，需要用热胀或冷缩法装配
	t(T)	用于钢和铸铁制零件的永久性结合，不用键可传递扭矩，需要用热胀或冷缩法装配，如联轴节与轴的配合为 H7/t6
	u(U)	大过盈配合，最大过盈需要验算材料的承受能力，用热胀或冷缩法装配，如火车轮毂和轴的配合为 H6/u5
	v(V)、x(X) y(Y)、z(Z)	特大过盈配合，目前使用的经验和资料很少，必须经试验后才能应用，一般不推荐

表 3-16　尺寸至 500 mm 基孔制常用和优先配合的特征和应用

配合类别	配合特征	配合代号								应用
间隙配合	特大间隙	$\dfrac{H11}{a11}$	$\dfrac{H11}{b11}$	$\dfrac{H12}{a12}$						用于高温或工作时要求大间隙的配合
	很大间隙	$\left(\dfrac{H11}{c11}\right)$	$\dfrac{H11}{d11}$							用于工作条件较差，受力变形或为了便于装配而需要大间隙的配合和高温工作的配合
	较大间隙	$\dfrac{H9}{c9}$	$\dfrac{H8}{d8}$	$\left(\dfrac{H9}{d9}\right)$	$\left(\dfrac{H10}{d10}\right)$	$\dfrac{H8}{e7}$	$\dfrac{H8}{e8}$	$\dfrac{H9}{e9}$		用于高速重载的滑动轴承或大直径的滑动轴承，也可用于大跨距或多支点支承的配合
	一般间隙	$\dfrac{H6}{f5}$	$\dfrac{H7}{f6}$	$\left(\dfrac{H8}{f7}\right)$	$\dfrac{H8}{f8}$	$\dfrac{H9}{f9}$				用于一般转速的配合，当温度影响不大时，广泛应用于普通润滑油润滑的支承处
	较小间隙	$\left(\dfrac{H7}{g6}\right)$	$\dfrac{H8}{g7}$							用于精密滑动零件或缓慢间歇回转的零件的配合部件
	很小间隙或零间隙	$\dfrac{H6}{g5}$	$\dfrac{H6}{h5}$	$\left(\dfrac{H7}{h5}\right)$	$\left(\dfrac{H8}{h7}\right)$	$\dfrac{H8}{h8}$	$\left(\dfrac{H9}{h9}\right)$	$\dfrac{H10}{h10}$	$\left(\dfrac{H11}{h11}\right)$ $\left(\dfrac{H12}{h12}\right)$	用于不同精度要求的一般定位件的配合和缓慢移动和摆动零件的配合
过渡配合	大部分有微小间隙	$\dfrac{H6}{js5}$	$\dfrac{H7}{js6}$	$\dfrac{H8}{js7}$						用于易于装拆的定位配合或加紧固件后可传递一定静载荷的配合
	大部分有微小间隙	$\dfrac{H6}{k5}$	$\left(\dfrac{H7}{k6}\right)$	$\dfrac{H8}{k7}$						用于稍有振动的定位配合，加紧固件可传递一定载荷，装配方便，可用木锤敲入
	大部分有微小过盈	$\dfrac{H6}{m5}$	$\dfrac{H7}{m6}$	$\dfrac{H8}{m7}$						用于定位精度较高且能抗振的定位配合，加键可传递较大载荷，可用铜锤敲入或小压力压入
	大部分有微小过盈	$\left(\dfrac{H7}{n6}\right)$	$\dfrac{H8}{n7}$							用于精确定位或紧密组合件的配合，加键能传递大力矩或冲击性载荷，只在大修时拆卸
	大部分有较小过盈	$\dfrac{H8}{p7}$								加键后能传递很大力矩，且承受振动和冲击的配合，装配后不再拆卸
过盈配合	轻型	$\dfrac{H6}{n5}$	$\dfrac{H6}{p5}$	$\left(\dfrac{H6}{p6}\right)$	$\dfrac{H6}{r5}$	$\dfrac{H7}{r6}$	$\dfrac{H8}{r7}$			用于精确的定位配合，一般不能靠过盈传递力矩，要传递力矩需要加紧固件
	中型	$\dfrac{H6}{n5}$	$\dfrac{H6}{p5}$	$\left(\dfrac{H6}{p6}\right)$	$\dfrac{H6}{r5}$	$\dfrac{H7}{r6}$	$\dfrac{H8}{r7}$			不需要加紧固件就可传递较小力矩和轴向力，加紧固件后承受较大载荷或动载荷的配合
	重型	$\left(\dfrac{H7}{u6}\right)$	$\dfrac{H8}{u7}$	$\dfrac{H7}{v6}$						不需要加紧固件就可传递和承受大的力矩和动载荷的配合，要求零件材料有高强度
	特重型	$\left(\dfrac{H7}{x6}\right)$	$\dfrac{H7}{y6}$	$\dfrac{H7}{z6}$						能传递和承受很大力矩和动载荷的配合，必须经试验后方可应用

注：① 括号内的配合为优先配合；

② 国家标准规定的 44 种基轴制配合的应用与本表中的同名配合相同。

表 3-17　不同工作条件影响配合间隙或过盈的趋势

具体情况	过盈量	间隙量	具体情况	过盈量	间隙量
材料强度小	减	—	装配时可能歪斜	减	增
经常拆卸	减	—	旋转速度增高	增	增
有冲击载荷	增	减	有轴向运动		增
工作时孔温高于轴温	增	减	润滑油黏度增大	—	增
工作时轴温高于孔温	减	增	表面趋向粗糙	增	减
配合长度增长	减	增	单件生产相对于成批生产	减	增
配合面形状和位置误差增大	减	增			

3.6.4　配合种类选用举例

【例 3-4】

基本尺寸为 $\phi40$ mm 的某孔、轴配合，由计算法设计确定配合的间隙应在 $+0.022\sim$ $+0.066$ mm，试选用合适的孔、轴公差等级和配合种类。

解：（1）选择公差等级

由 $T_f = |X_{max}-X_{min}| = T_D+T_d$ 得

$$T_D+T_d = |66-22| = 44\ （\mu m）$$

查表 3-3 知：IT7 = 25 μm，IT6 = 16 μm，按工艺等价原则，取孔为 IT7 级，轴为 IT6 级，则

$$T_D+T_d = 25+16 = 41\ （\mu m）$$

接近 44 μm，符合设计要求。

（2）选择基准制

由于没有其他条件限制，故优先选用基孔制，则孔的公差带代号为 $\phi40H7(^{+0.025}_{0})$。

（3）选择配合种类，即选择轴的基本偏差代号

因为是间隙配合，故轴的基本偏差应在 a～h 之间，且其基本偏差为上偏（es）。

由 $X_{min} = EI-es$ 得

$$es = EI-X_{min} = 0-22 = -22\ （\mu m）$$

查表 3-5，选取轴的基本偏差代号为 f（$es = -25\ \mu m$）能保证 X_{min} 的要求，故轴的公差带代号为 $\phi40f6(^{-0.025}_{-0.041})$。

（4）验算

所选配合为 $\phi40H7/f6$，

$$X_{max} = ES-ei = 25-(-41) = +66\ \mu m$$
$$X_{min} = EI-es = 0-(-25) = +25\ \mu m$$

均在 $+0.022\sim+0.066$ mm 之间，故所选配合符合要求。

【例 3-5】

铝制活塞与钢制缸体的结合，其基本尺寸 $\phi150$ mm，工作温度：孔温 $t_D=110$ ℃，轴温 $t_d = 180$ ℃，线膨胀系数：孔 $\alpha_D = 12\times10^{-6}$（1/℃），轴 $\alpha_d = 24\times10^{-6}$（1/℃），要求工作时间隙量在 0.1～0.3 mm 内。试选择配合。

解：由热变形引起的间隙量的变化为

$$\triangle X = 150[12\times10^{-6}(110-20)-24\times10^{-6}(180-20)]\ mm = -0.414\ mm$$

即工作时间隙量减小，故装配时间隙量应为

$$X_{min} = (0.1+0.414) \text{ mm} = 0.514 \text{ mm}$$
$$X_{max} = (0.3+0.414) \text{ mm} = 0.714 \text{ mm}$$

按要求的最小间隙，由表 3-5 可选基本偏差为 $a = -520$ μm。

由配合公差 $T_f = 0.714-0.514 = 0.2$ mm $= T_D+T_d$，可取 $T_h=T_S=100$ μm。

由表 3-3 知可取 IT9，故选配合为 $\phi150H9/a9$，常温下，其最小间隙为 0.52 mm，最大间隙为 0.72 mm。

3.7 光滑工件尺寸的检测

3.7.1 验收原则、安全裕度和验收极限

为了保证产品质量，GB/T 3177—2009《光滑工件尺寸的检测》对验收原则、验收极限和计量器具的选择等进行了规定。该标准适用于车间使用普通计量器具（如游标卡尺、千分尺及比较仪等）对图样上标注的公差等级为 IT6～IT18、基本尺寸至 500 mm 的光滑工件的检验，也适用于一般公差尺寸工件的检验。

1. 尺寸误检的基本概念

由于通常在生产现场利用普通测量器具来测量工件时，对工件尺寸合格与否一般不进行多次重复测量，且对偏离测量的标准要求所引起的误差，一般不进行修正，这样当以工件实际尺寸是否在极限尺寸范围内作为验收的依据时，由于测量误差的存在，便有可能出现"误收"或"误废"。

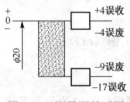

图 3-20   测量误差对测量结果的影响

例如，用极限误差 Δ 为 ±4 μm 的一级千分尺测量轴 $\phi20^{0}_{-0.013}$，其公差带如图 3-20 所示。

图 3-20 中，轴的实际尺寸在 $\phi20$～$\phi19.987$ 之间就合格。由于一级千分尺的极限误差 Δ 为 ±4 μm，可能将本来处于零件公差带之外的废品（尺寸在 $\phi20$～$\phi20.004$ 和 $\phi19.987$～$\phi19.983$ 之间）误判为合格品，这是误收；可能将本来处于零件公差带之内的合格品（尺寸在 $\phi20$～$\phi19.996$ 和 $\phi19.991$～$\phi19.987$ 之间）误判为废品，这是误废。

误收会影响零件原定的配合性能，满足不了设计的功能要求；误废提高了加工精度，造成经济损失。

极限误差 Δ 就是测量器具的不确定度。不确定度是测量结果中不能肯定的部分。不确定度是测量中无法修正的部分，它反映了被测量的真值不能肯定的误差范围的一种评定。

2. 验收极限与安全裕度

国家标准规定的验收原则：所用验收方法应只接收位于规定的极限尺寸之内的工件，位于规定尺寸极限之外的工件应拒收，也就是允许有误废而不允许有误收。为了保证上述验收原则的实施，采用规定极限的验收方法，即采用安全裕度消除测量的不确定度。

安全裕度 A，即测量中总不确定度的允许值 u，主要由测量器具的不确定度允许值 u_1 及测量条件引起的测量不确定度允许值 u_2 这两部分组成。安全裕度 A 值按被检验工件的公差大小来

确定,一般为工件公差的 1/10,其数值可从国家标准规定的表中查取,如表 3-18 所示。规定安全裕度是为了避免在测量工件时,由于测量误差的存在而造成的误收。

表 3-18 安全裕度（A）与计量器具的测量不确定度允许值（u_1） （单位：μm）

公差等级		IT6					IT7					IT8					IT9				
基本尺寸/mm		T	A	u_1			T	A	u_1			T	A	u_1			T	A	u_1		
大于	至			I	II	III			I	II	III			I	II	III			I	II	III
—	3	6	0.6	0.54	0.9	1.4	10	1.0	0.9	1.5	2.3	14	1.4	1.3	2.1	3.2	25	2.5	2.3	3.8	5.6
3	6	8	0.8	0.72	1.2	1.8	12	1.2	1.1	1.8	2.7	18	1.8	1.6	2.7	4.1	30	3.0	2.7	4.5	6.8
6	10	9	0.9	0.81	1.4	2.0	15	1.5	1.4	2.3	3.4	22	2.2	2.0	3.3	5.0	36	3.6	3.3	5.4	8.1
10	18	11	1.1	1.0	1.7	2.5	18	1.8	1.7	2.7	4.1	27	2.7	2.4	4.1	6.1	43	4.3	3.9	6.5	9.7
18	30	13	1.3	1.2	2.0	3.0	21	2.1	1.9	3.2	4.7	33	3.3	3.0	5.0	7.4	52	5.2	4.7	7.8	12
30	50	16	1.6	1.4	2.4	3.6	25	2.5	2.3	3.8	5.6	39	3.9	3.5	5.9	8.8	62	6.2	5.6	9.3	14
50	80	19	1.9	1.7	2.9	4.3	30	3.0	2.7	4.5	6.8	46	4.6	4.1	6.9	10	74	7.4	6.7	11	17
80	120	22	2.2	2.0	3.3	5.0	35	3.5	3.2	5.3	7.9	54	5.4	4.9	8.1	12	87	8.7	7.8	13	20
120	180	25	2.5	2.3	3.8	5.6	40	4.0	3.6	6.0	9.0	63	6.3	5.7	9.5	14	100	10	9.0	15	23
180	250	29	2.9	2.6	4.4	6.5	46	4.6	4.1	6.9	10	72	7.2	6.5	11	16	115	12	10	17	26
250	315	32	3.2	2.9	4.8	7.2	52	5.2	4.7	7.8	12	81	8.1	7.3	12	18	130	13	12	19	29
315	400	36	3.6	3.2	5.4	8.1	57	5.7	5.1	8.4	13	89	8.9	8.0	13	20	140	14	13	21	32
400	500	40	4.0	3.6	6.0	9.0	63	6.3	5.7	9.5	14	97	9.7	8.7	15	22	155	16	14	23	35

公差等级		IT10					IT11					IT12				IT13			
基本尺寸/mm		T	A	u_1			T	A	u_1			T	A	u_1		T	A	u_1	
大于	至			I	II	III			I	II	III			I	II			I	II
—	3	40	4.0	3.6	6.0	9.0	60	6.0	5.4	9.0	14	100	10	9.0	15	140	14	13	21
3	6	48	4.8	4.3	7.2	11	75	7.5	6.8	11	17	120	12	11	18	180	18	16	27
6	10	58	5.8	5.2	8.7	13	90	9.0	8.1	14	20	150	15	14	23	220	22	20	33
10	18	70	7.0	6.3	11	16	110	11	10	17	25	180	18	16	27	270	27	24	41
18	30	84	8.4	7.6	13	19	130	13	12	20	29	210	21	19	32	330	33	30	50
30	50	100	10	9.0	15	23	160	16	14	24	36	250	25	23	38	390	39	35	59
50	80	120	12	11	18	27	190	19	17	29	43	300	30	27	45	460	46	41	69
80	120	140	14	13	21	32	220	23	20	33	50	350	35	32	53	540	54	49	81
120	180	160	16	15	24	36	250	25	23	38	56	400	40	36	60	630	63	57	95
180	250	185	18	17	28	42	290	29	26	44	65	460	46	41	69	720	72	65	110
250	315	210	21	19	32	47	320	32	29	48	72	520	52	47	78	810	81	73	120
315	400	230	23	21	34	52	360	36	32	54	81	570	57	51	86	890	89	80	130
400	500	250	25	23	38	56	400	40	36	60	90	630	63	57	95	970	97	87	150

验收极限是指检测工件尺寸时,判断合格与否的尺寸界限。国家标准规定,验收极限可以按照下列两种方法（内缩方式和不内缩方式）之一确定。

1）方法一 采用内缩方式（双边内缩、单边内缩）

有配合要求或高精度时,为了防止误收,采用内缩一个安全裕度 A 的方式,如图 3-21 所示。虽然增加了误废,但是从保证产品质量着眼是必要的。

上验收极限=最大极限尺寸−安全裕度(A)

下验收极限=最小极限尺寸+安全裕度(A)

方法一的验收极限比较严格,适用于以下几种情况:

（1）对符合包容要求、公差等级高的尺寸,其验收极限用方法一确定,如图 3-21 所示。

（2）对偏态分布的尺寸，其"尺寸偏向边"的验收极限用方法一确定，如图 3-22 所示。

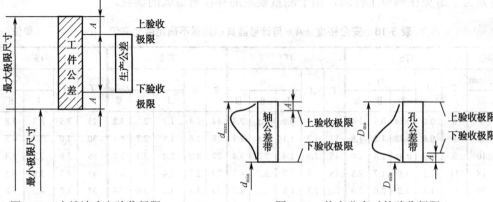

图 3-21　内缩法确定验收极限　　　　　　　图 3-22　偏态分布时的验收极限

（3）对符合包容要求的尺寸，当工艺能力系数 $C_p \geqslant 1$ 时，在最大实体尺寸一边的验收极限用方法一确定为宜，如图 3-23 所示。

2）方法二　采用不内缩方式（双边不内缩，单边不内缩）（如图 3-24 所示）

$A=0$，验收极限就是工件的极限尺寸。

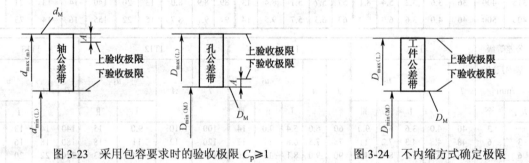

图 3-23　采用包容要求时的验收极限 $C_p \geqslant 1$　　　图 3-24　不内缩方式确定极限

方法二适用于以下几种情况：

（1）对非配合尺寸和一般的尺寸，其验收极限用方法二确定。

（2）对偏态分布的尺寸，其"尺寸非偏向边"的验收极限用方法二确定。

（3）对符合包容要求的尺寸，其最小实体尺寸一般的验收极限用方法二确定。

（4）当工艺能力系数 $C_p \geqslant 1$ 时，其验收极限可以用方法二确定。

3.7.2　计量器具的选择原则

1. 计量器具的选择原则

计量器具的选择主要取决于计量器具的技术指标和经济指标。选用时应考虑选择的计量器具应与被测工件的外形位置、尺寸大小及被测参数特性相适应，使所选计量器具的测量范围能满足工件的要求。选择计量器具应考虑工件的尺寸公差，使所选计量器具的不确定度值既要保证测量精度要求，又要符合经济性要求。因此计量器具的选择原则是在满足使用要求的前提下，选低精度的测量器具！

2．计量器具的选择

按被测对象的公差要求，先选定计量器具不确定度的允许值，然后再选择适当计量特性的计量器具（注意，孔与轴的计量特性不同）。为了保证测量的可靠性和经济性，国标规定：计量器具的选择，应按测量不确定度的允许值 U 来进行，U 由计量器具的不确定度 u_1 和由测量时的温度、工件形状误差以及测力引起的误差 u_2 等组成。由于 u_2 影响较小，按计量器具的测量不确定度允许值 u_1（见表 3-18）选择计量器具。u_1 值分为Ⅰ、Ⅱ、Ⅲ档，其数值分别为工件公差的 1/10、1/6、1/4。一般情况下，优先选用Ⅰ档。选用时应使所选测量器具的不确定值 u_1' 等于或小于 u_1 值。各种普通计量器具的不确定度见表 3-19～表 3-21。生产中特殊条件下，当所用测量器具的不确定度 $u_1'>u_1$ 时，可按下式扩大安全裕度 A 至 A'：

$$A' = u_1'/0.9$$

表 3-19　千分尺和游标卡尺的不确定度 u_1'　　　　（单位：mm）

尺寸范围		计量器具类型			
		分度值 0.01 外径千分尺	分度值 0.01 内径千分尺	分度值 0.02 游标卡尺	分度值 0.05 游标卡尺
大于	至	不确定度 u_1' /mm			
0	50	0.004			
50	100	0.005	0.008	0.020	0.05
100	150	0.006			
150	200	0.007	0.013		
200	250	0.008			
250	300	0.009			
300	350	0.010			
350	400	0.011	0.020		0.100
400	450	0.012			
450	500	0.013	0.025		
500	600		0.030		
600	700				
700	1000				0.150

注：当采用比较测量时，千分尺的不确定度可小于本表规定的数值，一般可减小 40%！

表 3-20　比较仪的不确定度 u_1'　　　　（单位：mm）

尺寸范围		计量器具类型			
		分度值为 0.0005（相当于放大 2000 倍）的比较仪	分度值为 0.001（相当于放大 1000 倍）的比较仪	分度值为 0.002（相当于放大 400 倍）的比较仪	分度值为 0.005（相当于放大 250 倍）的比较仪
大于	至	不确定度 u_1' /mm			
—	25	0.0006	0.0010	0.0017	0.0030
25	40	0.0007			
40	65	0.0008	0.0011	0.0018	
65	90	0.0008			
90	115	0.0009	0.0012	0.0019	

续表

尺寸范围		计量器具类型			
		分度值为 0.0005（相当于放大 2000 倍）的比较仪	分度值为 0.001（相当于放大 1000 倍）的比较仪	分度值为 0.002（相当于放大 400 倍）的比较仪	分度值为 0.005（相当于放大 250 倍）的比较仪
大于	至	不确定度 u_1'/mm			
115	165	0.0010	0.0013	0.0019	
165	215	0.0012	0.0014	0.0020	
215	265	0.0014	0.0016	0.0021	0.0035
265	315	0.0016	0.0017	0.0022	

注：测量时，使用的标准器由不多于 4 块的 1 级（或 4 等）量块组成。

表 3-21　指示表的不确定度 u_1'　　　　　（单位：mm）

尺寸范围		计量器具类型			
		分度值为 0.001 的千分表（0 级在全程范围内，1 级在 0.2 mm 内） 分度值为 0.002 的千分表（在 1 转范围内）	分度值为 0.001、0.002、0.005 的千分表（1 在全程范围内） 分度值为 0.01 的千分表（0 级在任意 1 mm 内）	分度值为 0.01 的百分表（0 级在全程范围内，1 级在任意 1 mm 内）	分度值为 0.01 的百分表（1 在全程范围内）
大于	至	不确定度 u_1/mm			
—	25	0.005			
25	40				
40	65				
65	90				
90	115		0.010	0.018	0.030
115	165	0.006			
165	215				
215	265				
265	315				

3.7.3　尺寸测量方法示例

【例 3-6】

工件尺寸为 $\phi30h8\left(^{\ 0}_{-0.033}\right)$ Ⓔ（采用的是包容要求），试选择合适的测量器具并求出上、下验收极限尺寸。

解：（1）因为此工件遵守包容要求，故应按方法一（即内缩方式）确定验收极限。由表 3-18 查得 $A = 3.3\ \mu m$　$u_1 = 3\ \mu m$。由表 3-20 查得分度值为 0.005 mm 的比较仪的不确定度 $u_1' = 3\ \mu m = u_1$，能满足要求。

（2）确定验收极限，即

上验收极限 $= d_{max} - A = 30 - 0.0033 = 29.9967$ mm

下验收极限 $= d_{min} + A = 29.967 + 0.0033 = 29.9703$ mm

【例 3-7】

例 3-6 中的工件，因受检测条件的限制，今采用分度值为 0.01 mm 的外径千分尺测量，试

确定安全裕度 A' 的值及验收极限。

解：（1）由表 3-18 查得千分尺不确定度 $u_1' = 4\ \mu m$，故 $u_1' > u_1 = 3\ \mu m$

所以　$A' = u_1'/0.9 = 0.004/0.9 \approx 0.004\ mm$

（2）确定新的验收极限，即

上验收极限 $= d_{max} - A' = 30 - 0.004 = 29.996\ mm$

下验收极限 $= d_{min} + A' = 29.967 + 0.004 = 29.971\ mm$

【例 3-8】

被检验零件为孔 $\phi 130H10$ⓔ（采用的是包容要求），工艺能力指数 $C_p = 1.2$，试确定验收极限，并选择适当的计量器具。

解：（1）由极限与配合标准中查得：$\phi 130H10$ 的极限偏差为 $\phi 130^{+0.16}_{0}$。

（2）由表 3-18 中查得安全裕度 $A = 16\ \mu m$，因 $C_p = 1.2 \geqslant 1$，其验收极限可以按方法二确定，即一边 $A = 0$，但因该零件尺寸遵循包容要求，因此，其最大实体极限一边的验收极限仍按方法一确定，则有

上验收极限 $= \phi(130 + 0.16) = \phi 130.16\ mm$

下验收极限 $= \phi(130 + 0 + 0.016) = \phi 130.016\ mm$

（3）由表 3-18 中按优先选用 I 档的原则，查得计量器具不确定度允许值 $u_1 = 15\ \mu m$，由表 3-19 查得，分度值为 0.01 mm 的内径千分尺在尺寸 100～150 mm 范围内，不确定度为 $0.008 < u_1 = 0.015$，故可满足使用要求。

本 章 小 结

本章主要介绍极限与配合的基本术语，极限与配合国家标准的组成和特点。弄清各个术语的含义及其之间的联系与区别，是掌握该部分的关键。

1．基本尺寸、实际尺寸、极限尺寸的概念。实际尺寸在极限尺寸的范围内，尺寸就合格。

2．公差与偏差的代号、计算公式、特点及作用，极限与配合公差带图的画法。公差带有两个参数，国标将这两个参数都标准化了，得到标准公差系列和基本偏差系列。

3．按孔和轴的公差带的位置不同，配合分为间隙配合、过盈配合和过渡配合。国家标准配合制规定有基孔制和基轴制两种基准制配合。

4．国家标准将标准公差分为 20 个公差等级，用代号 IT01、IT0、IT1、…、IT18 表示，从 IT01～IT18 等级依次降低，相应的标准公差数值依次增大。公差等级相同，尺寸的精确程度相同。标准公差数值可查表 3-3。

5．国家标准对孔和轴分别规定了 28 个基本偏差代号（孔 A～ZC，轴 a～zc）。数值可查表 3-4 和表 3-5。

6．尺寸公差、配合的标注及线性尺寸一般公差的规定和在图样上的标注方法。

7．应优先选用基孔制，特殊情况下选用基轴制，为了满足特殊配合的需要，允许选用非基准制配合；选择公差等级的基本原则是在满足使用要求的前提下，尽量选用较低的公差等级；配合尽量选用优先的配合，其次是常用的配合；确定公差等级和配合的方法主要是类比法。

8．计量器具的选择原则是在满足使用要求的前提下，选低精度的测量器具。国标规定：按计量器具的测量不确定度允许值 u_1 选择计量器具。选用时应使所选测量器具的不确定度 u_1' 等于或小于 u_1。验收极限可以按照内缩方式和不内缩方式两种方法之一确定。注意计量器具的孔和轴的计量特性。

习　题

一、判断题（正确的打"√"，错误的打"×"）

1. 公差可以说是允许零件尺寸的最大偏差。　　　　　　　　　　　　　　　　　　（　　）
2. 基本尺寸不同的零件，只要它们的公差值相同，就说明它们的精度要求相同。（　　）
3. 国家标准规定，孔是指圆柱形的内表面。　　　　　　　　　　　　　　　　　　（　　）
4. 图样上标注 $\phi 20_{-0.021}^{\ 0}$ mm 的轴，加工所得尺寸越接近基本尺寸，就越精确。　（　　）
5. 孔的基本偏差为下偏差，轴的基本偏差为上偏差。　　　　　　　　　　　　　　（　　）
6. 未注公差尺寸就是对该尺寸无公差要求的尺寸。　　　　　　　　　　　　　　　（　　）
7. 基本偏差决定公差带的位置。　　　　　　　　　　　　　　　　　　　　　　　（　　）
8. 过渡配合可能具有间隙，也可能具有过盈，因此，过渡配合可能是间隙配合，也可能是过盈配合。　　　　　　　　　　　　　　　　　　　　　　　　　　　　　　　（　　）
9. 配合公差的数值越小，则相互配合的孔、轴的公差等级就越高。　　　　　　　　（　　）
10. 孔、轴公差带的相对位置反映加工的难易程度。　　　　　　　　　　　　　　（　　）
11. 最小间隙为零的配合与最小过盈等于零的配合，二者实质相同。　　　　　　　（　　）
12. 基轴制过渡配合的孔，其下偏差必小于零。　　　　　　　　　　　　　　　　（　　）
13. 从制造角度讲，基孔制的特点就是先加工孔，基轴制的特点就是先加工轴。　（　　）
14. 基本偏差 a～h 与基准孔构成间隙配合，其中 h 配合最松。　　　　　　　　　（　　）
15. 有相对运动的配合应选用间隙配合，无相对运动的配合均选用过盈配合。　　（　　）
16. 配合公差的大小等于相配合的孔、轴公差之和。　　　　　　　　　　　　（　　）
17. 装配精度高的配合，若为过渡配合，其值应减小；若为间隙配合，其值应增大。（　　）
18. 滚动轴承内圈与轴的配合，采用基孔制。　　　　　　　　　　　　　　　　　（　　）
19. 滚动轴承内圈与轴的配合，采用间隙配合。　　　　　　　　　　　　　　　　（　　）
20. 若某配合的最大间隙为 15 μm，配合公差为 41 μm，则该配合一定是过渡配合。（　　）

二、填空题

1. 轴 $\phi 50js8$，其上偏差为_____mm，下偏差为_____mm。
2. 孔尺寸 $\phi 80JS8$，已知 IT8 = 46 μm，则其最大极限尺寸是_____mm，最小极限尺寸是_____mm。
3. 孔尺寸 $\phi 48P7$，其基本偏差是_____μm，最小极限尺寸是_____mm。
4. $\phi 50H10$ 的孔和 $\phi 50js10$ 的轴，已知 IT10 = 0.100 mm，其 ES =_____mm，EI =_____mm，es =_____mm，ei =_____mm。
5. 已知基本尺寸为 $\phi 50$ mm 的轴，其最小极限尺寸为 $\phi 49.98$ mm，公差为 0.01 mm，则它的上偏差是_____mm，下偏差是_____mm。
6. 常用尺寸段的标准公差的大小，随基本尺寸的增大而_____，随公差等级的提高而_____。
7. 国家标准对未注公差尺寸的公差等级规定_____个公差等级。某一正方形轴，边长为 25 mm，今若按 IT14 确定其公差，则其上偏差为_____mm，下偏差为_____mm。

8. $\phi 30^{+0.021}_{0}$ mm 的孔与 $\phi 20^{-0.007}_{-0.020}$ mm 的轴配合，属于_____制_____配合。

9. $\phi 30^{+0.012}_{-0.009}$ mm 的孔与 $\phi 30^{0}_{-0.013}$ mm 的轴配合，属于_____制_____配合。

10. 配合代号为 $\phi 50H10/js10$ 的孔轴，已知 IT10 = 0.100 mm，其配合的极限间隙（或过盈）分别为_____mm，_____mm。

11. 已知某基准孔的公差为 0.013，则它的下偏差为_____mm，上偏差为_____mm。

12. 配合公差是指_____，它表示_____的高低。

13. $\phi 50$ mm 的基孔制孔、轴配合，已知其最小间隙为 0.05，则轴的上偏差是_____。

14. 孔、轴的 $ES<ei$ 的配合属于_____配合，$EI>es$ 的配合属于_____配合。

15. $\phi 50H8/h8$ 的孔、轴配合，其最小间隙为_____mm，最大间隙为_____mm。

16. 孔、轴配合的最大过盈为-60 μm，配合公差为 40 μm，可以判断该配合属于_____配合。

17. 公差等级的选择原则是_____的前提下，尽量选用_____的公差等级。

18. 对于相对运动的机构应选用_____配合；对不加紧固件，但要求传递较大扭矩的连接，应选用_____配合。

19. 基本尺寸相同的轴上有几处配合，当两端的配合要求紧固而中间的配合要求较松时，宜采用制配合。

三、多项选择题

1. 下列有关公差等级的论述中，正确的是（　　）。
A. 公差等级高，则公差带宽
B. 在满足使用要求的前提下应尽量选用低的公差等级
C. 公差等级的高低，影响公差带的大小，决定配合的精度
D. 孔、轴相配合，均为同级配合
E. 标准规定，标准公差分为 18 级

2. 以下各组配合中，配合性质相同的是（　　）。
A. $\phi 30H7/f6$ 和 $\phi 30H8/p7$　　　B. $\phi 30P8/h7$ 和 $\phi 30H8/p7$　　　C. $\phi 30M8/h7$ 和 $\phi 30H8/m7$
D. $\phi 30H8/m7$ 和 $\phi 30H7/f6$　　　E. $\phi 30H7/f6$ 和 $\phi 30F7/h6$

3. 下列配合代号标注正确的是（　　）。
A. $\phi 60H7/r6$　　　　　　　　　B. $\phi 60H8/k7$　　　　　　　　　C. $\phi 60h7/D8$
D. $\phi 60H9/f9$　　　　　　　　　E. $\phi 60H8/f7$

4. 下列孔轴配合中选用不当的是（　　）。
A. H8/u8　　　　　　　　　　B. H6/g5　　　　　　　　　C. G6/h7
D. H5/a5　　　　　　　　　　E. H5/u5

5. 决定配合公差带大小和位置的是（　　）。
A. 标准公差　　　　　　　　B. 基本偏差　　　　　　　　C. 配合公差
D. 孔轴公差之和　　　　　　E. 极限间隙或极限过盈

6. 下列配合中，配合公差最小的是（　　）。
A. $\phi 30H7/g6$　　　　　　　　　B. $\phi 30H8/g7$　　　　　　　　　C. $\phi 30H7/u6$
D. $\phi 100H7/g6$　　　　　　　　E. $\phi 100H8/g7$

7. 下述论述中正确的是（　　）。
A. 孔、轴配合采用过渡配合时，间隙为零的孔、轴尺寸可以有好几个

B. $\phi20g8$ 比 $\phi20h7$ 的精度高

C. $\phi50_{0}^{+0.021}$ mm 比 $\phi25_{0}^{+0.021}$ mm 的精度高

D. 国家标准规定不允许孔、轴上差带组成非基准制配合

E. 零件的尺寸精度高，则其配合间隙必定小

8. 下列论述中正确的是（　　　）。

A. 对于轴的基本偏差，从 a~h 为上偏差 es，且为负值或零

B. 对于轴，从 j~z 孔基本偏差均为下偏差，且为正值

C. 基本偏差的数值与公差等级均无关

D. 与基准轴配合的孔，A~H 为间隙配合，P~ZC 为过盈配合

9. 公差与配合标准的应用主要解决（　　　）。

A. 公差等级 　　　　　　　B. 基本偏差 　　　　　　　C. 配合性质

D. 配合基准制 　　　　　　E. 加工顺序

10. 下列孔、轴配合中，应选用过渡配合的是（　　　）。

A. 既要求对中，又要拆卸方便 　　　　B. 工作时有相对运动

C. 保证静止，传递载荷的可拆结合 　　D. 要求定心好，载荷由键传递

E. 高温下工作，零件变形大

11. 下列配合零件应选用基轴制的是（　　　）。

A. 滚动轴承外圈与外壳孔 　　　　　　B. 同一轴与多孔相配，且有不同的配合性质

C. 滚动轴承内圈与轴 　　　　　　　　D. 轴为冷拉圆钢，不需再加工

12. 下列配合零件，应选用过盈配合的是（　　　）。

A. 需要传递足够大的转矩 　　B. 不可拆连接 　　C. 有轴向运动

D. 要求定心且常拆卸 　　　　E. 承受较大的冲击负荷

13. 不同工作条件下，配合间隙应考虑增加的是（　　　）。

A. 有冲击负荷 　　　　　　B. 有轴向运动 　　　　　　C. 旋转速度增高

D. 配合长度增大 　　　　　E. 经常拆卸

14. 滚动轴承外圈与基本偏差为 H 的外壳孔形成（　　　）配合。

A. 间隙 　　　　　　　　　B. 过盈 　　　　　　　　　C. 过渡

15. 滚动轴承内圈与基本偏差为 h 的轴颈形成（　　　）配合。

A. 间隙 　　　　　　　　　B. 过盈 　　　　　　　　　C. 过渡

四、综合题

1. 试根据表 3-22 中的已知数据，填写表中各空格，并按适当比例绘制各孔、轴的公差带图。

表 3-22　　　　　　　　　　　　　　　　　　　　　　　　　　　　　（单位：mm）

尺寸标注	基本尺寸	极限尺寸		极限偏差		公差
		最大	最小	上偏差	下偏差	
孔 $\phi12_{+0.032}^{+0.050}$						
轴 $\phi60$				+0.072		0.019
孔		29.959				0.021
轴	$\phi50$		49.966	+0.005		

2．根据表 3-23 中的已知数据，填写表中各空格，并按适当比例绘制各对配合的尺寸公差带图和配合公差带图。

表 3-23　　　　　　　　　　　　　　　　　　（单位：mm）

基本尺寸	孔			轴			X_{max} 或 Y_{min}	X_{min} 或 Y_{max}	X_{av} 或 Y_{av}	T_f	配合种类
	ES	Ei	T_D	es	Ei	T_d					
$\phi50$		0				0.039	+0.103			0.078	
$\phi25$			0.021	0				−0.048	−0.031		
$\phi80$			0.046	0				+0.035	−0.003		

3．查表确定下列公差带的极限偏差。

（1）$\phi25f7$；（2）$\phi60d8$；（3）$\phi50k6$；（4）$\phi40m5$；（5）$\phi50D9$；（6）$\phi40P7$；（7）$\phi30M7$；（8）$\phi80JS8$。

4．查表确定下列各尺寸的公差带的代号。

（1）轴 $\phi18_{-0.011}^{0}$；（2）孔 $\phi120_{0}^{+0.087}$；（3）轴 $\phi50_{-0.075}^{-0.050}$；（4）孔 $\phi65_{-0.041}^{+0.005}$。

5．基本尺寸为 $\phi50$ mm 的基准孔和基准轴相配合，孔轴的公差等级相同，配合公差 $T_f=$ 78 μm，试确定孔、轴的极限偏差，并写出标注形式。

6．已知基本尺寸为 15 mm 时，IT9 = 43 μm，画出 $\phi15Js9$ 的公差带图，以及该孔的极限尺寸、极限偏差、最大实体尺寸和最小实体尺寸。

7．已知 $\phi40M8(_{-0.034}^{+0.005})$，求 $\phi40H8/h8$ 的极限间隙或极限过盈。

8．已知基本尺寸为 $\phi40$ 的一对孔、轴配合，要求其配合间隙为 41～116 μm，试确定孔与轴的配合代号，并画出公差带图。

9．设有一基本尺寸为 $\phi110$ 的配合，经计算，为保证连接可靠，其过盈不得小于 40 μm；为保证装配后不发生塑性变形，其过盈不得大于 110 μm。若已决定采用基轴制，试确定此配合的孔、轴公差带代号，并画出公差带图。

10．某配合的基本尺寸为 $\phi25$ mm，要求配合的最大间隙为+0.013 mm，最大过盈为 −0.021 mm。试确定孔、轴公差等级，选择适当的配合（写出代号）并绘制公差带图。

11．某配合的基本尺寸为 $\phi30$ mm，按设计要求，配合的过盈应为-0.014～-0.048 mm。试决定孔、轴公差等级，按基轴制选定适当的配合（写出代号）。

12．图 3-25 为钻床夹具简图，试根据表 3-24 的已知条件，选择配合种类。

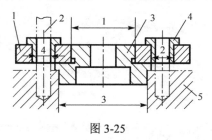

图 3-25

1—钻模板；2—钻头；3—定位套；4—钻套；5—工件

表 3-24

配合种类	已知条件	配合种类
（1）	有定心要求，不可拆连接	
（2）	有定心要求，可拆连接（钻套磨损后可更换）	
（3）	有定心要求，孔、轴间需要有轴向移动	
（4）	有导向要求，轴、孔间需要有相对的高速转动	

13. 用通用计量器具检测 $\phi40K7Ⓔ$（采用的是包容要求）孔，试确定验收极限并选择计量器具。

14. 被检验零件尺寸为轴 $\phi65e9Ⓔ$（采用的是包容要求），试确定验收极限、选择适当的计量器具。

第4章

形状与位置公差

➢ **学习目的**

通过本章的学习，掌握各种形位公差的项目符号、公差带的含义及标注方法；掌握形位公差的选用原则；了解形位误差的评定方法；了解公差原则的术语及定义，公差原则的特点及适用场合，熟练运用独立原则、包容要求；了解形位误差的选择依据，初步具备形位公差特征、基准要素、公差等级和公差原则的选择能力；了解形位误差的检测原则。

4.1 概述

零件在加工过程中由于受各种因素的影响，其几何要素不可避免地会产生形状误差和位置误差。如车削圆柱表面时，刀具的运动轨迹若与工件的旋转轴线不平行，会使零件表面产生圆柱度误差；铣轴上键槽时，若铣刀杆轴线的运动轨迹相对于零件的轴线有偏离或倾斜，则会使加工的键槽产生对称度误差。零件的圆柱度误差会影响圆柱结合要素的配合均匀性；键槽的对称度误差会使键的安装困难和安装后的受力状况恶化。因此，对零件的形状和位置精度进行合理的设计，规定适当的形状和位置公差是十分重要的。

我国已将形状和位置公差标准化，近年来根据科学技术和经济发展的需要，参照国际标准，进行了几次修订。目前，推荐使用的标准主要有：

● GB/T 1182—2008《产品几何技术规范（GPS）几何公差 形状、方向、位置和跳动公差标注》；

● GB/T 1184—1996《形状和位置公差 未注公差值》；

● GB/T 4249—2008《产品几何技术规范（GPS）公差原则》；

● GB/T 16671—2008《产品几何技术规范（GPS）几何公差 最大实体要求、最小实体要求和可逆要求》；

● GB/T 1958—2004《产品几何技术规范（GPS）形状和位置公差 检测规定》等。

4.1.1 零件的要素

形位公差是用来控制形位误差的。形位公差的研究对象是零件的几何要素。构成零件几何特征的点、线、面统称为零件的几何要素，简称要素。如图4-1所示，零件便是由球心、锥顶、圆柱面和圆锥面的素线、轴线、球面、圆柱面、圆锥面、槽的中心平面等多种要素组成的。

为了便于研究形位公差，特将零件的几何要素从不同角度进行分类。

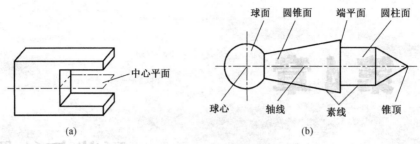

图 4-1 零件的几何要素

1. 按存在的状态分

（1）理想要素 具有几何学意义的要素，即设计图样上给出的要素，它不存在任何误差。机械零件图样上表示的要素均为理想要素。

（2）实际要素 零件上实际存在的要素，通常用测得要素来代替。由于存在测量误差，故测得要素并非是该实际要素的真实状态。

2. 按结构特征分

（1）轮廓要素 组成零件轮廓外形的要素。如图 4-1 所示的零件球面、圆锥面、端面、圆柱面、素线等都属于轮廓要素。轮廓要素是具体要素。

（2）中心要素 对称轮廓要素的对称中心面、轴线或点。如图 4-1 所示的球心、轴线均为中心要素。中心要素是抽象要素。

3. 按所处地位分

（1）基准要素 用来确定被测要素的方向或（和）位置的要素。理想的基准要素称为基准。

（2）被测要素 在图样上给出了形状或（和）位置公差要求的要素，即需要检测的要素。

4. 按功能关系分

（1）单一要素 仅对要素本身给出形状公差要求的要素。单一要素是独立的，与基准不相关。

（2）关联要素 对基准要素有功能关系要求而给出方向、位置和跳动公差要求的要素。关联要素不是独立的，与基准相关。

4.1.2 形位公差的项目及符号

GB/T 1182—2008 规定了 14 种几何（形位）公差项目，其名称和符号见表 4-1。其中形状公差 4 个，因它们是对单一要素提出的要求，因此无基准要求；形状或位置公差有 2 个，若无基准要求则为形状公差，若有基准要求则为位置公差；位置公差有 8 个，因它们是对关联要素提出的要求，因此在大多数情况下有基准要求。

表 4-1 几何公差特征项目及其符号

分类	名称	符号	分类	名称	符号
形状公差	直线度	—	形状公差	圆度	○
	平面度	▱		圆柱度	⌀

续表

分类		名称	符号	分类	名称	符号
形状或位置公差		线轮廓度	⌒	位置公差	同轴度	◎
		面轮廓度	⌓	定位	对称度	⩵
位置公差	定向	平行度	∥		位置度	⊕
		垂直度	⊥	跳动	圆跳动	↗
		倾斜度	∠		全跳动	⌰

4.1.3　形位公差的标注

形位公差在图样上用形位公差框格、基准符号和指引线进行标注，如图4-2所示。

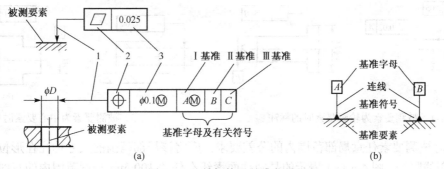

(a)　　　　　　　　　　　　　　　　(b)

图 4-2　公差框格及基准代号

1—指引箭头；2—项目符号；3—形位公差值及有关符号

1. 形位公差框格

形位公差框格为矩形框格，由两格或多格组成。形位公差一般为两格，方向、位置和跳动公差一般为三至五格。框格中的内容从左到右顺序填写：公差特征项目符号；形位公差值（以mm 为单位）及有关符号；基准字母及有关符号。若形位公差值的数字前加注有ϕ或 $S\phi$，则表示其公差带为圆形、圆柱形或球形。如果在形位公差带内需要进一步限定被测要素的形状或者采用一些公差要求，则应在公差值后加注相关的附加符号，常用附加符号如表 4-2 所示。

表 4-2　形位公差标注的常用附加符号

符号	含义	符号	含义
(+)	被测要素只需中间向材料外凸起	Ⓔ	包容要求
(−)	被测要素只需中间向材料内凹下	Ⓜ	最大实体要求
(▷)	被测要素只需从左向右减少	Ⓛ	最小实体要求
(◁)	被测要素只需从右向左减少	Ⓡ	可逆要求

对被测要素的数量说明，应标注在形位公差框格的上方，如图4-3（a）所示；其他说明性要求应标注在形位公差框格的下方，如图4-3（b）所示；当对同一要素有两个或两个以上的公差特征项目的要求，其标注方法又一致时，为了方便起见，可将一个框格放在另一个框格的下方，如图 4-3（c）所示；当多个被测要素有相同的几何公差（单项或多项）要求时，可从框格引出的指引线上绘制多个指示箭头并分别与各被测要素相连，如图4-3（d）所示。

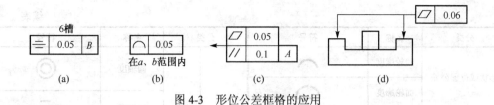

图 4-3　形位公差框格的应用

2．被测要素的标注

用带箭头的指引线将公差框格与被测要素相连。指引线一般与框格一端的中部相连，如图 4-4 所示。指引线带箭头的一端指向被测要素，箭头的方向应垂直于被测要素，即与公差带的宽度或直径方向相同，该方向也是形位误差的测量方向。不同的被测要素，箭头的指示位置也不同。

（1）当被测要素为轮廓要素时，箭头应直接指向被测要素或其延长线上，并与尺寸线明显错开（至少错开 4 mm），如图4-4 所示。

（2）当被测要素为中心要素时，箭头应与相应轮廓尺寸线对齐，如图 4-5 所示。指引线箭头可代替一个尺寸线的箭头。

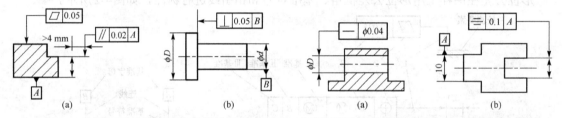

图 4-4　被测要素为轮廓要素时的标注　　　　　图 4-5　被测要素为中心要素时的标注

（3）对被测要素任意局部范围内的公差要求，应将该局部范围的尺寸标注在形位公差值后面，并用斜线隔开。图 4-6（a）表示的是圆柱面素线在任意 100 mm 长度范围内的直线度公差为 0.05 mm；图 4-6（b）表示的是箭头所指平面在任意边长为 100 mm 的正方形范围内的平面度公差是 0.01 mm；图 4-6（c）表示的是上平面对下平面的平行度公差在任意 100 mm 长度范围内为 0.08 mm。

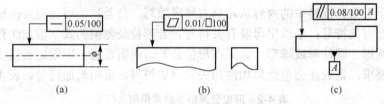

图 4-6　被测要素任意范围内形位公差要求的标注

3．基准要素的标注

基准符号由正三角形、正方框和基准字母与连线组成，如图 4-7 所示。应注意，无论基准符号字母在图样的方向如何，方框内的字母均应水平书写。为了避免引起误解，基准要素的大写字母不采用 E、I、J、M、Q、O、P、L、R、F。

基准要素的标注应注意以下几点。

（1）当基准要素为轮廓要素时，基准符号的三角形应靠到基准要素的轮廓线或其延长线上，但连线必须与轮廓的尺寸线明显错开（至少错开 4 mm），如图4-7 所示。

（2）当基准要素为中心要素时，基准连线应与相应的轮廓要素的尺寸线对齐，如图4-8 所示。

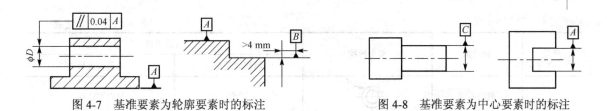

图 4-7　基准要素为轮廓要素时的标注　　　　　　图 4-8　基准要素为中心要素时的标注

（3）当基准要素为中心孔或圆锥体的轴线时，按图4-9所示方法标注。

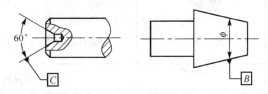

图 4-9　中心孔或圆锥体的轴线为基准要素时的标注

4.1.4　形位公差带

形位公差是指被测实际要素对图样上给定的理想形状、理想位置所允许的变动全量。形位公差带是限制被测实际要素变动的区域，是形位误差的最大允许值。只要实际被测要素位于形位公差带以内，则该要素符合设计要求，否则，不符合设计要求。

形位公差带具有形状、大小、方向和位置四个特征要素。形位公差带的形状是由被测要素的理想形状和给定的公差特征所决定的。常用的形位公差带的形状有 11 种，如表4-3所示。分别是（a）两条平行直线；（b）两条等距曲线；（c）两条平行平面；（d）两条等距曲面；（e）一个圆柱；（f）两个同心圆；（g）一个圆；（h）一个圆球；（i）两个同轴圆柱；（j）一小段圆柱表面；（k）一小段圆锥表面。形位公差带的大小由公差值 t 确定，它指的是公差带的宽度或直径等。形位公差带的方向为公差带的宽度方向或垂直于被测要素的方向，通常为指引线箭头所指的方向。形位公差带的位置有固定和浮动两种。所谓固定是指公差带的位置由图样上给定的基准来确定，不随实际形状、尺寸等的变化而变化，如中心要素的公差带位置均是固定的。所谓浮动是指公差带的位置随着零件实际尺寸在尺寸公差带内的变动而变动，如一般轮廓线要素的公差带位置都是浮动的。

表 4-3　形位公差带的常用形状

序号	公差带	常用形状	应用项目	
			形状公差带	位置公差带
1	两平行直线		给定平面内的直线	
2	两等距曲线		无基准要求的线轮廓度	有基准要求的线轮廓度
3	两平行平面		直线度、平面度	平行度、垂直度、倾斜度、对称度和位置度等
4	两等距曲面		无基准要求的面轮廓度	有基准要求的面轮廓度

序号	公差带	常用形状	应用项目	
			形状公差带	位置公差带
5	两同心圆		圆度	径向圆跳动
6	两同轴圆柱		圆柱度	径向全跳动
7	一个圆柱		轴线的直线度	平行度、垂直度、倾斜度、同轴度和位置度等
8	一个圆		平面内点的位置度、同轴（心）度	
9	一个圆球		空间点的位置度	
10	圆柱表面			端面全跳动
11	圆锥表面			斜向圆跳动

4.2 形状公差

　　形状公差是指单一实际要素的形状所允许的变动全量。形状公差用形状公差带表达。形状公差带是限制实际被测要素形状变动的一个区域。

　　形状公差有四个项目：直线度、平面度、圆度、圆柱度。被测要素有直线、平面和圆柱面。形状公差带的特点是不涉及基准，其方向和位置可随实际要素不同而浮动，只能控制被测要素形状误差的大小。形状公差带及其定义、标注示例和解释如表 4-4 所示。

表 4-4　形状公差带定义、标注示例和解释

项目	公差带定义	标注示例和解释
直线度	公差带是在给定平面内，间距等于公差值 t 的两条平行直线所限定的区域	被测表面的素线必须位于平行于图样所示投影面内，且距离为公差值 0.1 mm 的两条平行直线内
	公差带是在给定方向上，间距等于公差值 t 的两个平行平面所限定的区域	被测棱边必须位于箭头所示的方向，距离为公差值 0.03 mm 的两个平行平面内

项目	公差带定义	标注示例和解释
直线度	公差带是在任意方向上，直径等于公差值ϕt 的圆柱面所限定的区域 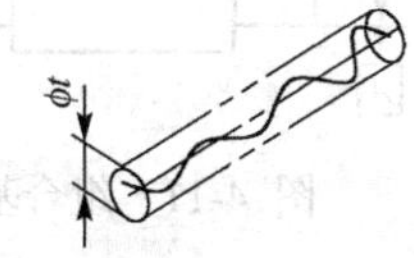	被测圆柱面的轴线必须位于直径等于公差值$\phi 0.08$ mm 的圆柱面内 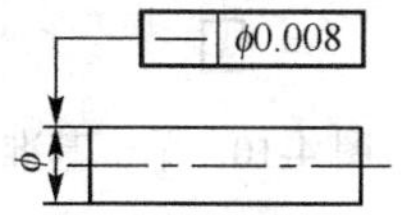 ┌─── $\phi 0.008$
平面度	公差带是间距等于公差值t的两个平行平面所限定的区域 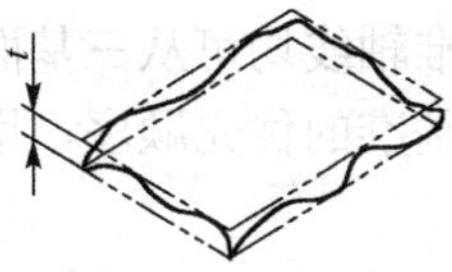	被测表面必须位于间距等于公差值 0.06 mm 的两个平行平面之间 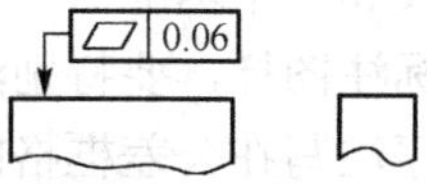 ▱ 0.06
圆度	公差带是在同一正截面内，半径差为公差值t的两个同心圆所限定的区域 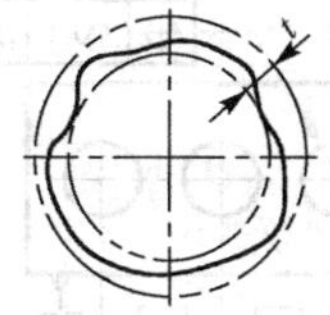	在圆柱面的任意正截面的圆周，必须位于半径差为公差值 0.02 mm 的两个同心圆之间 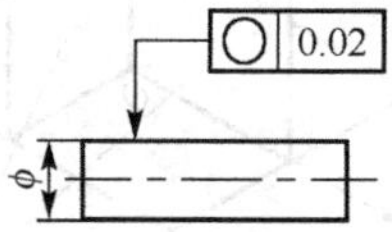 ○ 0.02
圆柱度	公差带是半径差等于公差值t的两个同轴圆柱面所限定的区域 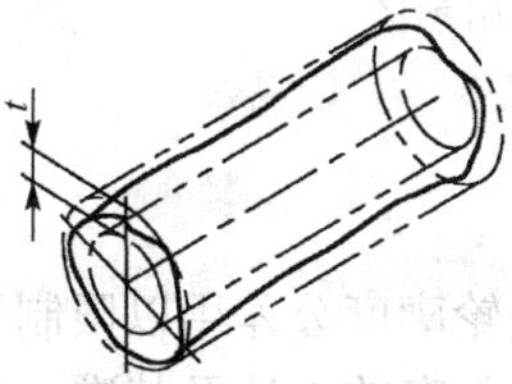	被测圆柱面必须位于半径差等于公差值 0.06 mm 的两个同轴圆柱面之间 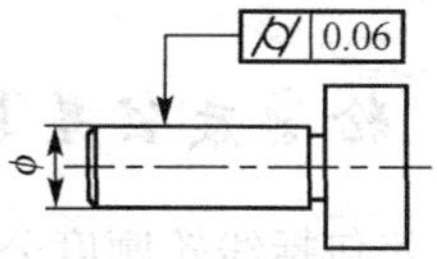 ⌭ 0.06

应该注意，圆柱度公差可以同时限制被测实际圆柱表面的圆柱度误差、圆度误差和素线的直线度误差。

4.3　形状或位置公差

4.3.1　基准和基准体系

基准是确定被测要素间几何关系的依据。根据关联被测要素所需基准的个数及构成某基准的零件要素的个数，图样上标注的基准可归纳为三种形式。

（1）单一基准　由一个要素构成，单独作为某被测要素的基准。如一个平面或一条轴线建立的基准。图4-10所示的是由一个平面要素建立的基准。

（2）组合基准（公共基准）　由两个或两个以上要素（理想情况下这些要素共线或共面）构成，起一个独立基准的作用。如图4-11所示，由两段轴线建立起的公共基准轴线 $A—B$，它是包容两个实际轴线的理想圆柱的轴线，并作为一个独立基准使用。

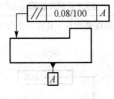

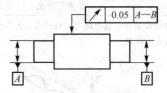

图 4-10 单一基准　　　　　　　　　　　图 4-11 组合基准

（3）基准（三基面）体系　由三个相互垂直的平面构成的基准体系。如图4-12所示，A、B、C 三个平面相互垂直，分别被称为第一、第二、第三基准平面。三个基准平面两两相交，构成三条基准轴线和一个基准点。由此可见，单一基准或基准轴线均可从三基面体系中得到。应用三基面体系标注图样，要特别注意基准的顺序。图样上基准的优先顺序，用基准代号字母以自左至右的顺序注写在公差框格的基准格内。

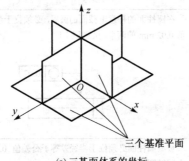

（a）三基面体系的坐标

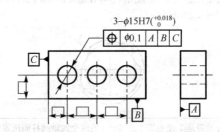

（b）三基面体系的基准符号及框格字母标注

图 4-12 三基面体系及应用示例

4.3.2 轮廓度公差与公差带

轮廓度公差包括线轮廓度公差和面轮廓度公差。线轮廓度公差用以限制平面曲线的形状误差。面轮廓度公差用以限制曲面的形状误差。轮廓度公差有的不涉及基准，其公差带的方位可以浮动；有的涉及基准，基准要素有平面和直线，其公差带的方位固定。不涉及基准的轮廓度公差带只能控制被测要素的轮廓形状；涉及基准的轮廓度公差带在控制被测要素相对于基准方位误差的同时，能够自然地控制被测要素的轮廓形状误差。无基准的线轮廓度、面轮廓度属于形状公差；有基准的线轮廓度、面轮廓度属于位置公差。

轮廓度的公差带有如下特点：

（1）无基准要求的轮廓度，其公差带的形状只由理论正确尺寸决定；

（2）有基准要求的轮廓度，其公差带的位置由理论正确尺寸和基准决定。

理论正确尺寸用来确定被测要素的理想形状和方位的尺寸，不附带公差。理论正确尺寸的标注应围以框格。

轮廓度公差带定义、标注示例和解释如表4-5所示。

表 4-5　轮廓度公差带定义、标注示例和解释

特征	公差带定义	标注示例和解释
线轮廓度	公差带为包络一系列直径等于公差值 t、圆心位于具有理论正确几何形状上的一系列圆的两条包络线所限定的区域 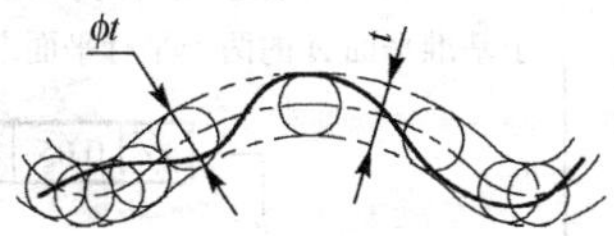 	在任一平行于图示投影面的截面内，被测轮廓线位于包络一系列直径为公差值 $\phi 0.04$ mm，圆心必须位于具有理论正确几何形状上的一系列圆的两条包络线之间 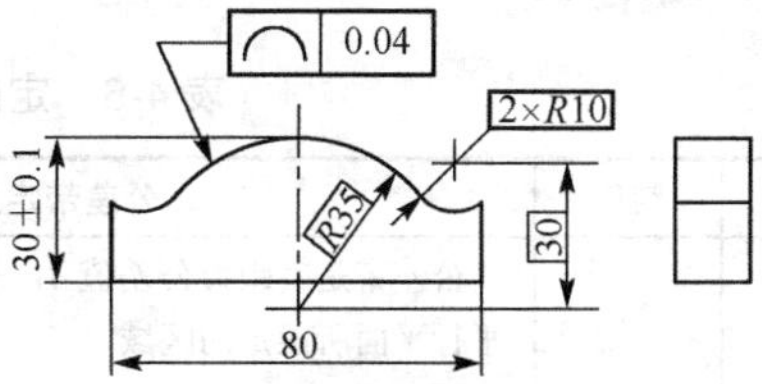 (a) 无基准要求 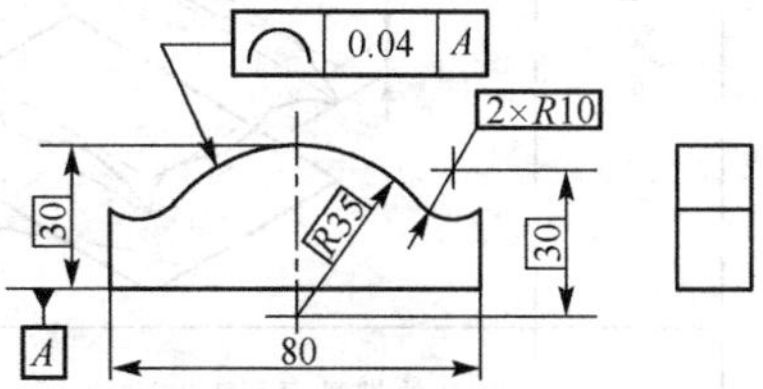 (b) 有基准要求
面轮廓度	公差带是直径为公差值 t、球心位于具有理论正确几何形状上的一系列圆球的两个包络面所限定的区域 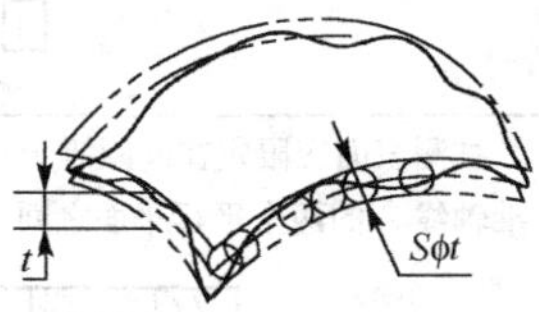 	被测轮廓面必须位于一系列圆球的两个包络面之间，诸球直径为公差值 0.02 mm，且球心必须位于具有理论正确几何形状上的一系列圆球的两个包络面之间 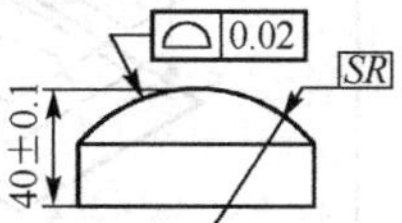 (a) 无基准要求 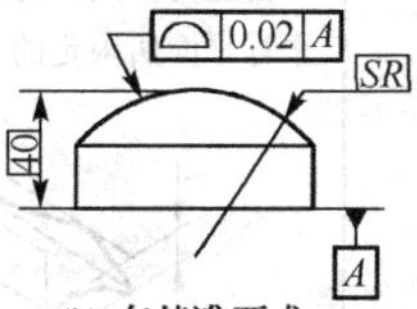 (b) 有基准要求

应该注意，面轮廓度公差可以同时限制被测曲面的面轮廓的误差和曲面上任意一截面的线轮廓的误差。

4.4　位置公差

位置公差是关联实际要素的位置对基准允许的变动全量。位置公差带是限制关联实际要素变动的区域。按照关联要素对基准功能要求的不同，位置公差可分为定向公差、定位公差和跳动公差三类。

4.4.1　定向公差项目

定向公差是关联实际要素对基准在方向上允许的变动全量。定向公差有三个项目：平行度、垂直度和倾斜度。

　　平行度公差用于限制被测要素对基准要素平行方向的误差。垂直度公差用于限制被测要素对基准要素垂直方向的误差。倾斜度公差用于限制被测要素对基准要素倾斜方向的误差。

　　由于被测要素和基准要素均有平面和直线之分，因此三项定向公差均有面对面、线对面、面对线和线对线四种情况。

　　典型的定向公差的公差带定义、标注示例和解释如表 4-6 所示。

表 4-6　定向公差带定义、标注示例和解释

项目	特征	公差带定义	标注示例和解释
平行度	面对面	公差带是间距为公差值 t，平行于基准平面的两个平行平面所限定的区域 	被测表面应限定在间距为公差值 0.05 mm，平行于基准平面 A 的两个平行平面之间
	线对面	公差带是平行于基准平面，间距为公差值 t 的两个平行平面所限定的区域 	被测要素轴线应限定在平行于基准 A，间距等于 0.03 mm 的两个平行平面之间
	面对线	公差带是间距为公差值 t，平行于基准轴线的两个平行平面所限定的区域 	被测表面应限定在间距等于 0.05 mm，平行于基准轴线 A 的两个平行平面之间
	线对基准体系	公差带为间距等于公差值 t，平行于两个基准的两个平行平面所限定的区域 	被测轴线应限定在间距等于 0.1 mm，平行于基准轴线 A 和基准平面 B 的两个平行平面之间

项目	特征	公差带定义	标注示例和解释
平行度	线对线	公差带为平行于基准轴线，直径等于公差值 ϕt 的圆柱面所限定的区域	被测轴线应限定在平行于基准轴线 B，直径等于 $\phi0.1$ mm 的圆柱面内
垂直度	面对线	公差带是距离为公差值 t，且垂直于基准轴线的两个平行平面所限定的区域	被测表面应限定在间距等于 0.05 mm 的两个平行平面之间，该两平行平面垂直于基准轴线 A
	线对面	公差带是直径为公差值 ϕt，轴线垂直于基准平面的圆柱面所限定的区域	被测轴线应限定在直径等于 $\phi0.05$ mm，垂直于基准平面 A 的圆柱面内
倾斜度	面对面	公差带为间距等于公差值 t 的两个平行平面所限定的区域，该两个平行平面按给定角度 α 倾斜于基准平面	被测表面应限定在间距等于 0.08 mm 的两个平行平面之间，该平行平面按 45° 理论正确角度倾斜于基准平面 A
	线对面	公差带为直径等于公差值 ϕt 的圆柱面所限定的区域，该圆柱面的轴线与基准平面呈一给定的角度并平行于另一个基准平面	被测轴线应限定在直径等于 $\phi0.05$ mm 的圆柱面内，该圆柱面的轴线按 60° 理论正确角度倾斜于基准平面 A 且平行于基准平面 B

定向公差具有如下特点：

（1）定向公差带的方向固定（与基准平行或垂直或成一理论正确角度），而其位置可以随被测实际要素的变化而变化，即位置浮动；

（2）定向公差带具有综合控制被测要素的方向和形状的功能。例如，平面的平行度公差可以控制该平面的平面度和直线度误差。因此，被测要素给出定向公差后，通常不再给出形状公差。如果需要对该要素的形状有进一步要求，才给出形状公差，而且形状公差值要小于定向公差值。

4.4.2 定位公差项目

定位公差是关联实际要素对基准在位置上所允许的变动全量。位置公差有三个项目：同轴度、对称度和位置度。

同轴度公差用于限制被测实际轴线对基准轴线的同轴度误差。当被测要素为点时称为同心度。对称度公差用于限制被测要素（中心平面或轴线）对基准要素（中心平面或轴线）的共面性或共线性误差。位置度公差用于限制被测要素（点、线、面）对基准要素的位置度误差。位置度公差可分为：给定一个方向、给定相互垂直的两个方向和任意方向三种。后者应用最多。

典型的定位公差带的公差带定义、标注示例和解释如表4-7所示。

表4-7 定位公差带定义、标注示例和解释

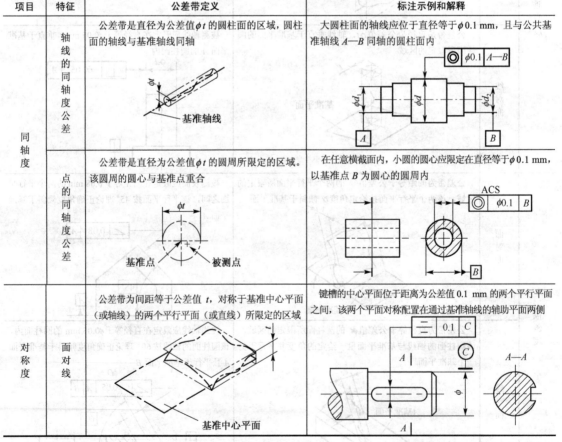

项目	特征	公差带定义	标注示例和解释
同轴度	轴线的同轴度公差	公差带是直径为公差值ϕt的圆柱面的区域，圆柱面的轴线与基准轴线同轴	大圆柱面的轴线应位于直径等于$\phi 0.1$ mm，且与公共基准轴线$A—B$同轴的圆柱面内
	点的同轴度公差	公差带是直径为公差值ϕt的圆周所限定的区域。该圆周的圆心与基准点重合	在任意横截面内，小圆的圆心应限定在直径等于$\phi 0.1$ mm，以基准点B为圆心的圆周内
对称度	面对线	公差带为间距等于公差值t，对称于基准中心平面（或轴线）的两个平行平面（或直线）所限定的区域	键槽的中心平面位于距离为公差值0.1 mm的两个平行平面之间，该两个平面对称配置在通过基准轴线的辅助平面两侧

项目	特征	公差带定义	标注示例和解释
对称度	面对面	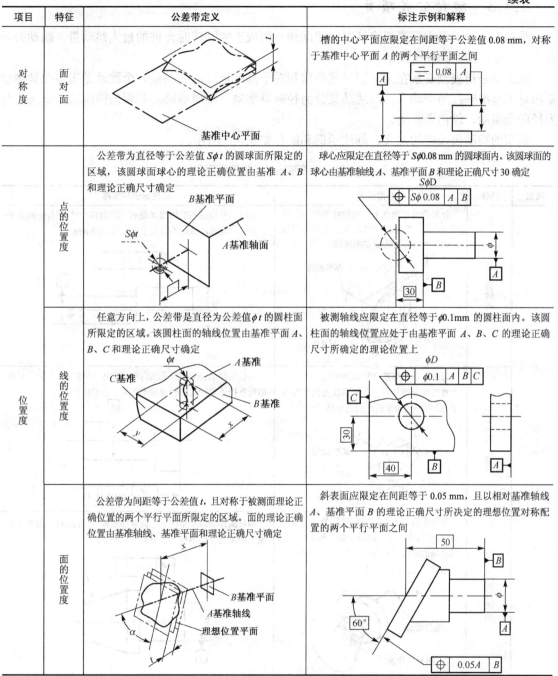	槽的中心平面应限定在间距等于公差值 0.08 mm, 对称于基准中心平面 A 的两个平行平面之间
位置度	点的位置度		球心应限定在直径等于 Sϕ0.08 mm 的圆球面内。该圆球面的球心由基准轴线 A、基准平面 B 和理论正确尺寸 30 确定
	线的位置度		被测轴线应限定在直径等于 ϕ0.1mm 的圆柱面内。该圆柱面的轴线位置应处于由基准平面 A、B、C 的理论正确尺寸所确定的理论位置上
	面的位置度		斜表面应限定在间距等于 0.05 mm, 且以相对基准轴线 A、基准平面 B 的理论正确尺寸所决定的理想位置对称配置的两个平行平面之间

定位公差具有如下特点:

(1) 定位公差相对于基准具有确定位置, 其中, 位置度公差的位置由理论正确尺寸确定, 同轴度、对称度的理论正确尺寸为零, 在图上省略不标注;

(2) 定位公差具有综合控制被测要素的形状、方向和位置的功能。例如, 同轴度公差可以控制被测轴线的直线度误差和相对于基准轴线的平行度误差。因此, 被测要素给出了定位公差后, 通常不再给出形状或定向公差。如果需要对形状或方向有进一步的要求, 才给出形状或方向公差, 各公差值应满足 $t_{形状} < t_{定向} < t_{定位}$。

4.4.3　跳动公差项目

跳动公差是关联实际要素绕基准轴线回转一周或连续回转时允许的最大跳动量。跳动公差有两个项目：圆跳动和全跳动。

圆跳动是指被测要素在某个测量截面内相对于基准轴线的变动量。全跳动是指整个被测要素相对于基准轴线的变动量。圆跳动又分为径向圆跳动、轴向圆跳动和斜向圆跳动。全跳动分为径向全跳动、轴向全跳动。

典型的跳动公差带的定义、标注示例和解释如表 4-8 所示。

表 4-8　跳动公差带定义、标注示例和解释

项目	特征	公差带定义	标注示例和解释
圆跳动	径向圆跳动	公差带为在垂直于基准轴线的任一测量面内，半径差为公差值 t，圆心在基准轴线上的两个同心圆所限定的区域	当 ϕd 圆柱面绕基准轴线 A 进行无轴向移动时，在任一测量平面内的径向跳动量均不得大于公差值 0.05 mm
	轴向圆跳动	公差带是在与基准轴线同轴的任一直径位置的测量圆柱面上，沿素线方向宽度等于公差值 t 的两个圆之间的区域	当被测件绕基准轴线无轴向移动旋转一周时，在被测面任意测量直径处的轴向跳动量均不得大于公差值 0.05 mm
	斜向圆跳动	公差带为与基准轴线同轴的某一圆锥截面上，沿母线方向间距等于公差值 t 的两个圆之间的区域（除非另有规定，测量方向应沿被测表面的法线方向）	当被测件绕基准轴线无轴向移动旋转一周时，任一测量圆锥面上的跳动量均不得大于公差值 0.05 mm
全跳动	径向全跳动	公差带为半径差等于公差值 t，与基准轴线同轴的两个圆柱面所限定的区域	当 ϕd 圆柱面绕基准轴线 A 连续回转，且指示针做平行于基准轴线的直线移动时，在整个表面上的径向跳动量均不得大于公差值 0.2 mm

项目	特征	公差带定义	标注示例和解释
全跳动	轴向全跳动	公差带为间距等于公差值 t，垂直于基准轴线的两个平行平面所限定的区域 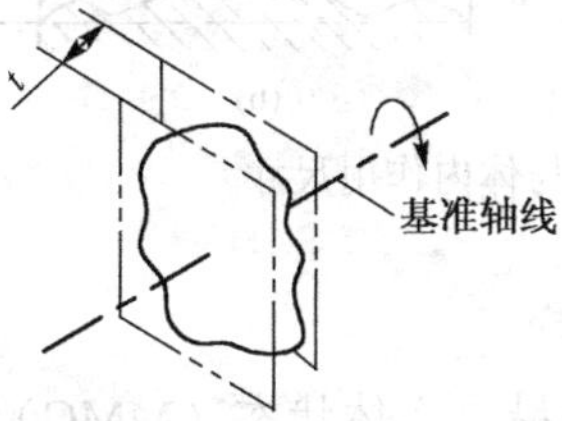 基准轴线	当端面绕基准轴线连续回转，且指示针做垂直于基准轴线方向的直线移动时，在整个端面上的轴向跳动量均不得大于公差值 0.05 mm 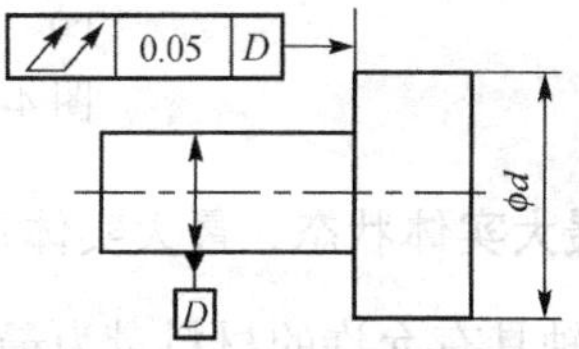 0.05 D ϕ D

跳动公差具有如下特点：

① 跳动公差涉及基准，跳动公差带的方位（主要是位置）是固定的；

② 跳动公差具有综合控制被测要素的功能，可以同时限制被测要素的形状误差、定向误差和定位误差。例如，端面全跳动公差可综合控制端面对基准轴线的垂直度误差和平面度误差。因此，被测要素给出了跳动公差后，通常不再给出形状、定向或定位公差。如果需要对形状、定向或定位有进一步的要求，才给出形状或位置公差，各公差值之间应满足 $t_{形状} < t_{定向} < t_{定位} < t_{跳动}$。

4.5　公差原则

为了满足零件的功能和互换性要求，有时对零件的同一被测要素同时给出尺寸公差和形位公差。公差原则就是处理零件的形位公差和尺寸公差之间相互关系的基本原则。公差原则的国家标准包括 GB/T 4249—2008 和 GB/T 16671—2008。公差原则分为独立原则和相关要求。相关要求又分为包容要求、最大实体要求和最小实体要求。

4.5.1　有关术语定义

1. 局部实际尺寸

在实际要素的任意正截面上，两个测量点之间的距离，由于实际要素存在形位误差，因此其各处的局部实际尺寸可能不相同。

由于存在测量误差，局部实际尺寸并不是两个对应点的真实距离，而是测得距离。内表面（孔）、外表面（轴）的局部实际尺寸分别用 D_a 和 d_a 表示。

2. 作用尺寸

（1）体外作用尺寸　在被测要素的给定长度上，与实际内表面（孔）体外相接的最大理想面，或与实际外表面（轴）体外相接的最小理想面的直径或宽度，如图4-13所示。

对于关联要素，该理想面的轴线或中心平面必须与基准保持图样上给定的几何关系。孔和轴的体外作用尺寸分别以 D_{fe} 和 d_{fe} 表示。

（2）体内作用尺寸　在被测要素的给定长度上，与实际内表面（孔）体内相接的最小理想面，或与实际外表面（轴）体内相接的最大理想面的直径或宽度，如图4-13所示。

对于关联要素，该理想面的轴线或中心平面必须与基准保持图样上给定的几何关系。孔和轴的体内作用尺寸分别以 D_{fi} 和 d_{fi} 表示。

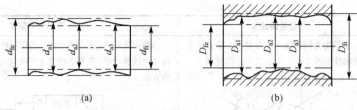

图 4-13   体外作用尺寸与体内作用尺寸

3. 最大实体状态、最大实体尺寸

孔或轴具有允许的材料量为最多时的状态称为最大实体状态（MMC）。在最大实体状态下的极限尺寸称为最大实体尺寸（MMS），它是孔的下极限尺寸和轴的上极限尺寸的统称。孔和轴的最大实体尺寸分别以 D_M 和 d_M 表示。

4. 最小实体状态、最小实体尺寸

孔或轴具有允许的材料量为最少时的状态称为最小实体状态（LMC）。在最小实体状态下的极限尺寸称为最小实体尺寸（LMS），它是孔的上极限尺寸和轴的下极限尺寸的统称。孔和轴的最小实体尺寸分别以 D_L 和 d_L 表示。

5. 最大实体实效状态和最大实体实效尺寸

在给定长度上，实际要素处于最大实体状态，且其中心要素的形状或位置误差等于给出的形位公差值时的综合极限状态称为最大实体实效状态（MMVC）。在最大实体实效状态下的体外作用尺寸，称为最大实体实效尺寸（MMVS）。

对于内表面，它等于最大实体尺寸 D_M 减去带有Ⓜ的形位公差值，用 D_{MV} 表示，且 $D_{MV} = D_M - t$Ⓜ $= D_{min} - t$Ⓜ；对于外表面，它等于最大实体尺寸 d_M 加上带有Ⓜ的形位公差值 t，用 d_{MV} 表示，且 $d_{MV} = d_M + t$Ⓜ $= d_{max} + t$Ⓜ，如图 4-14（a）所示。

6. 最小实体实效状态和最小实体实效尺寸

在给定长度上，实际要素处于最小实体状态，且其中心要素的形状或位置误差等于给出的形位公差值时的综合极限状态称为最小实体实效状态（LMVC）。在最小实体实效状态下的体内作用尺寸，称为最小实体实效尺寸（LMVS）。

对于内表面，它等于最小实体尺寸 D_L 加上带有Ⓛ的形位公差值 t，用 D_{LV} 表示，且 $D_{LV} = D_L + t$Ⓛ $= D_{max} + t$Ⓛ；对于外表面，它等于最小实体尺寸 d_L 减去带有Ⓛ的形位公差值 t，用 d_{LV} 表示，$d_{LV} = d_L - t$Ⓛ $= d_{min} - t$Ⓛ，如图4-14（b）所示。

7. 边界

（1）边界   由设计给定的具有理想形状的极限包容面。

（2）最小实体边界（LMB）   尺寸为最小实体尺寸的边界。

（3）最大实体边界（MMB）   尺寸为最大实体尺寸的边界。

（4）最小实体实效边界（LMVB）   尺寸为最小实体实效尺寸的边界。

（5）最大实体实效边界（MMVB）   尺寸为最大实体实效尺寸的边界。

如图 4-14（a）、图 4-14（b）所示。

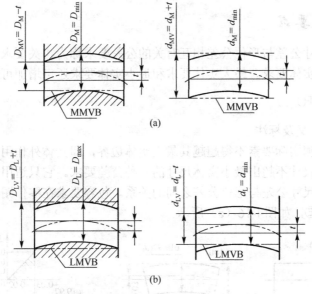

图 4-14　最大、最小实体实效尺寸及边界

有以下几点需要注意：

（1）内表面（孔）的理想边界是一个理想轴，外表面（轴）的理想边界是一个理想孔；

（2）作用尺寸是由实际尺寸和形位误差综合形成的，一批零件中各不相同，但就每个实际的轴或孔而言，作用尺寸却是唯一的；

（3）实效尺寸是由实体尺寸和形位公差综合形成的，对一批零件而言是一个定量。实效尺寸可以视为作用尺寸的允许极限值。

4.5.2　独立原则

1．独立原则的含义及标注

独立原则是指图样上给定的尺寸公差和形位公差各自独立，相互无关，应分别满足各自要求的公差原则。

独立原则的标注如图 4-15 所示，不需要标注任何相关符号。要素只需分别满足尺寸公差和形位公差即可。图 4-15 所示的是轴的直径公差与其轴线的直线度公差采用独立原则的标注。只要轴的局部实际尺寸在 $\phi19.967$ mm ～ $\phi20$ mm 之间，轴线的直线度误差小于等于 $\phi0.02$ mm，零件就合格。

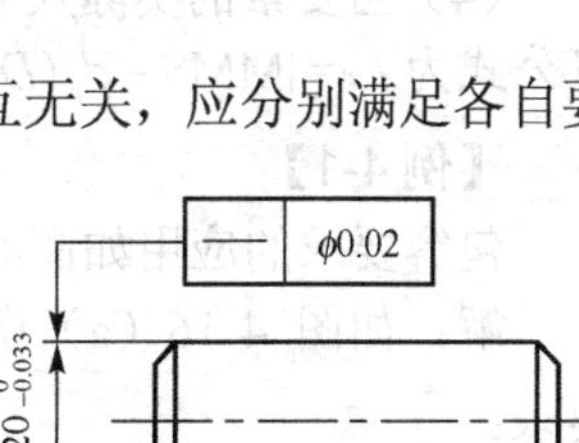

图 4-15　独立原则的图样标注

2．独立原则的特点

（1）尺寸误差在尺寸公差范围内，与形位误差无关；

（2）形位误差在形位公差范围内，与尺寸误差无关；

（3）在图样上不需要有任何标注。

3．独立原则的应用

独立原则是最基本的公差原则，它的应用范围最广。各种轮廓要素和中心要素均可采用，主要用来满足功能要求。

4.5.3　相关要求

图样上给定的尺寸公差与形位公差相互有关的公差要求称为相关要求。它分为包容要求、最大实体要求和最小实体要求。最大实体要求和最小实体要求还可增加可逆要求。

1．包容要求（ER）

1）包容要求的含义及标注

包容要求表示被测实际要素不得超越其最大实体边界，即其体外作用尺寸不超出最大实体尺寸，且其局部实际尺寸不超出最小实体尺寸的一种公差要求。它只适用于单一要素（如圆柱面、两平行平面）的尺寸公差与形位公差之间的关系。包容要求在零件图样的标注是在尺寸公差带代号后加注符号Ⓔ，如图4-16（a）所示。

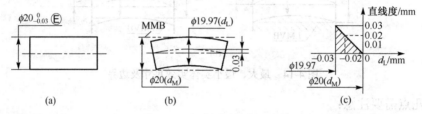

图 4-16　包容要求应用示例

包容要求的实质是当要素的实际尺寸偏离最大实体尺寸时，允许其形位误差增大。它反映了尺寸公差与形位公差之间的补偿关系。即偏移量就是形位误差获得的补偿量。

2）包容要求的特点

（1）实际要素的体外作用尺寸不得超出最大实体尺寸（MMS）；

（2）要素的局部实际尺寸不得超出最小实体尺寸；

（3）当要素的实际尺寸处处为最大实体尺寸时，不允许有任何形状误差；

（4）当要素的实际尺寸偏离最大实体尺寸时，其偏移量可补偿形位误差。补偿量的一般计算公式为 $t_{补} = |MMS - d_a(D_a)|$。

【例 4-1】

包容要求的应用如图4-16所示，试进行解释。

解：如图 4-16（a）所示，轴的尺寸 $\phi20_{-0.03}^{0}$ Ⓔ mm 表示采用包容要求，该轴应满足下列要求：

（1）$\phi20_{-0.03}^{0}$ mm 轴的实际轮廓不得超出其最大实体边界（即尺寸为 $\phi20$ mm 的边界）；

（2）轴的实际尺寸必须在 $\phi19.97$ mm～$\phi20$ mm 之间；

（3）当轴的实际尺寸处处为最大实体尺寸 $\phi20$ mm 时，该轴不允许有任何形状误差，即形位误差为 $\phi0$ mm；当轴的实际尺寸偏离最大实体尺寸 $\phi20$ mm 时，允许轴的直线度（形状）误差增加，增加量为实际尺寸与最大实体尺寸之差（绝对值），其最大增量等于尺寸公差，此时轴的实际尺寸应处处为最小实体尺寸，轴线的直线度误差可增大到 $\phi0.03$ mm；

（4）表 4-9 中列出了轴的不同实际尺寸所允许的形位误差值；

（5）图4-16（c）中反映了其补偿关系的动态公差图，表达了轴为不同实际尺寸时所允许的形位误差值。

表 4-9　实际尺寸与允许的形位误差关系　　　　　　　　（单位：mm）

被测要素实际尺寸	允许的直线度误差
$\phi 20$	$\phi 0$
$\phi 49.99$	$\phi 0.01$
$\phi 49.98$	$\phi 0.02$
$\phi 49.97$	$\phi 0.03$

3）包容要求的应用

包容要求是将尺寸误差和形位误差同时控制在尺寸公差范围内的一种公差要求，主要用于有配合要求，且其极限间隙或极限过盈必须严格得到保障的场合，即用最大实体边界保证必要的最小间隙或最大过盈，用最小实体尺寸防止间隙过大或过盈过小。

2. 最大实体要求（MMR）

1）最大实体要求的含义及标注

最大实体要求是指被测要素的实际轮廓应遵守最大实体实效边界，当其实际尺寸偏离最大实体尺寸时，允许其形位误差超出在最大实体状态下给出的形位公差值的一种公差要求。

最大实体要求既可应用于被测中心要素，也可用于基准中心要素。当最大实体要求应用于被测中心要素时，应在被测要素形位公差框格中的公差值后标注符号Ⓜ；当应用于基准中心要素时，应在形位公差框格中相应的基准字母代号后标注符号Ⓜ。

2）最大实体要求的特点

（1）被测要素的实际轮廓应遵守其最大实体实效边界，即其体外作用尺寸不得超出最大实体实效尺寸；

（2）当被测要素的局部实际尺寸处处均为最大实体尺寸时，允许的形位误差为图样上给出的形位公差值；

（3）当被测要素的局部实际尺寸偏离最大实体尺寸时，其偏离量可补偿形位公差值，允许的形位误差为图样上给出的形位公差值与偏离量之和；即偏离量就是形位误差获得的补偿量。

（4）实际尺寸必须在最大实体尺寸与最小实体尺寸之间。

【例 4-2】

最大实体要求应用于单一要素，如图4-17所示，试进行解释。

解： 图中标注表示 $\phi 20_{-0.3}^{0}$ mm 轴线的直线度公差采用最大实体要求，即当被测要素处于最大实体状态时，其轴线直线度公差为 $\phi 0.1$ mm，轴的最大实体实效尺寸 $d_{MV} = d_{max} + t$Ⓜ $= \phi(20 + 0.1)$ mm $= \phi 20.1$ mm。d_{MV} 确定的最大实体实效边界是一个 $\phi 20.1$ mm 的理想圆柱面。该轴应满足：

（1）当轴处于最大实体状态时，其轴线的直线度公差为 $\phi 0.1$ mm，如图4-17（b）所示；

（2）若轴的实际尺寸向最小实体尺寸方向偏离最大实体尺寸，则其轴线直线度误差可以超出图样给出的公差值 $\phi 0.1$ mm，但必须保证其体外作用尺寸不超出轴的最大实体实效尺寸 $\phi 20.1$ mm；

（3）当轴的实际尺寸处处为最小实体尺寸 $\phi 19.7$ mm 时，其轴线的直线度公差可达最大值，$t = 0.3 + \phi 0.1 = \phi 0.4$ mm，如图4-17（c）所示；

（4）轴的实际尺寸必须在 $\phi 20$ mm～ $\phi 19.7$ mm 之间。表 4-10 中列出了轴的不同实际尺寸所允许的形位误差值。图4-17（d）为其动态公差图。

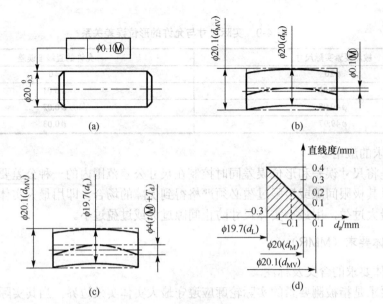

图 4-17　单一要素的最大实体要求应用示例

零件合格条件是

$$d_{\min} = \phi 19.7 \text{ mm} \leqslant d_a \leqslant d_{\max} = \phi 20 \text{ mm}$$

$$d_{fe} \leqslant d_{MV} = d_M + t\text{Ⓜ} = d_{\max} + t\text{Ⓜ} = \phi 20 + \phi 0.1 = \phi 20.1 \text{ mm}$$

表 4-10　实际尺寸与允许的形位误差关系　　　　　　　　（单位：mm）

被测要素实际尺寸	允许的直线度误差
	给定值 + 被测要素补偿值
$\phi 20$	$\phi 0.1$（$\phi 0.1 + 0$）
$\phi 19.9$	$\phi 0.2$（$\phi 0.1 + 0.1$）
$\phi 19.8$	$\phi 0.3$（$\phi 0.1 + 0.2$）
$\phi 19.7$	$\phi 0.4$（$\phi 0.1 + 0.3$）

当给出的被测要素的形位公差值为零时，为零形位公差，此时，被测要素的最大实体实效边界 MMVB 等于最大实体边界 MMB。最大实体实效尺寸等于最大实体尺寸。

【例 4-3】

最大实体要求应用于关联要素，如图 4-18 所示，试进行解释。

解：图 4-18（a）表示 $\phi 50^{+0.13}_{-0.08}$ mm 孔的轴线对基准平面在任意方向的垂直度公差为零，采用最大实体要求。

（1）当该孔处处为最大实体尺寸 $\phi 49.92$ mm（最大实体状态）时，其轴线对基准平面的垂直度公差为零，即不允许有垂直度误差，如图 4-18（b）所示；

（2）当孔的实际尺寸偏离其最大实体状态，即其实际直径向最小实体尺寸方向偏离最大实体尺寸时，才允许其轴线对基准平面有垂直度误差，但必须保证其定向体外作用尺寸不超出其最大实体实效尺寸：$D_{MV} = D_M - t\text{Ⓜ} = \phi 49.92 - \phi 0 = \phi 49.92$ mm；

（3）当孔的实际尺寸处处为最小实体尺寸 $\phi 50.13$ mm 时，其轴线对基准平面的垂直度公差可达最大值，即等于孔的尺寸公差 $\phi 0.21$ mm，如图 3-18（c）所示；

（4）孔的实际尺寸必须在 $\phi 50.13$ mm～$\phi 49.92$ mm 之间。

图 4-18（d）是该孔的动态公差图。零件的合格条件是：

$$D_{fe} \geq D_{MV} = D_M - t\textcircled{M} = D_{min} - t\textcircled{M} = \phi 49.92 - \phi 0 = \phi 49.92 \text{ mm}$$

$$D_{min} = \phi 49.92 \text{ mm} \leq D_a \leq D_{max} = \phi 50.13 \text{ mm}$$

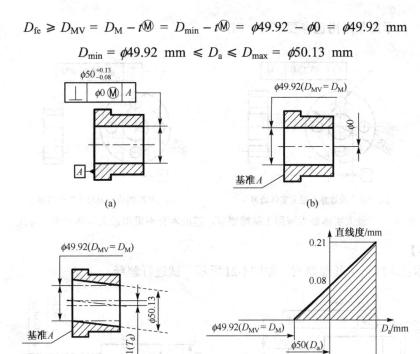

图 4-18　关联要素的最大实体要求（零形位公差）示例

最大实体要求应用于基准要素。

（1）当最大实体要求应用于基准要素时，基准要素应遵守相应的边界。若基准要素的实际轮廓偏离相应的边界，即其体外作用尺寸偏离其相应的边界尺寸，则允许基准要素在一定范围内浮动，其浮动范围等于基准要素的体外作用尺寸与其相应的边界尺寸之差。

（2）当基准要素本身采用最大实体要求时，应遵守最大实体实效边界。此时，基准代号应直接标注在形成该最大实体实效边界的形位公差框格下面，如图4-19所示。该标注表示基准 A（$\phi 20_{-0.1}^{\ 0}$ 轴线）本身采用最大实体要求。$4 \times \phi 8_0^{+0.1}$ mm 均布四孔轴线相对于基准 A 任意方向的位置度公差也采用了最大实体要求，并且最大实体要求也应用于基准 A。因此，对于均布四孔的位置度公差，基准要素应遵守由直线度公差确定的最大实体实效边界，其边界尺寸为 $d_{MV} = d_M + t\textcircled{M} = \phi 20 + \phi 0.02 = \phi 20.02$ mm。

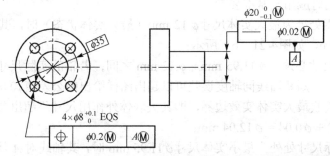

图 4-19　最大实体要求应用于基准要素且基准本身采用最大实体要求的标注

（3）当基准要素本身不采用最大实体要求时，其相应边界为最大实体边界。此时，基准代号应标注在基准的尺寸线处，其连线与尺寸线对齐。图4-20（a）所示的是采用独立原则的示例，而图4-20（b）所示的是采用包容要求的示例。

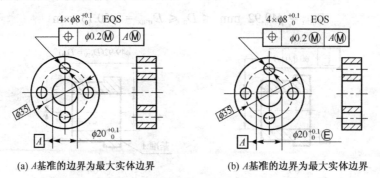

(a) A基准的边界为最大实体边界　　　(b) A基准的边界为最大实体边界

图 4-20　最大实体要求应用于基准要素，基准本身不采用最大实体要求的标注

【例 4-4】

最大实体要求应用于基准要素，如图4-21所示，试进行解释。

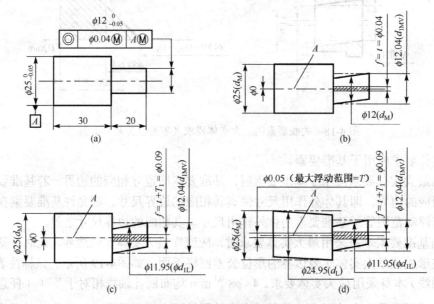

图 4-21　最大实体要求应用于基准要素

解： 图4-21（a）所示的是最大实体要求应用于轴 $\phi 12_{-0.05}^{0}$ mm 的轴线与轴 $\phi 25_{-0.05}^{0}$ mm 的轴线的同轴度公差，并同时应用于基准要素。

（1）当被测要素处处为最大实体尺寸 $\phi 12$ mm（最大实体状态）时，其轴线对 A 基准的同轴度公差为 $\phi 0.04$ mm，如图4-21（b）所示；

（2）轴的实际尺寸必须在 $\phi 11.95$ mm～$\phi 12$ mm 之间；若轴的实际尺寸向最小实体尺寸方向偏离最大实体尺寸，则其轴线同轴度误差可以超出图样给出的公差值 $\phi 0.04$ mm，但必须保证其实际轮廓不超出关联最大实体实效边界，即其关联体外作用尺寸不超出关联最大实体实效尺寸 $d_{MV} = d_M + t = \phi 12 + \phi 0.04 = \phi 12.04$ mm；

（3）当轴的实际尺寸处处为最小实体尺寸 $\phi 11.95$ mm 时，其轴线对 A 基准的轴线的同轴度公差可达最大值，$t = \phi 0.05 + \phi 0.04 = \phi 0.09$ mm，如图4-21（c）所示；

（4）当 A 基准的实际轮廓处于最大实体边界上，即其体外作用尺寸等于最大实体尺寸 $d_M = \phi 25$ mm 时，基准轴线不能浮动，如图 4-21（b）、（c）所示。当 A 基准的实际轮廓偏离最大实体边界，即其体外作用尺寸偏离最大实体尺寸 $d_M = \phi 25$ mm 时，基准轴线可以浮动。当体外作用尺寸等于最小实体尺寸 $d_L = \phi 24.95$ mm 时，其浮动范围达到最大值 $\phi 0.05$ mm，如图4-21（d）所示。

3）最大实体要求的应用

最大实体要求只能用于被测中心要素或基准中心要素，主要用于保证装配的互换性场合。当采用最大实体要求时，尺寸公差可以补偿形位公差，允许的最大形位误差等于图样给定的形位公差和尺寸公差之和。与包容要求相比，可以得到较大的尺寸制造公差和形位制造公差，具有良好的工艺性和经济性。对于平面、直线等轮廓要素，由于不存在尺寸公差对形位公差的补偿问题，因而不具备应用条件。当关联要素采用最大实体要求的零形位公差时，主要用于保证配合性质，其使用场合与包容要求相同。

3. 最小实体要求（LMR）

1）最小实体要求的含义及标注

最小实体要求是指被测要素的实际轮廓应遵守最小实体实效边界，当其实际尺寸偏离最小实体尺寸时，允许其形位误差值超出在最小实体状态下给出的形位公差值的一种公差要求。它既可用于被测中心要素，也可用于基准中心要素。

当最小实体要求用于被测中心要素时，应在被测要素形位公差框格中的公差值后标注符号 "Ⓛ"；当应用于基准中心要素时，应在被测要素形位公差框格内相应的基准字母代号后标注符号 "Ⓛ"。

2）最小实体要求的特点

（1）最小实体要求应用于被测要素；

（2）被测要素的实际轮廓应遵守其最小实体实效边界，即其体内作用尺寸不得超出最小实体实效尺寸，且其局部实际尺寸不得超出最大和最小实体尺寸；

（3）当被测要素的局部实际尺寸处处均为最小实体尺寸时，允许的形位误差为图样上给出的形位公差值；

（4）当被测要素的局部实际尺寸偏离最小实体尺寸时，其偏离量可补偿形位公差值，允许的形位误差为图样上给出的形位公差值与偏离量之和；

（5）实际尺寸必须在最大实体尺寸与最小实体尺寸之间。

【例4-5】

最小实体要求应用于被测要素，如图4-22所示，试进行解释。

解：图 4-22（a）中 $\phi 8^{+0.25}_{0}$ mm 孔的轴线对基准平面在任意方向的位置度公差采用最小实体要求。

（1）当该孔处于最小实体状态时，其轴线对基准平面任意方向的位置度公差为 $\phi 0.4$ mm，如图 4-22（b）所示；

（2）当孔的实际尺寸向最大实体尺寸方向偏离最小实体尺寸，即小于最小实体尺寸 $\phi 8.25$ mm 时，则其轴线对基准平面的位置度误差可以超出图样给出的公差值 $\phi 0.4$ mm，但必须保证其定位体内作用尺寸 D_{fi} 不超出孔的定位最小实体实效尺寸 $D_{LV} = D_L + t = \phi 8.25 + \phi 0.4 = 8.65$ mm。所以，当孔的实际尺寸处处相等时，它对最小实体尺寸 $\phi 8.25$ mm 的偏离量就等于轴线对基准平面任意方向的位置度公差的增加值。当孔的实际尺寸处处为最大实体尺寸 $\phi 8$ mm，即处于最大实体状态时，其轴线对基准平面任意方向的位置度公差可达最大值，且等于其尺寸公差与给出的任意方向位置度公差之和，即 $t = \phi 0.25 + \phi 0.4 = \phi 0.65$ mm，如图 4.22（c）所示；

（3）图 4-22（d）所示的是其动态公差图。

图 4-22（a）所示的孔的尺寸与轴线对基准平面任意方向的位置度的合格条件是

$$D_L = D_{max} = \phi 8.25 \text{ mm} \geq D_a \geq D_M = D_{min} = \phi 8 \text{ mm}$$
$$D_{fi} \leq D_{LV} = \phi 8.65 \text{ mm}$$

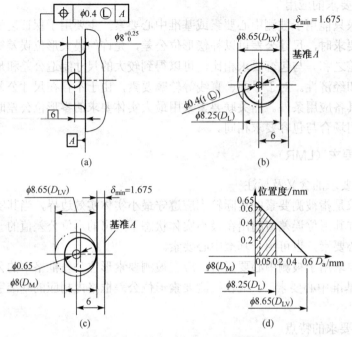

图 4-22   最小实体要求应用于被测要素

【例 4-6】

最小实体要求应用于被测要素（零形位公差），如图 4-23 所示，试进行解释。

解：图 4-23（a）中 $\phi 8_0^{+0.65}$ mm 孔的中心线对基准平面任意方向的位置度公差采用最小实体要求。

（1）当该孔处于最小实体状态时，其轴线对基准平面任意方向的位置度公差为零，即不允许有位置误差，如图4.23（b）所示；

（2）只有当孔的实际尺寸向最大实体尺寸方向偏离最小实体尺寸，即小于最小实体尺寸 $\phi 8.65$ mm 时，才允许其中心线对基准平面有位置度误差，但必须保证其定位体内作用尺寸 D_{fi} 不超出孔的定位最小实体实效尺寸 $D_{LV} = D_L + t = \phi 8.65 + \phi 0 = \phi 8.65$ mm，所以当孔的实际尺寸处处相等时，它对最小实体尺寸的偏离量就是中心线对基准平面任意方向的位置度公差，而当孔的实际尺寸处处为最大实体尺寸 $\phi 8$ mm 时，其中心线对基准平面的位置度公差可达最大值，即孔的尺寸公差值：$t = \phi 0.65$ mm，如图3.23（c）所示；

（3）图3-23（d）所示的是其动态公差图。

图4-22 与图4-23 是两种尺寸公差和位置度公差的标注，具有相同的边界和综合公差，因此具有基本相同的设计要求。它们间的差别在于对于综合公差的分配有所不同。从两者的定位最小实体实效边界来看，这种设计要求主要是为了在被测孔与基准平面之间保证最小壁厚，即

$$\delta_{min} = 6 - (D_{LV}/2) = 6 - (8.65/2) = 1.675 \text{ mm}$$

当最小实体要求应用于基准要素时，基准要素应遵守相应的边界。若基准要素的实际轮廓偏离其相应的边界，则允许基准要素在一定范围内浮动，其浮动范围等于基准要素的体内作用尺寸与相应的边界尺寸之差。基准要素应遵守的边界也有如下两种情况：

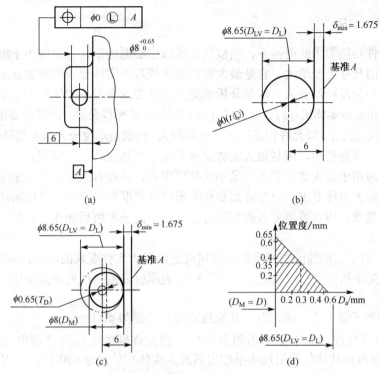

图 4-23　最小实体要求应用于被测要素（零形位公差）

（1）当基准要素本身采用最小实体要求时，应遵守最小实体实效边界。此时基准代号应直接标注在形成该最小实体实效边界的几何公差框格下面，如图4-24（a）所示。

（2）当基准要素本身不采用最小实体要求时，应遵守最小实体边界。此时基准代号应标注在基准的尺寸线处，其连线与尺寸线对齐，如图4-24（b）所示。

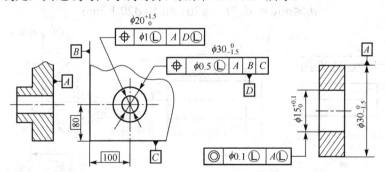

(a) 基准的边界为最小实体实效边界　　　　(b) 基准的边界为最小实体边界

图 4-24　最小实体要求应用于基准要素

3）最小实体要求的应用

最小实体要求仅应用于被测中心要素或基准中心要素，主要用于保证零件的强度和壁厚。由于最小实体要求的被测要素不得超越最小实体实效边界，因而应用最小实体要求可以保证零件强度和最小壁厚尺寸。另外，当被测要素偏离最小实体状态时，可以扩大形位误差的允许值，以增加形位误差的合格范围，从而能获得良好的经济效益。

4. 可逆要求（RR）

在不影响零件功能要求的前提下，当被测轴线或中心面的形位误差值小于给出的形位公差值时，允许相应的尺寸公差增大。它是最大实体要求或最小实体要求的附加要求。

可逆要求是一种反补偿要求。以前分析的最大实体要求和最小实体要求均是当实体尺寸偏离最大实体尺寸和最小实体尺寸时，允许尺寸公差可以补偿形位公差。而可逆要求反过来用形位公差可以补偿给尺寸公差，即允许相应的尺寸公差增大。也就是形位公差减小量补偿给尺寸公差。

可逆要求不能单独使用，应与最大实体要求和最小实体要求一起使用。

当可逆要求应用于最大实体要求和最小实体要求时，并没有改变它们原来所遵守的极限边界。采用可逆的最大实体要求，应在被测要素的形位公差框格中的公差值后加注"Ⓜ Ⓡ"。采用可逆的最小实体要求，应在被测要素的形位公差框格中的公差值后加注"Ⓛ Ⓡ"。

【例4-7】

图4-25（a）所示是轴线的直线度公差采用可逆的最大实体要求的示例，试进行解释。

解： 形位公差框格中的公差值后加注"Ⓜ Ⓡ"，表示轴线的直线度公差采用可逆的最大实体要求。

（1）当该轴处于最大实体状态时，其轴线直线度公差为 $\phi0.1$ mm；

（2）若轴的直线度误差小于给出的公差值，则允许轴的实际尺寸超出其最大实体尺寸 $\phi20$ mm，但必须保证其体外作用尺寸不超出其最大实体实效尺寸 $\phi20.1$ mm，所以当轴的轴线直线度误差为零（即具有理想形状）时，其实际尺寸可达最大值，即等于轴的最大实体实效尺寸 $\phi20.1$ mm，如图4-25（b）所示；

（3）图4-25（c）所示的是其动态公差图；

（4）图4-25（a）所示的轴的尺寸与轴线直线度的合格条件是

$$d_{a} \geqslant d_{L} = d_{\min} = \phi19.7 \text{ mm}$$

$$d_{fe} \leqslant d_{MV} = d_{M}+t = \phi20+\phi0.1 = \phi20.1 \text{ mm}$$

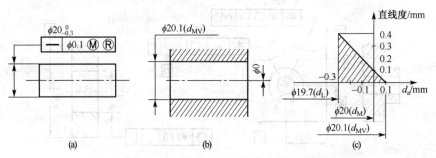

图4-25 可逆要求用于最大实体要求

【例4-8】

图4-26（a）所示的是孔的轴线对基准平面的任意方向的位置度公差采用可逆的最小实体要求，试进行解释。

解： 形位公差框格中的公差值后加注"Ⓛ Ⓡ"，表示孔的轴线对基准平面的任意的方向的位置度公差采用可逆的最小实体要求。

（1）当孔处于最小实体状态时，其轴线对基准平面的位置度公差为 $\phi0.4$ mm；

（2）若孔的轴线对基准平面的位置度误差小于给出的公差值，则允许孔的实际尺寸超出其最小实体尺寸（即大于 $\phi8.25$ mm），但必须保证其定位体内作用尺寸不超出其定位最小实体实

效尺寸 $\phi 8.65$ mm，所以当孔的轴线对基准平面任意方向的位置度误差为零时，其实际尺寸可达最大值，即等于孔的最小实体实效尺寸 $\phi 8.65$ mm，如图4-26（b）所示；

（3）图4-26（c）所示的是动态公差图；

（4）图4-26（a）所示的孔的尺寸与孔的位置度的合格条件是

$$D_a \geqslant D_M = D_{min} = \phi 8 \ mm$$

$$D_{fi} \leqslant D_{LV} = D_L + t = D_{max} + t = \phi 8.25 + \phi 0.4 = \phi 8.65 \ mm$$

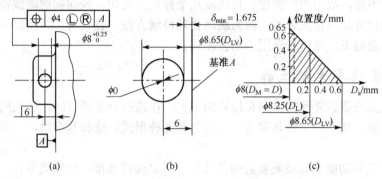

图 4-26 可逆要求用于最小实体要求

4.6 形位公差的选择

形位公差的选用对保证产品质量和降低制造成本具有十分重要的意义。它对保证轴类零件的旋转精度，保证结合件的连接强度和密封性，保证齿轮传动零件的承载均匀性等都有十分重要的影响。

形位公差的选择主要包括形位公差项目、公差等级（公差值）、公差原则和基准要素的选择等。

4.6.1 形位公差项目的选用

形位公差项目的选用，取决于零件的几何特征与功能要求，同时也要考虑检测的方便性。

1. 考虑零件的几何特征

形状公差项目主要是按要素的几何形状特征制定的，因此单一要素的几何特征是选择公差项目的基本依据。例如，控制平面的形状误差应选择平面度；控制导轨导向面的形状误差应选择直线度；控制圆柱面的形状误差应选择圆度或圆柱度等。

方向或位置公差项目是按要素间几何方位关系制定的，所以选择关联要素的公差项目应以它与基准间的几何方位关系为基本依据。对线（轴线）、面，可规定方向和位置公差；而对点只能规定位置度公差；只有回转体零件才规定同轴度公差和跳动公差。

2. 零件的使用要求

零件的功能要求不同，对形位公差应提出不同的要求，所以应分析形位误差对零件使用性能的影响。一般说来，平面的形状误差将影响支承面安置的平稳和定位的可靠性，影响结合面的密封性和滑动面的耐磨性；导轨面的形状误差将影响导向精度；圆柱面的形状误差将影响定位配合的连接强度和可靠性，影响转动配合的间隙均匀性和运动平稳性；轮廓表面或中心要素的方向或位置误差将直接决定机器的装配精度和运动精度，如齿轮箱体上两孔轴线不平行将影响齿轮副的接触精度，降低承载能力，滚动轴承的定位轴肩与轴线不垂直，将影响轴承的旋转精度。

3. 检测的方便性

为了检测方便，有时可将所需的公差项目用控制效果相同或相近的公差项目来代替。例如，当要素为一圆柱面时，圆柱度是理想的项目，因为它综合控制了圆柱面的各种形状误差，但是由于圆柱度检测不便，故可选用圆度、直线度几个分项。又如，径向圆跳动或径向全跳动可综合控制圆度、圆柱度及同轴度公差。因为跳动公差检测方便，且具有综合控制功能，所以在不影响设计要求的前提下，可尽量选用跳动公差项目。

4.6.2　基准要素的选择

基准是确定关联要素之间的方向和位置的依据。在选择公差项目时，必须同时考虑要采用的基准。基准有单一基准、组合基准及三基面体系几种形式。选择基准时，一般应从如下几方面考虑。

（1）根据要素的功能及对被测要素间的几何关系来选择基准。如轴类零件，常以两个轴承为支承运转，其运动轴线是安装轴承的两轴颈公共轴线，因此从功能要求和控制其他要素的位置精度来看，应选这两处轴颈的公共轴线（组合基准）作为基准。

（2）根据装配关系选零件时应以相互配合、相互接触的定位要素作为各自的基准。如盘、套类零件多以其内孔轴线径向定位装配或以其端面轴向定位装配，因此根据需要可选其轴线或端面作为基准。

（3）从零件结构考虑，应选较宽大的平面、较长的轴线作为基准，以使定位稳定。对结构复杂的零件，一般应选三个基准面，以确定被测要素在空间的方向和位置。

（4）从加工检测方面考虑，应选择在加工、检测中方便装夹定位的要素为基准。

4.6.3　公差原则的运用

选择公差原则和公差要求时，应根据被测要素的功能要求，各公差原则的应用场合、可行性和经济性等方面来考虑。表4-11中列出了几种公差原则和要求的应用场合及示例，可供选择时参考。

表4-11　公差原则和公差要求的应用场合及示例

公差原则	应用场合	示例
独立原则	尺寸精度与形位精度需要分别满足要求	齿轮箱体孔的尺寸精度与两孔轴线的平行度；连杆活塞销孔的尺寸精度与圆柱度；滚动轴承内、外圈滚道的尺寸精度与形状精度
	尺寸精度与形位精度要求相差较大	滚筒类零件尺寸精度要求很低，形状精度要求较高；平板的尺寸精度要求不高，形状精度要求很高；通油孔的尺寸有一定精度要求，形状精度无要求
	尺寸精度与形位精度无联系	滚子链条的套筒或滚子内、外圆柱面的轴线同轴度与尺寸精度；发动机连杆上的尺寸精度与孔轴线间的位置精度
	保证运动精度	导轨的形状精度要求严格，尺寸精度一般
	保证密封性	气缸的形状精度要求严格，尺寸精度一般
	未注公差	凡未注尺寸公差与未注形位公差都采用独立原则，如退刀槽、倒角、圆角等非功能要素
包容要求	保证国标规定的配合性质	如$\phi30H7$ⓔ孔与$\phi30h6$ⓔ轴的配合，可以保证配合的最小间隙等于零
	尺寸公差与形位公差间无严格比例关系要求	一般的孔与轴配合，只要求作用尺寸不超越最大实体尺寸，局部实际尺寸不超越最小实体尺寸

公差原则	应用场合	示例
最大实体要求	保证关联作用尺寸不超越最大实体尺寸	关联要素的孔与轴有配合性质要求,在公差框格的第 2 格中标注 0Ⓜ
	保证可装配性	如轴承盖上用于穿过螺钉的通孔;法兰盘上用于穿过螺栓的通孔
最小实体要求	保证零件强度和最小壁厚	如孔组轴线的任意方向位置度公差,采用最小实体要求可保证孔组间的最小壁厚
可逆要求	与最大(最小)实体要求联用	能充分利用公差带,扩大被测要素实际尺寸的变动范围,在不影响使用性能要求的前提下可以选用

4.6.4 形位公差值的选择

图样中标注的形位公差有两种形式:未注公差值和注出公差值。注出形位公差要求的几何精度高低是用公差等级数字的大小来表示的。按国家标准的规定,对 14 项形位公差特征,除线轮廓度、面轮廓度及位置度未规定公差等级外,其余项目均有规定。一般划分为 12 级,即 1~12 级,1 级精度最高,12 级精度最低;圆度、圆柱度划分为 13 级,增加的最高级为 0 级,以便适应精密零件的需要。各项目的各级公差值如表 4-12~表 4-15 所示。

表 4-12 直线度和平面度的公差值

主要参数 L/mm	公差等级											
	1	2	3	4	5	6	7	8	9	10	11	12
	公差值/μm											
≤10	0.2	0.4	0.8	1.2	2	3	5	8	12	20	30	60
>10~16	0.25	0.5	1	1.5	2.5	4	6	10	15	25	40	80
>16~25	0.3	0.6	1.2	2	3	5	8	12	20	30	50	100
>25~40	0.4	0.8	1.5	2.5	4	6	10	15	25	40	60	120
>40~63	0.5	1	2	3	5	8	12	20	30	50	80	150
>63~100	0.6	1.2	2.5	4	6	10	15	25	40	60	100	200
>100~160	0.8	1.5	3	5	8	12	20	30	50	80	120	250
>160~250	1	2	4	6	10	15	25	40	60	100	150	300
>250~400	1.2	2.5	5	8	12	20	30	50	80	120	200	400
>400~630	1.5	3	6	10	15	25	40	60	100	150	250	500
>630~1000	2	4	8	12	20	30	50	80	120	200	300	600

注:主参数 L 系轴、直线、平面的长度。

表 4-13 圆度和圆柱度的公差值

主要参数 d(D)/mm	公差等级												
	0	1	2	3	4	5	6	7	8	9	10	11	12
	公差值/μm												
≤3	0.1	0.2	0.3	0.5	0.8	1.2	2	3	4	6	10	14	25
>3~6	0.1	0.2	0.4	0.6	1	1.5	2.5	4	5	8	12	18	30
>6~10	0.12	0.25	0.4	0.6	1	1.5	2.5	4	6	9	15	22	36
>10~18	0.15	0.25	0.5	0.8	1.2	2	3	5	8	11	18	27	43
>18~30	0.2	0.3	0.6	1	1.5	2.5	4	6	9	13	21	33	52
>30~50	0.25	0.4	0.6	1	1.5	2.5	4	7	11	16	25	39	62
>50~80	0.3	0.5	0.8	1.2	2	3	5	8	13	19	30	46	74
>80~120	0.4	0.6	1	1.5	2.5	4	6	10	15	22	35	54	87
>120~180	0.6	1	1.2	2	3.5	5	8	12	18	25	40	63	100
>180~250	0.8	1.2	2	3	4.5	7	10	14	20	29	46	72	115
>250~315	1.0	1.6	2.5	4	6	8	12	16	23	32	52	81	130
>315~400	1.2	2	3	5	7	9	13	18	25	36	57	89	140
>400~500	1.5	2.5	4	6	8	10	15	20	27	40	63	97	155

注:主参数 d(D)系轴(孔)的直径。

表 4-14　平行度、垂直度和倾斜度公差值

主要参数 L、d(D)/mm	公差等级											
	1	2	3	4	5	6	7	8	9	10	11	12
	公差值/μm											
≤10	0.4	0.8	1.5	3	5	8	12	20	30	50	80	120
>10~16	0.5	1	2	4	6	10	15	25	40	60	100	150
>16~25	0.6	1.2	2.5	5	8	12	20	30	50	80	120	200
>25~40	0.8	1.5	3	6	10	15	25	40	60	100	150	250
>40~63	1	2	4	8	12	20	30	50	80	120	200	300
>63~100	1.2	2.5	5	10	15	25	40	60	100	150	250	400
>100~160	1.5	3	6	12	20	30	50	80	120	200	300	500
>160~250	2	4	8	15	25	40	60	100	150	250	400	600
>250~400	2.5	5	10	20	30	50	80	120	200	300	500	800
>400~630	3	6	12	25	40	60	100	150	250	400	600	1000
>630~1000	4	8	15	30	50	80	120	200	300	500	800	1200

注：① 主参数 L 为给定平行度时轴线或平面的长度，或给定垂直度、倾斜度时被测要素的长度；

　　② 主参数 $d(D)$ 为给定面对线垂直度时，被测要素的轴（孔）直径。

表 4-15　同轴度、对称度、圆跳动和全跳动公差值

主要参数 d(D)、B、L/mm	公差等级											
	1	2	3	4	5	6	7	8	9	10	11	12
	公差值/μm											
≤1	0.4	0.6	1.0	1.5	2.5	4	6	10	15	25	40	60
>1~3	0.4	0.6	1.0	1.5	2.5	4	6	10	20	40	60	120
>3~6	0.5	0.8	1.2	2	3	5	8	12	25	50	80	150
>6~10	0.6	1.0	1.5	2.5	4	6	10	15	30	60	100	200
>10~18	0.8	1.2	2	3	5	8	12	20	40	80	120	250
>18~30	1	1.5	2.5	4	6	10	15	25	50	100	150	300
>30~50	1.2	2	3	5	8	12	20	30	60	120	200	400
>50~120	1.5	2.5	4	6	10	15	25	40	80	150	250	500
>120~250	2	3	5	8	12	20	30	50	100	200	300	600
>250~500	2.5	4	6	10	15	25	40	60	120	250	400	800
>500~800	3	5	8	12	20	30	50	80	150	300	500	1000

注：① 主参数 $d(D)$ 为给定同轴度，或给定圆跳动、全跳动时的轴（孔）直径；

　　② 圆锥体斜向圆跳动公差的主参数为平均直径；

　　③ 主参数 B 为给定对称度时槽的宽度；

　　④ 主参数 L 为给定两孔对称度时的孔心距。

对于位置度，国家标准只规定了公差值数系，而未规定公差等级，如表 4-16 所示。

表 4-16　位置度公差值数系

1	1.2	1.5	2	2.5	3	4	5	6	8
1×10^n	1.2×10^n	1.5×10^n	2×10^n	2.5×10^n	3×10^n	4×10^n	5×10^n	6×10^n	8×10^n

注：n 为正整数。

　　几何公差值的选择原则，是在满足零件功能要求的前提下，尽量选取较低的公差等级。选择方法有计算法和类比法。

　　计算法确定形位公差值，目前还没有成熟、系统的计算步骤和方法，一般是根据产品的功能和结构特点，在有条件的情况下通过计算求得形位公差值。该方法多用于形位精度要求较高的零件，如精密测量仪器等。

　　形位公差值常用类比法确定，该方法简便易行，在实际设计中应用较为广泛。类比法主要考虑零件的使用性能、加工的可能性和经济性等因素，还应考虑如下两点。

（1）形状公差与方向、位置公差的关系　同一要素上给定的形状公差值应小于方向公差值，方向公差值小于位置公差值（$t_{形状} < t_{方向} < t_{位置}$）。如同一平面上，平面度公差值应小于该平面对基准平面的平行度公差值。

（2）几何公差和尺寸公差的关系　圆柱形零件的形状公差一般应小于其尺寸公差；线对线或面对面的平行度公差应小于其相应距离的尺寸公差。

圆度、圆柱度公差约为同级的尺寸公差的 50%，因而一般可按同级选取。例如，尺寸公差为 IT6，则圆度、圆柱度公差通常也选 6 级，必要时也可比尺寸公差等级高 1～2 级。

位置度公差通常需要经过计算确定，对于用螺栓连接两个或两个以上零件，若被连接零件均为光孔，则光孔的位置度公差的计算公式为

$$t \leqslant KX_{\min}$$

式中，t 为位置度公差；K 为间隙利用系数，其推荐值如下：对于不需要调整的固定连接，$K = 1$，对于需要调整的固定连接，$K = 0.6 \sim 0.8$；$X_{\min}$ 为光孔与螺栓间的最小间隙。

用螺钉连接时，被连接零件中有一个是螺孔，而其余零件均是光孔，则光孔和螺孔的位置度公差计算公式为

$$t \leqslant 0.6KX_{\min}$$

式中，$X_{\min}$ 为光孔与螺钉间的最小间隙。

按以上公式计算确定的位置度公差，经圆整并按表 4-16 选择标准的位置度公差值。

（3）几何公差与表面粗糙度的关系　通常表面粗糙度的 Ra 值约占形状公差值的 20%～25%。

（4）零件的结构特点与公差等级之间的关系　对于刚性较差的零件（如细长轴）和结构特殊的要素（如跨距较大的孔、轴同轴度公差等），在满足零件功能要求的前提下，其公差可适当降低 1～2 级；线对线和线对面相对于面对面的平行度或垂直度，其公差可适当降低 1～2 级。

表 4-17～表 4-20 中列出了各种几何公差等级的应用举例，可供类比时参考。

表 4-17　直线度、平面度公差等级应用

公差等级	应用举例
1 2	用于精密量具、测量仪器以及精度要求高的精密机械零件，如量块、零级样板、平尺、零级宽平尺、工具显微镜等精密量仪的导轨面等
3	1 级宽平尺工作面、1 级样板平尺的工作面、测量仪器圆弧导轨的直线度、量仪的测杆等
4	零级平板、测量仪器的 V 形导轨、高精度平面磨床的 V 形导轨和滚动导轨等
5	1 级平板、2 级宽平尺、平面磨床的导轨和工作台、液压龙门刨床导轨面、柴油机进气、排气阀门导杆等
6	普通机床导轨面、柴油机机体结合面等
7	2 级平板、机床主轴箱结合面、液压泵盖、减速器壳体结合面等
8	机床传动箱体、交换齿轮箱体、车床溜板箱体、柴油机汽缸体、连杆分离面、缸盖结合面、汽车发动机缸盖、曲轴箱结合面、液压管件和法兰连接面等
9	自动车床床身底面、摩托车曲轴箱体、汽车变速箱壳体、手动机械的支承面等

表 4-18　圆度、圆柱度公差等级应用

公差等级	应用举例
0, 1	高精度量仪主轴、高精度机床主轴、滚动轴承的滚珠和滚柱等
2	精密量仪主轴、外套、阀套、高压泵柱塞及套、纺锭轴承、高速柴油机进排气门、精密机床主轴轴颈、针阀圆柱表面、喷油泵柱塞及柱塞套等
3	高精度外圆磨床轴承、磨床砂轮主轴套筒、喷油嘴针、阀体、高精度轴承内外圈等
4	较精密机床主轴、主轴箱孔、高压阀门、活塞、活塞销、阀体孔、高压油泵柱塞、较高精度滚动轴承配合轴、铣削动力头箱体孔等

续表

公差等级	应用举例
5	一般计量仪器主轴、测杆外圆柱面、陀螺仪轴颈、一般机床主轴轴颈及轴承孔、柴油机、汽油机的活塞、活塞销、与 P6 级滚动轴承配合的轴颈等
6	一般机床主轴及箱体孔、泵和压缩机的活塞与气缸、汽油发动机凸轮轴、纺机锭子、减速传动轴轴颈、高速船用发动机曲轴、拖拉机曲轴主轴颈、与 P6 级滚动轴承配合的外壳孔、与 P0 级滚动轴承配合的轴颈等
7	大功率低速柴油机曲轴轴颈、活塞、活塞销、连杆、气缸，高速柴油机箱体轴承孔，千斤顶或压力油缸活塞、机车传动轴，水泵及通用减速器转轴轴颈、与 P0 级滚动轴承配合的外壳孔等
8	低速发动机、大功率曲柄轴轴颈、压气机连杆盖、拖拉机汽缸和活塞、炼胶机冷铸轴辊、印刷机传墨辊、内燃机曲轴轴颈、柴油机凸轮轴承孔、凸轮轴、拖拉机和小型船用柴油机气缸套等
9	空气压缩机缸体、液压传动筒、通用机械杠杆与拉杆用套筒销子、拖拉机活塞环和套筒孔等

表 4-19　平行度、垂直度、倾斜度公差等级应用

公差等级	应用举例
1	高精度机床、测量仪器、量具等主要工作面和基准面等
2 3	精密机床、测量仪器、量具、模具的工作面和基准面，精密机床的导轨，重要箱体主轴孔对基准面的要求，精密机床主轴肩端面，滚动轴承座圈端面，普通机床的主要导轨，精密刀具的工作面和基准面等
4 5	普通机床导轨，重要支承面，机床主轴孔对基准的平行度，精密机床重要零件，计量仪器、量具、模具的工作面和基准面，床头箱体重要孔，通用减速器壳体孔，齿轮泵的油孔端面，发动机轴和离合器的凸缘，气缸支承端面，安装精密滚动轴承壳体孔的凸肩等
6 7 8	一般机床的工作面和基准面，压力机和锻锤的工作面，中等精度钻模的工作面，机床一般轴承孔对基准的平行度，变速器箱体孔，主轴花键对定心直径部位轴线的平行度，重型机械轴承盖端面，卷扬机、手动传动装置中的传动轴，一般导轨，主轴箱孔，刀架，砂轮架，气缸配合面对基准轴线，活塞销孔对活塞轴线的垂直度，滚动轴承内、外圈端面对轴线的垂直度等
9 10	低精度零件，重型机械滚动轴承端盖，柴油机和煤气发动机箱体曲轴孔，曲轴颈、花键轴和轴肩端面，皮带运输机法兰盘等端面对轴线的垂直度，手动卷扬机及传动装置中的轴承端面，减速器壳体平面等

表 4-20　同轴度、对称度、跳动公差等级应用

公差等级	应用举例
1，2	精密测量仪器的主轴和顶尖、柴油机喷油嘴针阀等
3，4	机床主轴轴颈、砂轮轴轴颈、汽轮机主轴、测量仪器的小齿轮轴、安装高精度齿轮的轴颈等
5	机床轴颈、机床主轴箱孔、套筒、测量仪器的测量杆、轴承座孔、汽轮机主轴、柱塞油泵转子、高精度轴承外圈、一般精度轴承内圈等
6 7	内燃机曲轴、凸轮轴轴颈、柴油机机体主轴承孔、水泵轴、油泵柱塞、汽车后桥输出轴、安装一般精度齿轮的轴颈、涡轮盘、测量仪器杠杆轴、电机转子、普通滚动轴承内圈、印刷机传墨辊的轴颈、键槽等
8 9	内燃机凸轮轴孔、连杆小端铜套、齿轮轴、水泵叶轮、离心泵体、气缸套外配合面对内径工作面、运输机械滚筒表面、压缩机十字头、安装低精度齿轮用轴颈、棉花精梳机前后滚子、自行车中轴等

4.6.5　未注形位公差

未注形位公差是各类工厂中常用设备能保证的精度。零件大部分要素的形位公差均应遵循未注公差的要求，不必注出。只有当要求要素的公差小于未注公差时，或者当要求要素的公差大于未注公差而给出大的公差后能给工厂的加工带来经济效益时，才需要在图样中用框格给出形位公差要求。

为了简化图样，对一般机床加工能保证的形位精度，不必在图样上标注出形位公差。图样上没有具体注明形位公差的要素，其形位精度应按下列规定执行。

（1）对未注直线度、平面度、垂直度、对称度和圆跳动各规定了 H、K、L 三个公差等级，其公差如表 4-21～表 4-24 所示。当采用规定的未注公差时，应在标题栏附件或技术要求中标注出公差等级代号及标准编号，如"GB/T 1184—H"。

（2）未注圆度公差可等于直径公差，但不能大于表 4-24 中的径向圆跳动的未注公差。

（3）未注圆柱度公差由圆度、直线度和相对素线的平行度注出公差或未注公差控制。

（4）未注平行度公差应等于被测要素与尺寸要素之间的尺寸公差或被测要素的直线度和平面度未注公差值中的较大者。

（5）国家标准对同轴度的未注同轴度公差未做出规定，必要时，未注同轴度公差可以和表 4-24 中规定的圆跳动的未注公差相等。

（6）未注线、面轮廓度、倾斜度、位置度和全跳动的公差均应由各要素的注出或未注线性尺寸公差或角度公差控制。

表 4-21　直线度和平面度未注公差　　　　　（单位：mm）

公差等级	基本长度范围					
	≤10	>10～30	>30～100	>100～300	>300～1000	>1000～3000
H	0.02	0.05	0.1	0.2	0.3	0.4
K	0.05	0.1	0.2	0.4	0.6	0.8
L	0.1	0.2	0.4	0.8	1.2	1.6

表 4-22　垂直度未注公差　　　　　（单位：mm）

公差等级	基本长度范围			
	≤100	>100～300	>300～1000	>1000～3000
H	0.2	0.3	0.4	0.5
K	0.4	0.6	0.8	1
L	0.6	1	1.5	2

表 4-23　对称度未注公差　　　　　（单位：mm）

公差等级	基本长度范围			
	≤100	>100～300	>300～1000	>1000～3000
H	0.5	0.5	0.5	0.5
K	0.6	0.6	0.8	1
L	0.6	1	1.5	2

表 4-24　圆跳动未注公差　　　　　（单位：mm）

公差等级	公差值
H	0.1
K	0.2
L	0.5

4.6.6　形位公差选用举例

【例 4-9】

图 4-27 所示的是减速器的输出轴，其结构特征、使用要求及各轴颈的尺寸均已确定，现为其选择形位公差。

解：当选择形位公差时，主要依据轴的结构特征和功能要求，还要考虑测量的可能性和经济性，具体选择如下。

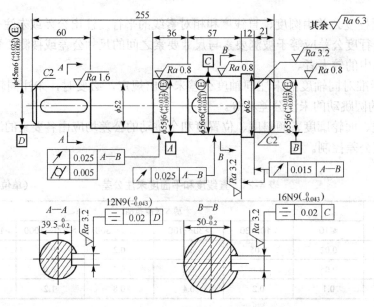

图 4-27 减速器输出轴几何公差标注示例

（1）2×φ55j6 圆柱面　2×φ55j6 圆柱面是该轴的支承轴颈，其轴线是该轴的装配基准，故应以该轴安装时 2×φ55j6 圆柱面的公共轴线作为设计基准。两个轴颈安装滚动轴承后，将分别与减速器箱体的两孔配合，因此需要限制两轴颈的同轴度误差，以保证轴承外圈和箱体孔的安装精度。为了检测方便，可用两个轴颈的径向圆跳动公差代替同轴度公差，参照表 4-20，确定跳动公差为 7 级，查表 4-15，其公差值为 0.025 mm。φ55j6 是与 P0 级滚动轴承内圈相配合的重要表面，为保证配合性质，故采用了包容要求。为了保证轴承的旋转精度，在遵循包容要求的前提下，又进一步提出圆柱度公差的要求。查表 4-18 和表 4-13，确定圆柱度公差等级为 6 级，公差值为 0.005 mm。

（2）φ62 mm 处的两轴肩　φ62 mm 处的两个轴肩都是止推面，起一定的定位作用。为了保证轴向定位精度，规定了端面圆跳动公差，两个轴肩相对于基准轴线的端面圆跳动公差等级取 6 级，查表 4-15，其公差值为 0.015 mm。

（3）φ56r6 和 φ45m6 两个圆柱面　φ56r6 和 φ45m6 分别与齿轮和带轮配合，为保证配合性质，故采用包容要求。为了保证齿轮的运动精度，对与齿轮配合的 φ56r6 圆柱又进一步提出了对基准轴线的径向圆跳动公差，跳动公差取 7 级，公差值为 0.025 mm。

（4）16N9 和 12N9 两个键槽　对 φ56r6 和 φ45m6 轴颈上的键槽 16N9 和 12N9 规定了对称度公差，以保证键槽的安装精度和安装后的受力状态。对称度公差查表 4-20 和表 4-15，按 8 级给出，公差值为 0.02 mm，对称度的基准分别为键槽所在轴颈的轴线。

4.7　形位误差的评定与检测原则

由于零件结构多种多样，形位误差的项目又较多，所以其检测方法也很多。为了能正确地测量形位误差和合理地选择检测方案，国家标准 GB/T 1958—2004《产品几何量技术规范（GPS）形状和位置公差　检测规定》规定了形位误差检测的五条原则，它是各种检测方案的概括。当检测形位误差时，应根据被测对象的特点和检测条件，按照这些原则选择最合理的检测方案。

4.7.1　形位误差的评定

形位误差是指被测实际要素对其理想要素的变动量。若被测实际要素全部位于形位公差带内，则零件合格，反之则不合格。

1. 形状误差的评定

形状误差是指被测实际要素对其理想要素的变动量。若被测实际要素全部位于形位公差带内，则零件为合格，反之则不合格。

1）形状误差的评定准则——最小条件

最小条件是指被测实际要素对其理想要素的最大变动量为最小。在图4-28中，理想直线Ⅰ、Ⅱ、Ⅲ处于不同的位置，被测实际要素相对于理想要素的最大变动量分别为f_1、f_2、f_3，且$f_1<f_2<f_3$，所以理想直线Ⅰ的位置符合最小条件。

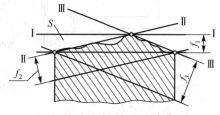

图 4-28　最小条件和最小区域

2）形状误差的评定方法——最小区域法

形状误差值用被测要素的位置符合最小条件的最小包容区域的宽度或直径表示。最小包容区域是指包容被测要素时，具有最小宽度f或直径ϕf的包容区域。最小包容区域的形状与其公差带相同。

最小区域是根据被测要素与包容区域的接触状态来判别的。

（1）评定给定平面内的直线度误差，包容区域为两条平行直线，实际直线应至少与包容直线有"两高加一低"或"两低加一高"三点接触，这个包容区就是最小区域S，如图4-28所示。

（2）评定圆度误差时，包容区域为两个同心圆间的区域，实际圆轮廓应至少有内外交替四点与两个包容圆接触，如图4-29（a）所示的最小区域S。

（3）评定平面度误差时，包容区域为两个平行平面间的区域（如图4-29（b）所示的最小区域S），被测平面至少有三点或四点按下列三种准则之一分别与此两个平行平面接触。

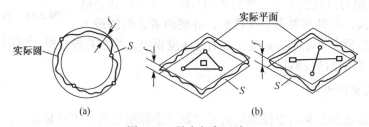

图 4-29　最小包容区域

- 三角形准则：三个极高点与一个极低点（或相反），其中一个极低点（或极高点）位于三个极高点（或极低点）构成的三角形之内。
- 交叉准则：两个极高点的连线与两个极低点的连线在包容平面上的投影相交。
- 直线准则：两个平行包容平面与实际被测表面接触为高低相间的三点，且它们在包容平面上的投影位于同一条直线上。

2. 位置误差的评定

方向、位置和跳动误差是关联被测实际要素对理想要素的变动量，理想要素的方向或位置由基准确定。方向、位置和跳动误差的最小包容区域的形状完全相同于其对应的公差带，当用方向或位置最小包容区域包容被测实际要素时，该最小包容区域必须与基准保持图样上给定的几何关系，且使包容区域的宽度和直径为最小。

在图4-30（a）中，面对面的垂直度的方向最小包容区域是包容被测实际平面且与基准保持垂直的两平行平面之间的区域；在图4-30（b）中，阶梯轴的同轴度的位置最小包容区域是包容被测实际轴线且与基准轴线同轴的圆柱面内的区域。

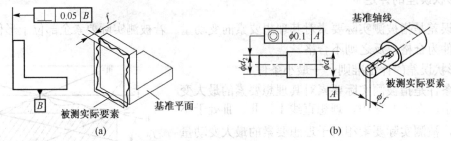

图 4-30　方向和位置最小包容区域

4.7.2　形位误差的检测原则

形位公差项目共有 14 项，即使是同一公差项目，因被测零件的结构、形状、尺寸精度要求及生产批量不同，其检测方法也不尽相同。国家标准规定了形位误差的五种检测原则。

1．与理想要素比较原则

与理想要素比较原则就是将被测实际要素与其理想要素相比较，从而测得形位误差值。该原则是根据形位误差的定义提出的，根据这一原则进行检测，可获得与形位误差定义一致的误差，因此是检测形位误差的基本原则。运用该检测原则时，必须有理想要素作为测量的基准。理想要素通常用模拟法获得。理想要素可以是实物，也可以是一束光线、水平面或运动轨迹。

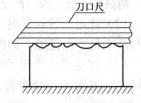

图 4-31　直线度误差的测量

图 4-31 中，用刀口尺测量给定平面内的直线度误差，就是以刀口作为理想直线，与被测要素直接接触，并使两者之间的最大空隙为最小，则此最大空隙即为被测要素的直线度误差。当空隙较小时，可用标准光隙估读；当空隙较大时，可用厚薄规测量。

2．测量坐标值原则

测量坐标值原则就是利用坐标测量装置（如三坐标测量机、工具显微镜）测量被测实际要素的坐标值（如直角坐标值、极坐标值、圆柱坐标值），并经过数据处理获得几何误差值。例如，图4-32中由坐标测量机测得各孔实际位置的坐标值(x_1, y_1)、(x_2, y_2)、(x_3, y_3)、(x_4, y_4)，计算出相对理论正确尺寸的偏差$\Delta x_i = x_i - \boxed{x_i}$，$\Delta y_i = y_i - \boxed{y_i}$，于是，各孔的位置度误差值可按下式求得：$\phi f_i = 2\sqrt{(\Delta x_i)^2 + (\Delta y_i)^2}$，$(i=1、2、3、4)$。

3．测量特征参数的原则

测量特征参数的原则是指测量实际被测要素上具有代表性的参数（即特征参数）来近似表示几何误差值。应用测量特征参数原则测得的几何误差，与按定义确定的几何误差相比，只是一个近似值。例如，用两点法测量圆度误差，在一个横截面内的几个方向上测量直径，取最大、最小直径差的一半作为圆度误差。

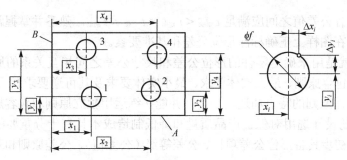

图 4-32 用坐标测量机测量位置度误差示意图

虽然测量特征参数原则得到的形位误差只是一个近似值，存在着测量原理误差，但该原则的检测方法较简单，不需要复杂的数据处理，可使测量过程和测量设备简化。因此，在不影响使用功能的前提下，应用该原则可以获得良好的经济效果，在生产车间现场应用较为普遍。

4．测量跳动原则

测量跳动原则就是在被测实际要素绕基准轴线回转过程中，沿给定方向测量其对某参考点或线的变动量。变动量是指指示器最大与最小读数之差。此原则主要用于跳动公差的测量，其测量方法简便易行，在生产中应用较为广泛。

图4-33所示的是测量跳动公差的例子。在图4-33（a）中，被测工件通过心轴安装在两个同轴顶尖之间，这两个同轴顶尖的轴线体现基准轴线；在图 4-33（b）中，用 V 形块体现基准轴线。测量时，被测工件绕基准轴线回转一周，若图 4-33（a）中的指示表不轴向移动，则可测得径向圆跳动误差；若图 4-33（b）中的指示表在测量中进行轴向移动，则可测得径向全跳动误差。若指示表不径向移动，则可测得端面圆跳动误差；若指示表在测量中进行径向移动，则可测得端面全跳动误差。

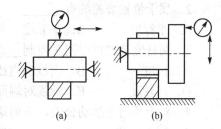

(a)　　　(b)

图 4-33　测量跳动公差

5．控制实效边界原则

控制实效边界原则就是检验被测实际要素是否超过实效边界，以判断零件合格与否。当按包容要求或最大实体要求给出形位公差时，要求被测要素的实际轮廓不得超出最大实体边界或最大实体实效。一般采用位置量规检验。（详见第 6 章。）

本 章 小 结

1．形位公差的研究对象是几何要素，几何要素可分为：理想要素与实际要素；轮廓要素与中心要素；被测要素与基准要素；单一要素与关联要素。

2．国家标准规定的形位公差项目共有 14 项，熟悉各项目符号及有无基准要求等。

3．形位公差带是限制实际被测要素变动的一个区域。形位公差带具有形状、大小、方向和位置四个特征要素。形位公差带的形状是由被测要素的理想形状和给定的公差特征所决定的。形位公差带的大小由公差值 t 确定，它指的是公差带的宽度或直径等。形位公差带的方向为公差带的宽度方向或垂直于被测要素的方向，通常指引线箭头所指的方向。形位公差带的位置有固定和浮动两种。各公差值之间应满足 $t_{形状} < t_{定向} < t_{定位} < t_{跳动}$。熟悉并掌握常用形位公差带的定义、特征，并能在图样上正确标注形位公差和基准要素。

4．公差原则就是用来确定零件的形位公差和尺寸公差之间相互关系的原则。它分为独立原则和相关要求（包容原则、最大实体要求、最小实体要求及其可逆要求）。了解有关公差原则的术语及定义，公差原则的特点和适用场合，并能熟练运用独立原则和包容原则。

5．形位公差的设计选用对保证产品质量和降低制造成本具有十分重要的意义。了解形位公差的选择依据，初步具备形位公差项目、公差等级（公差值）、公差原则和基准要素的选择等能力。

6．了解形状误差和位置误差的评定方法；熟悉形状误差和位置误差的检测原则，掌握形位误差的评定准则——最小条件。

习　题

一、选择题

1．属于形状公差的有_____。

A．圆柱度　　B．平面度　　　　C．同轴度　　　　D．圆跳动　　　　E．平行度

2．属于位置公差的有_____。

A．平行度　　B．平面度　　　　C．端面全跳动　　D．倾斜度　　　　E．圆度

3．圆柱度公差可以同时控制_____。

A．圆度　　　B．素线的直线度　　　　　　　　C．径向全跳动

D．同轴度　　E．轴线对端面的垂直度

4．对于径向全跳动公差，下列论述正确的有_____。

A．属于形状公差　B．属于位置公差　　　　C．与同轴度公差带形状相同

D．属于跳动公差　E．当径向全跳动误差不超差时，圆柱度误差肯定也不超差

5．形位公差带形状是半径差为公差值 t 的两圆柱面之间的区域有_____。

A．同轴度　　　　　B．径向全跳动　　　　　　C．任意方向直线度

D．圆柱度　　　　　E．任意方向垂直度

6．形位公差带的形状是直径为公差值 ϕt 的圆柱面内区域的有_____。

A．径向全跳动　　　B．端面全跳动　　　　　　C．同轴度

D．任意方向的线的位置度　　E．任意方向的线对线的平行度

7．形位公差带的形状是距离为公差值 t 的两个平行平面内区域的有_____。

A．平面度　　　　　B．任意方向的线的直线度　　C．给定一个方向的线的倾斜度

D．任意方向的线的位置度　　　　　E．面对面的平行度

8．对于端面全跳动公差，下列论述正确的有_____。

A．属于形状公差　　B．属于位置公差　　　　　C．属于跳动公差

D．与平行度控制效果相同　　　E．与端面对轴线的垂直度公差带形状相同

9．下列公差带形状相同的有_____。

A．轴线对轴线的平行度与面对面的平行度　　　　　　B．径向圆跳动与圆度

C. 同轴度与径向全跳动　　　　　　D. 轴线对面的垂直度与轴线对面的倾斜度

E. 轴线的直线度与导轨的直线度

10. 某轴 $\phi10_{-0.015}^{0}$ Ⓔ mm，则_____。

A. 被测要素遵守 MMC 边界　　　　　B. 被测要素遵守 MMVC 边界

C. 当被测要素尺寸为 $\phi10$ mm 时，允许形状误差最大可达 0.015 mm

D. 当被测要素尺寸为 $\phi9.985$ mm 时，允许形状误差最大可达 0.015 mm

E. 局部实际尺寸应大于等于最小实体尺寸

11. 某孔 $\phi10_{0}^{+0.015}$ Ⓔ mm 则_____。

A. 被测要素遵守 MMC 边界　　　　　　B. 被测要素遵守 MMVC 边界

C. 当被测要素尺寸为 $\phi10$ mm 时，允许形状误差最大可达 0.015 mm

D. 当被测要素尺寸为 $\phi10.01$ mm 时，允许形状误差可达 0.01mm

E. 局部实际尺寸应大于或等于最小实体尺寸

二、填空题

1. 圆柱度和径向全跳动公差带相同点是_____，不同点是_____。

2. 在形状公差中，当被测要素是一条空间直线时，若给定一个方向，其公差带是_____之间的区域。若给定任意方向时，其公差带是_____区域。

3. 圆度的公差带形状是_____，圆柱度的公差带形状是_____。

4. 当给定一个方向时，对称度的公差带形状是_____。

5. 轴线对基准平面的在给定一个方向上，垂直度的公差带形状是_____。

6. 由于_____包括了圆柱度误差和同轴度误差，当_____不大于给定的圆柱度公差值时，可以肯定圆柱度误差不会超差。

7. 径向圆跳动在生产中常用它来代替轴类或箱体零件上的同轴度公差要求，其使用前提是_____。

8. 径向圆跳动公差带与圆度公差带在形状方面_____，但前者公差带圆心的位置是_____而后者公差带圆心的位置是_____。

9. 在任意方向上，线对面倾斜度公差带的形状是_____，线的位置度公差带形状是_____。

10. 图样上规定键槽对轴的对称度公差为 0.05 mm，则该键槽中心偏离轴的轴线距离不得大于_____mm。

11. 某孔尺寸为 $\phi40_{+0.030}^{+0.119}$ mm，轴线直线度公差为 $\phi0.005$ mm，实测得其局部尺寸为 $\phi40.09$ mm，轴线直线度误差为 $\phi0.003$ mm，则孔的最大实体尺寸是_____mm，最小实体尺寸是_____mm，作用尺寸是_____mm。

12. 某轴尺寸为 $\phi40_{+0.030}^{+0.041}$ mm，轴线直线度公差为 $\phi0.005$ mm，实测得其局部尺寸为 $\phi40.031$ mm，轴线直线度误差为 $\phi0.003$ mm，则轴的最大实体尺寸是_____mm，最大实体实效尺寸是_____mm，作用尺寸是_____mm。

13. 某孔尺寸为 $\phi40_{+0.030}^{+0.119}$ Ⓔ mm，实测得其尺寸为 $\phi40.090$ mm，则其允许的形位误差数值是_____mm，当孔的尺寸是_____mm 时，允许达到的形位误差数值为最大。

14. 某轴尺寸为 $\phi40_{+0.030}^{+0.041}$ Ⓔ mm，实测得其尺寸为 $\phi40.030$ mm，则允许的形位误差数值是_____mm，该轴允许的形位误差最大值为_____mm。

15. 某轴尺寸为 $\phi20_{-0.1}^{0}$ Ⓔ mm，遵守边界为_____，边界尺寸为_____mm，实际尺寸为

$\phi20$ mm 时，允许的形位误差为_____mm。

三、判断题

1. 某平面对基准平面的平行度误差为 0.05 mm，那么这个平面的平面度误差一定不大于 0.05 mm。　　　　　　　　　　　　　　　　　　　　　　　　　　　　　　（　　）

2. 圆柱面的圆柱度公差为 0.03 mm，那么该圆柱面对基准轴线的径向全跳动公差不小于 0.03 mm。　　　　　　　　　　　　　　　　　　　　　　　　　　　　　　（　　）

3. 对同一要素既有位置公差要求，又有形状公差要求时，形状公差值应大于位置公差值。　　　　　　　　　　　　　　　　　　　　　　　　　　　　　　　　　（　　）

4. 对称度的被测中心要素和基准中心要素都应视为同一中心要素。　　　　（　　）

5. 某实际要素存在形状误差，则一定存在位置误差。　　　　　　　　　　（　　）

6. 图样标注中 $\phi20^{+0.021}_{0}$ mm 孔，如果没有标注其圆度公差，那么它的圆度误差值可任意确定。　　　　　　　　　　　　　　　　　　　　　　　　　　　　　　　　　（　　）

7. 圆柱度公差是控制圆柱形零件横截面和轴向截面内形状误差的综合性指标。　（　　）

8. 线轮廓度公差带是指包络一系列直径为公差值 t 的圆的两条包络线之间的区域，诸圆圆心应位于理想轮廓线上。　　　　　　　　　　　　　　　　　　　　　　　（　　）

9. 零件图样上规定 ϕd 实际轴线相对于 ϕD 基准轴线的同轴度公差为 $\phi0.02$ mm。这表明只要 ϕd 实际轴线上各点分别相对于 ϕD 基准轴线的距离不超过 0.02 mm，就能满足同轴度要求。　　　　　　　　　　　　　　　　　　　　　　　　　　　　　　（　　）

10. 若某轴的轴线直线度误差未超过直线度公差，则此轴的同轴度误差也合格。（　　）

11. 端面全跳动公差和平面对轴线垂直度公差两者控制的效果完全相同。　（　　）

12. 端面圆跳动公差和端面对轴线垂直度公差两者控制的效果完全相同。　（　　）

13. 当尺寸公差与形位公差采用独立原则时，零件加工的实际尺寸和形位误差中有一项超差，则该零件不合格。　　　　　　　　　　　　　　　　　　　　　　　　　（　　）

14. 作用尺寸是由局部尺寸和形位误差综合形成的理想边界尺寸。对一批零件来说，若已知给定的尺寸公差值和形位公差值，则可以分析计算出作用尺寸。　　　　　　　　（　　）

15. 被测要素处于最小实体尺寸和形位误差为给定公差值时的综合状态，称为最小实体实效状态。　　　　　　　　　　　　　　　　　　　　　　　　　　　　　　　　（　　）

16. 当包容要求用于单一要素时，被测要素必须遵守最大实体实效边界。　（　　）

17. 当最大实体要求应用于被测要素时，被测要素的尺寸公差可补偿给形状误差，形位误差的最大允许值应小于给定的公差值。　　　　　　　　　　　　　　　　　　　（　　）

18. 当被测要素采用最大实体要求的零形位公差时，被测要素必须遵守最大实体边界。（　　）

19. 最小条件是指被测要素对基准要素的最大变动量为最小。　　　　　　（　　）

20. 当可逆要求应用于最大实体要求时，若其形位误差小于给定的形位公差，则允许实际尺寸超出最大实体尺寸。　　　　　　　　　　　　　　　　　　　　　　　　（　　）

四、简答题

解释图 4-34 中各项几何公差标注的含义，填在表 4-25 中。

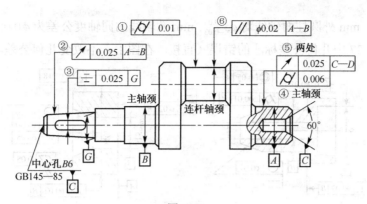

图 4-34

表 4-25

序号	公差项目名称	公差带形状	公差带大小	解释（被测要素、基准要素及要求）
①				
②				
③				
④				
⑤				
⑥				

五、综合题

1. 将下列各项几何公差要求标注在图 4-35 上。

（1）$\phi40_{-0.03}^{0}$ mm 圆柱面对 $2 \times \phi25_{-0.021}^{0}$ mm 公共轴线的圆跳动公差为 0.015 mm；

（2）$2 \times \phi25_{-0.021}^{0}$ mm 轴颈的圆度公差为 0.01 mm；

（3）$\phi40_{-0.03}^{0}$ mm 左右端面对 $2 \times \phi25_{-0.021}^{0}$ mm 公共轴线的端面圆跳动公差为 0.02 mm；

（4）键槽$10_{-0.036}^{0}$ 中心平面对 $\phi40_{-0.03}^{0}$ mm 轴线的对称度公差为 0.015 mm。

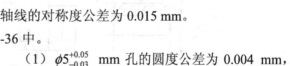

图 4-35

2. 将下列各项几何公差要求标注在图 4-36 中。

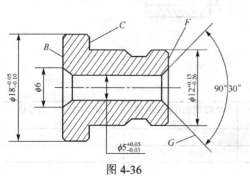

图 4-36

（1）$\phi5_{-0.03}^{+0.05}$ mm 孔的圆度公差为 0.004 mm，圆柱度公差 0.006 mm；

（2）B 面的平面度公差为 0.008 mm，B 面对 $\phi5_{-0.03}^{+0.05}$ mm 孔轴线的端面圆跳动公差为 0.03 mm，B 面对 C 面的平行度公差为 0.02 mm；

（3）平面 F 对 $\phi5_{-0.03}^{+0.05}$ mm 孔轴线的端面圆跳动公差为 0.02 mm；

（4）$\phi18_{-0.10}^{-0.05}$ mm 的外圆柱面轴线对 $\phi5_{-0.03}^{+0.05}$ mm 孔轴线的同轴度公差为 $\phi0.08$ mm；

（5）90°30″ 密封锥面 G 的圆度公差为 0.0025 mm，G 面的轴线对 $\phi5_{-0.03}^{+0.05}$ mm 孔轴线的同轴度公差为 $\phi0.012$ mm；

（6）$\phi12^{+0.15}_{-0.26}$ mm 外圆柱面轴线对 $\phi5^{+0.05}_{-0.03}$ mm 孔轴线的同轴度公差为 $\phi0.08$ mm。

3．改正图 4-37 中几何公差标注的错误（直接改在图上，不改变几何公差项目）。

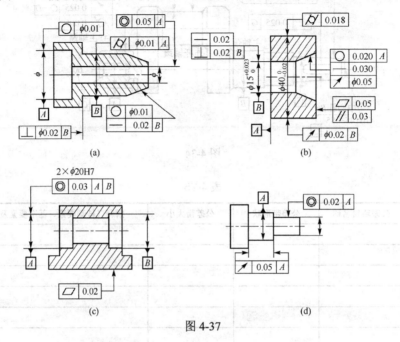

图 4-37

4．根据图 4-38 中的公差要求填写表 4-26，并绘出动态公差带图。

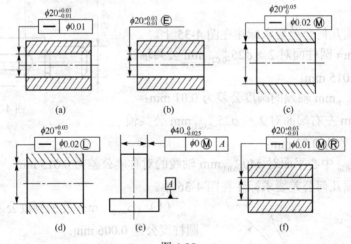

图 4-38

表 4-26

图序	采用的公差原则或公差要求	理想边界名称	理想边界尺寸/mm	MMC 时的几何公差值/mm	LMC 时的几何公差值/mm
（a）					
（b）					
（c）					
（d）					
（e）					
（f）					

第5章

表面粗糙度

> 学习目的

通过本章的学习，理解表面粗糙度的概念、基本术语及其评定参数；掌握表面粗糙度的标注，能够进行表面粗糙度参数的选用；了解表面粗糙度参数的基本检测方法。

5.1 概述

在进行零件设计、制造时，不仅仅要考虑零件的尺寸误差和形状、位置误差，还应该规定其表面粗糙度。表面粗糙度是零件几何参数的精度指标之一，对零件的使用性能、寿命和互换性都有着重要的意义。

在表面粗糙度国家标准 GB 3505—83、GB 1031—83 颁布前，表面粗糙度的另一称谓为表面光洁度，20 世纪 80 年代后，为与国际标准（ISO）接轨，中国采用表面粗糙度而废止了表面光洁度。表面光洁度是按人的视觉观点提出来的，从▽1 到▽14 一共分为 14 个等级，数字越大表示光洁度越高。表面光洁度与表面粗糙度的关系参见本章后的附表1。

5.1.1 表面粗糙度的概念

在机械零件制造过程中，刀具或砂轮与零件表面间的摩擦、切屑分离时表面金属层的塑性变形、机床或工艺系统的高频振动等原因，都会使所获得的零件表面上留下细微的由微小间距和峰谷组成的凸凹不平。这些凸凹不平在粗加工后的表面用肉眼就能看到，精加工后的表面用放大镜或显微镜仍能观察到，如图 5-1 所示。这种零件表面所具有的微小峰谷的高低程度和间距状况就称为表面粗糙度，也称为微观不平度。

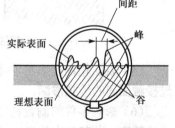

图 5-1　表面粗糙度微观图

零件表面通常存在着叠加在一起的三种误差：宏观几何形状误差、表面波纹度和表面粗糙度。表面粗糙度属于微观几何形状误差，如图 5-2 所示。这三种误差一般以其相邻两个波峰或两个波谷之间的距离（波距）加以区分：波距大于 10 mm 的属于宏观几何形状误差，波距在 1～10 mm 之间的属于表面波纹度，波距在 1 mm 以下的属于微观几何形状误差——表面粗糙度。

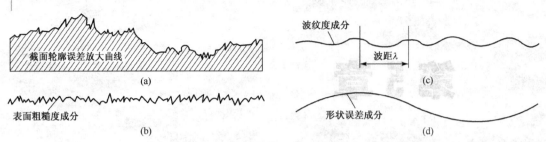

图 5-2　零件表面的几何形状误差

5.1.2　表面粗糙度对互换性的影响

表面粗糙度表示零件表面的光滑程度。零件各表面的作用不同，所需的光滑程度也不相同。表面粗糙度的大小，对机械零件的互换性及使用性能（尤其是在高温、高压、高速的工作条件下）都有很大的影响，具体主要表现在以下几个方面：

（1）表面粗糙度影响零件的耐磨性。表面越粗糙，当两个表面做相对运动时，只在轮廓的峰顶处发生接触，其有效接触面积越小（如图5-3所示），则压强越大，磨损就越快。但表面太光滑，又不利于润滑油的存储。

（2）表面粗糙度影响配合性质的稳定性。对于间隙配合来说，表面越粗糙，就越易磨损，使工作过程中间隙逐渐增大；对于过盈配合来说，由于装配时微观凸峰被挤平，使实际有效过盈减小，从而降低了连接强度；对于过渡配合来说，表面粗糙也会使配合变松。

（3）表面粗糙度影响零件的疲劳强度。粗糙零件的表面存在较大的波谷，它们像尖角缺口和裂纹一样，对应力集中很敏感，特别是在零件承受交变载荷作用时，会使零件的疲劳强度降低而损坏。

（4）表面粗糙度影响零件的抗腐蚀性。粗糙的表面，易使腐蚀性气体或液体在零件表面的微观凹谷处集聚，并渗入到金属内层，造成表面腐蚀，如图5-4所示。

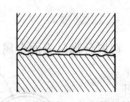

图 5-3　零件实际表面接触情况

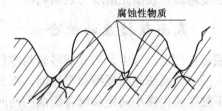

图 5-4　表面粗糙度对抗腐蚀性的影响

（5）表面粗糙度影响零件的密封性。粗糙的表面之间无法严密地贴合，气体或液体将会通过接触面间的缝隙渗漏。

（6）影响零件的测量精度。零件被测表面和测量工具测量面的表面粗糙度都会直接影响测量的精度，尤其是在精密测量时。

此外，表面粗糙度对零件的镀涂层、导热性和接触电阻、反射能力和辐射性能、液体和气体流动的阻力、导体表面电流的流通等都会有不同程度的影响。

5.2　表面粗糙度的评定参数

我国对表面粗糙度标准进行了多次修订，由于参照的标准不同，某些基本概念和符号表达会有所差异。GB/T 3505—2009《产品几何技术规范表面结构 轮廓法表面结构的术语、定义及参数》是根据国际标准 ISO4287：1997《产品几何技术规范（GPS）表面结构：轮廓法 术语、 定义和表面结构参数》（1997 年版）对 GB/T 3505—2000《表面粗糙度术语表面及其参数》进行修订的。本章参照此新标准介绍表面粗糙度的相关内容，给出的相关数值选用自 GB/T 3505—2009《产品几何技术规范 表面结构轮廓法表面结构的术语、定义及参数》，GB/T 1031—2009《产品几何技术规范（GPS）表面结构轮廓法表面粗糙度参数及其数值》，以及 GB/T 131—2006《机械制图表面粗糙度符号、代号及其注法》。

5.2.1　基本术语及定义

加工后得到的零件表面是否满足使用要求，需要进行测量和评定。GB/T 3505—2009 规定了用轮廓法确定表面结构（粗糙度、波纹度和原始轮廓）的术语、定义和参数。

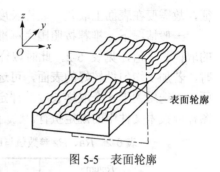

图 5-5　表面轮廓

表面轮廓指的是一个指定平面与实际表面相交所得的轮廓，如图5-5所示。

1. 几何参数术语

（1）轮廓峰　指在取样长度内轮廓与中线相交，连接两个相邻交点向外的轮廓部分，即轮廓在中线以上的部分。轮廓峰高 Zp 为轮廓峰最高点到中线的距离，如图5-6所示。

（2）轮廓谷　指在取样长度内，轮廓与中线相交，连接两个相邻交点向内的轮廓部分，即轮廓在中线以下的部分。轮廓谷高 Zv 为轮廓谷最低点到中线的距离，如图5-6所示。

（3）轮廓单元　轮廓峰与轮廓谷就组成了在取样长度这一段内的轮廓微观不平度，相邻轮廓峰与轮廓谷的组合为一个轮廓单元。轮廓单元的宽度 Xs 即中线与轮廓单元相交线段的长度；轮廓单元高度 Zt 为一个轮廓单元的峰高和谷深之和，如图5-6所示。

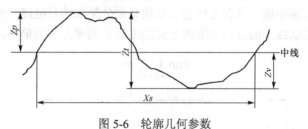

图 5-6　轮廓几何参数

2. 取样长度 lr

取样长度是用于判别被评定轮廓表面粗糙度 X 轴向上的一段基准线长度。取样长度应根据零件实际表面的形成情况及纹理特征，选取能反映表面粗糙度特征的那一段长度，量取取样长度时应根据实际表面轮廓的总的走向进行，并且至少包含 5 个以上的轮廓峰和谷。规定和选择取样长度是为了限制和减弱表面波纹度对表面粗糙度的测量结果的影响，使得到的粗糙度值能正确反映表面的粗糙度特性。

GB/T 1031—2009《表面粗糙度参数及其数值》给出了取样长度数值，是公比为 $\sqrt{10}$ 的优先数派生系列，见表 5-1。标准规定取样长度值应从该系列值中选取。

表 5-1　取样长度（lr）的数值　　　　　　　　　　（单位：mm）

lr	0.08	0.25	0.8	2.5	8	25

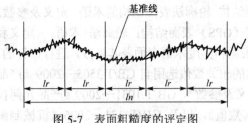

图 5-7　表面粗糙度的评定图

3. 评定长度 ln

评定粗糙度时必须取一段能反映加工表面粗糙度特性的最小长度，它可包括一个或几个取样长度，这几个取样长度的总和称为评定长度。由于表面轮廓存在表面波纹度和形状误差，零件表面各部分的表面粗糙度不一定很均匀，在一个取样长度上往往不能合理地反映某一表面粗糙度特征，故需要在表面上取几个取样长度来评定表面粗糙度，如图5-7所示。

一般情况下，推荐按照国家标准 GB/T 1031—2009《表面粗糙度参数及其数值》选用对应的取样长度值，见表 5-2，此时取样长度值的标注在图样或技术文件中可省略。当有特殊要求时，若加工均匀性较好的表面，可选用小于 5 个取样长度的评定长度；若加工均匀性较差的表面，可选用大于 5 个取样长度的评定长度。若图样上或技术文件中已标明评定长度值，则应按图样或技术文件中的规定执行。

表 5-2　Ra、Rz 参数值与取样长度 lr 值的对应关系（摘自 GB/T 1031—2009）

$Ra/\mu m$	$Rz/\mu m$	lr/mm	$ln = 5lr/mm$
≥ 0.008～0.02	≥ 0.025～0.10	0.08	0.4
> 0.02～0.1	> 0.10～0.50	0.25	1.25
> 0.1～2.0	> 0.50～10.0	0.8	4.0
> 2.0～10.0	> 10.0～50.0	2.5	12.5
> 10.0～80.0	> 50.0～320	8.0	40.0

4. 轮廓中线（基准线）

轮廓中线是用来评定表面粗糙度参数而给定的线，是表面粗糙度二维评定的基准。轮廓中线有下列两种。

（1）轮廓的最小二乘中线　具有几何轮廓形状并划分轮廓的基准线，在取样长度内使轮廓线上各点的轮廓偏距（轮廓线上的点与基准线之间的距离）的平方和为最小，如图5-8所示。即

$$\min \int_0^{lr} Z_i^2 dx$$

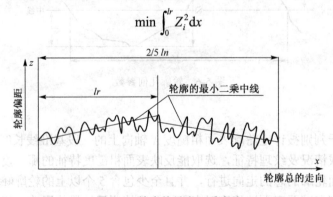

图 5-8　轮廓的最小二乘中线

（2）轮廓的算术平均中线　具有几何轮廓形状在取样长度内与轮廓走向一致的基准线。在取样长度内由该线划分轮廓，使上下两边的面积相等，如图5-9所示，即

$$\sum_{i=1}^n F_i = \sum_{i=1}^n F_i'$$

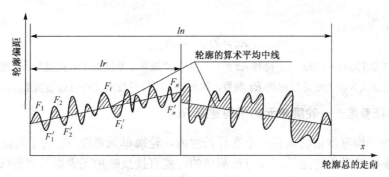

图 5-9　轮廓的算术平均中线

理论上最小二乘中线是唯一理想的基准线，但在实际应用中很难获得，因此一般用轮廓的算术平均中线代替，且测量时可使用一根位置近似的直线。

5.2.2　评定参数

国标规定表面粗糙度参数分为高度参数、间距特征参数和形状特征参数。

1. 高度参数

1）轮廓的算术平均偏差 Ra

在一个取样长度内纵坐标 $z(x)$ 绝对值的算术平均值，即为轮廓的算术平均偏差 Ra，如图5-10所示。Ra 越大，表面越粗糙。

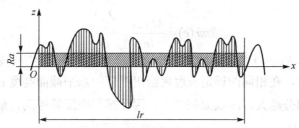

图 5-10　轮廓的平均算术偏差

用算式表示为

$$Ra = \frac{1}{lr} \int_0^{lr} |z(x)| \mathrm{d}x \approx \frac{1}{n} \sum_{i=1}^n |z_i| \tag{5-1}$$

2）轮廓最大高度 Rz

在一个取样长度内，轮廓峰顶线和轮廓谷底线之间的最大距离，称为轮廓最大高度，如图5-11所示。

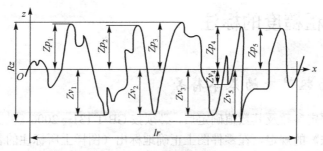

图 5-11　轮廓的最大高度

用算式表示为

$$Rz = Zp_{max} + Zv_{max} \tag{5-2}$$

注：在国标 GB/T3035—1983 中，符号 Rz 曾用于指示"微观不平度的十点高度"。而现在使用中的一些表面粗糙度测量仪器大多测的还是以前的 Rz 参数，因此当采用现行技术文件时必须慎重。

2. 间距特征参数——轮廓单元的平均宽度 Rsm

轮廓单元的平均宽度指的是在一个取样长度内，轮廓单元宽度 Xs_i 的平均值，如图 5-12 所示。间距特征参数是沿着评定基准线方向测量的，能直接反映加工表面纹理的细密程度。在高度参数值一定的情况下，间距参数值小的加工表面，粗糙度小。

用算式表示为

$$Rsm = \frac{1}{m}\sum_{i=1}^{m} Xs_i \tag{5-3}$$

注：若无特殊规定，默认的高度分辨力应按照 Rz 的 10%选取。默认的水平间距分辨力应按取样长度的 1%选取。上述两个条件都应满足。

3. 综合参数（形状特征参数）——轮廓的支承长度率 $Rmr(c)$

在给定水平截面高度 c 上，轮廓的实体材料长度 $Ml(c)$（即与轮廓相截所得各段截线长度 b_i 之和）与评定长度 ln 的比率，如图5-13所示。

用算式表示为

$$Rmr(c) = \frac{Ml(c)}{ln} = \frac{\sum_{i=1}^{n} b_i}{ln} \tag{5-4}$$

轮廓的支承长度率 $Rmr(c)$ 与零件的实际轮廓形状有关，是反映零件表面耐磨性的指标。对于不同的实际轮廓形状，在相同的评定长度内给出相同的水平截面高度 c，$Rmr(c)$ 越大，表示零件表面凸起的实体部分越大，承载面积越大，因此接触刚度就越高，耐磨性就越好。

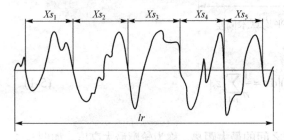 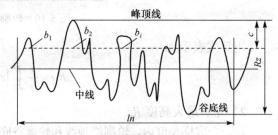

图 5-12　表面粗糙度轮廓单元的平均宽度　　　　图 5-13　表面粗糙度轮廓的支承长度率

5.3　表面粗糙度的标注

5.3.1　表面粗糙度的基本符号

表面粗糙度的评定参数及其数值确定后，必须按 GB/T 131—2006《机械制图　表面粗糙度符号、代号及其注法》的规定，在零件图上正确地标出（图样上所标注的表面粗糙度符号与代号是该表面完工后的要求）。

表面粗糙度的基本图形符号由两条夹角为 60° 的不等长细实线构成，在图样上表示零件粗糙度的图形符号有 5 类，见表 5-3。

表 5-3　表面粗糙度的符号及意义（摘自 GB/T 131—2006）

符号	意义及说明
	基本符号：表示未指定工艺方法的表面。当不加有关说明（如表面处理、局部热处理等）时，仅适用于简化代号标注
	扩展图形符号，即基本符号加一条短划线：表示用去除材料的方法获得的表面，如车、铣、钻、磨、剪切、抛光、腐蚀、电火花加工、气割等
	基本符号加一个小圆：表示表面是用不去除材料的方法获得，如铸、锻、冲压变形、热轧、冷轧、粉末冶金等；或者用于保持原供应状况的表面（包括保持上道工序的状况）
	在上述 3 个图形符号的长边上加一横线，表示完整符号，用来标注表面粗糙度的补充信息
	在完整符号上加一个小圆，表示在图样某个视图上构成封闭轮廓的各表面都具有相同的表面粗糙度要求。应标注在图样中工件的封闭轮廓线上

5.3.2　表面粗糙度的代号及其标注

1. 表面粗糙度的代号

表面粗糙度的完整符号由单一要求（参数代号、数值）及各项补充要求组成。补充要求只在需要时标注，补充要求包括传输带、加工工艺、取样长度、表面纹理及方向、加工余量等。这些要求应注写在指定位置上，GB/T 131—1993 与 GB/T 131—2006 在注写位置有区别，且其所代表的意义上也有所不同，见表 5-4。表面纹理的标注见表 5-5。

表 5-4　GB/T 131—1993 与 GB/T 131—2006 在注写位置上的差异

GB/T 131—1993	GB/T 131—2006
a——粗糙度高度参数代号及其数值（单位：μm，参数代号 Ra 省略）； b——加工方法、镀覆、涂覆、表面处理或其他说明等； c——取样长度（单位：mm），符合规定时可以省略不注； d——表面纹理方向符号（表面纹理方向的符号见表 5-5）； e——加工余量（单位：mm）； f——粗糙度间距参数或 S 的参数与数值（单位：mm），或者支承长度率（%）与 C 的参数与数值。粗糙度参数值前必须注出相应的参数符号	a——注写传输带或取样长度（单位：mm）以及表面粗糙度的单一要求（参数代号 Ra 不能省略）； b——注写第二个表面粗糙度要求；依次纵向排列可注写第三个或更多个表面粗糙度要求； c——注写加工方法、镀覆、涂覆、表面处理或其他加工工艺要求等； d——注写表面纹理及方向符号"=、M、R 等"（表面纹理的标注，见表 5-5）； e——注写加工余量（单位：mm）

表 5-5   表面纹理的标注（摘自 GB/T 131—2006）

符号	示意图及说明	符号	示意图及说明
=	纹理方向平行于注有符号的视图投影面 纹理方向	C	纹理对于注有符号表面的中心来说是近似同心圆
⊥	纹理方向垂于注有符号的视图投影面 纹理方向	R	纹理对于注有符号表面的中心来说是近似放射形
×	纹理对注有符号的视图投影面是两个相交的方向 纹理方向	P	纹理无方向或呈凸起的细粒状
M	纹理呈多方向 		

2．表面粗糙度参数的标注

GB/T 131—2006 中，表面粗糙度的标注有如下注意事项。

（1）代号中如果没有标注传输带，则采用默认的传输带，传输带标注为：短波滤波器截止波长 λ_s（默认），长波滤波器截止波长 λ_c（单位为 mm），用"–"隔开。传输带后面应有"/"与参数代号分开。

（2）评定长度内的取样长度等于 $5\,lr$（默认值）时，可省略标注，否则应在相应参数代号之后、数值之前标注取样长度个数。

（3）数值标注遵循两个规则：16%规则（默认）和最大规则。若采用 16%规则在图样上标注的是参数的上限值或下限值，表示表面粗糙度参数的所有实测值中超出规定值的个数少于总数的 16%。采用最大规则，应在参数代号后加上"max"，表示表面粗糙度参数的所有实测值不得超出规定值。

（4）表面粗糙度参数值如果采用 16%规则，必须加注极限代号"U"（上限值，为默认值）或"L"（下限值），如果同一参数具有双向极限（既有上限，又有下限）要求，在不引起歧义的情况下，可不加注 U、L。

标注示例见表 5-6。

表 5-6　表面粗糙度参数标注示例（摘自 GB/T 131—2006）

$Rz0.4$	表示不允许去除材料，单向上限值，默认传输带，粗糙度的最大高度 0.4 μm，评定长度为 5 个取样长度（默认），"16%规则"（默认）
$Rz_{max}0.2$	表示去除材料，单向上限值，默认传输带，粗糙度的最大高度的最大值 0.2 μm，评定长度为 5 个取样长度（默认），"最大规则"
$0.008{-}0.8/Ra\,3.2$	表示去除材料，单向上限值，传输带 0.008～0.8 mm，算数平均偏差 3.2 μm，评定长度为 5 个取样长度（默认），"16%规则"（默认）
U $Ra_{max}3.2$ L $Ra0.8$	表示不允许去除材料，双向极限值，两个极限值均使用默认传输带，上限值：算数平均偏差的最大值 3.2 μm，评定长度为 5 个取样长度（默认），"最大规则"；下限值：算数平均偏差 0.8 μm，评定长度为 5 个取样长度（默认），"16%规则"（默认）

5.3.3　表面粗糙度在图样上的标注

表面粗糙度的图样标注要求：每一表面只标注一次，其注写和读取方向与尺寸的注写和读取方向一致，如图 5-14 所示。

1）标注在轮廓线上或指引线上

符号、代号一般标注在图样的可见轮廓线、尺寸界

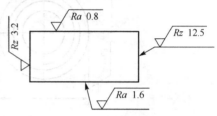

图 5-14　表面粗糙度的注写方向

限、引出线或它们的延长线上，符号的尖端必须从材料外指向并接触被测表面。必要时，表面粗糙度符号也可用带箭头或黑点的指引线引出标注，如图5-15 和图5-16 所示。

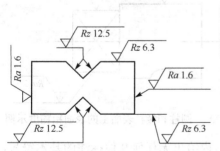

图 5-15　表面粗糙度在轮廓线上的标注示例

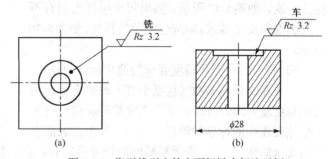

图 5-16　指引线引出的表面粗糙度标注示例

2）标注在特征尺寸的尺寸线上

在不引起误解时，表面粗糙度符号、代号可标注在给定的尺寸线上，如图5-17所示。

3）标注在形位公差框格上

表面粗糙度符号、代号可标注在形位公差框格的上方，如图5-18所示。

4）标注在延长线上

表面粗糙度符号、代号可直接标注在延长线上，或用带箭头的指引线引出标注，如图 5-15 和图5-19所示。

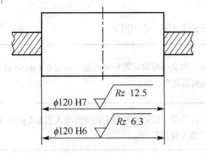

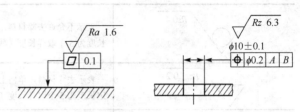

图 5-17　给定尺寸线上的表面粗糙度标注示例　　　图 5-18　表面粗糙度标注在形位公差框格上方的示例

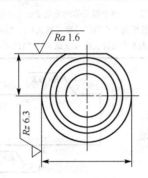

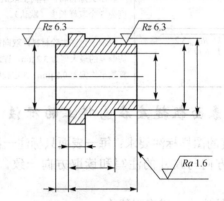

图 5-19　标注在圆柱特征的延长线上的表面粗糙度示例

5）标注在圆柱和棱柱表面上

圆柱和棱柱表面上的表面粗糙度符号、代号只标注一次，如图5-17所示。如果每个棱柱表面有不同的表面粗糙度要求，则应分别单独标注，如图5-20所示。

6）有相同表面粗糙度要求的简化标注方法

如果在工件的多数（包括全部）表面有相同的表面粗糙度要求，则其表面粗糙度符号和代号可统一标注在图样的标题栏附近。此时（除全部表面有相同要求的情况外），表面粗糙度的符号后应有：在圆括号内给出无任何其他标注的基本符号，如图5-21所示；或在圆括号内给出不同表面粗糙度要求，如图5-22所示。

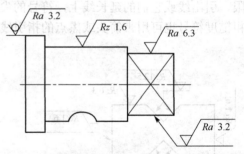

图 5-20　圆柱和棱柱表面上的表面粗糙度示例

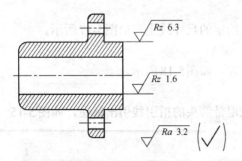

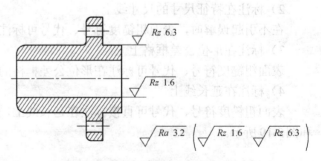

图 5-21　多数表面有相同要求的简化注法（一）　　　图 5-22　多数表面有相同要求的简化注法（二）

两个图的表面粗糙度标注意义为：除内孔和右端外圆两个表面外，其余所有表面的粗糙度为去除材料的加工工艺，单向上限值，默认传输带，算数平均偏差为 3.2 μm，评定长度为 5 个取样长度（默认），"16%规则"（默认）。

5.4　表面粗糙度的选择

正确选择零件表面的粗糙度参数及其数值，对改善机器及仪表的工作性能及提高使用寿命有着重要的意义。

5.4.1　表面粗糙度评定参数的选择

1. 高度评定参数的选择

前面所述高度参数 Ra、Rz 是基本参数。有粗糙度要求的表面必须选择一个高度参数，一般情况下，0.025～6.3 μm 推荐选用 Ra，因为 Ra 能充分合理地反映零件表面的粗糙度特征，而且可用电动轮廓仪测量，测量效率高。

选择 Rz 的情况有：

（1）对于其余特别粗糙或特别光滑的表面，考虑到工作条件和检测条件，可选用 Rz。

（2）零件材料较软时，要选用 Rz。因为 Ra 的值一般用针描法测量，会划伤软材料零件表面，且测量结果不准确。

（3）对于测量面积很小，取样长度内轮廓峰或谷少于 5 个时，可选用 Rz。

（4）有疲劳强度要求的零件表面可选用 Rz。

2. 辅助评定参数的选择

Rsm 和 $Rmr(c)$ 是辅助评定参数，它们一般不能单独选用，只有当零件表面有特殊功能要求时，仅仅用高度参数不能满足零件表面的要求，才在选用了高度参数的基础上，附加选用间距特征参数和形状特征参数。在有密封性、光亮度及使喷涂均匀等特殊要求的重要零件表面应加选 Rsm；对于有较高支承刚度和耐磨性要求的表面，应加选附加参数 $Rmr(c)$。

5.4.2　表面粗糙度评定参数值的选择

表面粗糙度评定参数选定后，应规定其允许值。表面参数值的选择不仅影响着零件的使用性能，还关系到制造成本。一般表面粗糙度参数（Ra）值越小，零件的工作性能越好，但却会增加加工工序，增加成本。

表面粗糙度参数值均已标准化，设计时应按照国家标准规定的参数系列选取（见表 5-7～表 5-10）。一般只规定上限值，必要时还需给出下限值。高度特征、间距特征参数值分为基本系列和补充系列，优先选用基本系列的参数值。

表 5-7　Ra 的数值（摘自 GB/T 1031—2009）　（单位：μm）

基本系列	补充系列	基本系列	补充系列	基本系列	补充系列
	0.008	0.20			5.0
0.012	0.010		0.25	6.3	
			0.32		8.0

续表

基本系列	补充系列	基本系列	补充系列	基本系列	补充系列
	0.016	0.40			10.0
	0.020		0.50	12.5	
0.025			0.63		16.0
	0.032	0.80			20.0
	0.040	1.00		25	
0.050			1.25		32.0
	0.063	1.60			40.0
	0.080	2.0		50	
0.100			2.5		63.0
	0.125	3.2			80.0
	0.160	4.0		100	

表 5-8　　Rz 的数值（摘自 GB/T 1031—2009）　　　　　　　　（单位：μm）

基本系列	补充系列	基本系列	补充系列	基本系列	补充系列	基本系列	补充系列	基本系列	补充系列	基本系列	补充系列
0.025		0.20		1.60		12.5		100		800	
	0.032		0.25		2.0		16.0		125		1000
	0.040		0.32		2.5		20		160		1250
0.050		0.40		3.2		25		200		1600	
	0.063		0.50		4.0		32		250		
	0.080		0.63		5.0		40		320		
0.100		0.80		6.3		50		400			
	0.125		1.00		8.0		63		500		
	0.160		1.25		10.0		80		630		

表 5-9　　Rsm 的数值（摘自 GB/T 1031—2009）　　　　　　　（单位：μm）

基本系列	补充系列	基本系列	补充系列	基本系列	补充系列	基本系列	补充系列
	0.002	0.025			0.25		2.5
	0.003		0.032		0.32	3.2	
	0.004		0.040	0.40			4.0
	0.005	0.050			0.50		5.0
			0.063	0.80		0.63	6.3
0.006	0.008		0.080				8.0
	0.010	0.100			1.00		10.0
0.0125			0.125	1.60		1.25	12.5
	0.016		0.160				
	0.020	0.20			2.0		

注：Xs 的最小间距规定为取样长度 lr 的 1%，轮廓峰（谷、单峰、单谷）的最小高度规定为 Rz 的 10%。

表 5-10　　$Rmr(c)$ 的数值（摘自 GB/T 1031—2009）

10	15	20	25	30	40	50	60	70	80	90

注：选用 $Rmr(c)$ 参数时，必须同时给出轮廓水平截距 c 值，c 值可用微米或 Rz 的百分数系列表示：Rz 的 5%、10%、15%、25%、30%、40%、50%、60%、70%、80%、90%。

　　机械零件表面粗糙度 Ra 的选择方法有 3 种，即计算法、试验法和类比法。在设计零件时，表面粗糙度数值的选择应用最普遍的是类比法，此法简便、迅速、有效。既要满足零件的使用要求，又要考虑到选用的总原则，因此在具体选择时，可以参考下述原则。

　　（1）总的原则：在保证零件表面功能要求的前提下，尽量选用较大的表面粗糙度参数值（$Rmr(c)$ 除外），以降低加工成本。

　　（2）同一零件上，工作表面的粗糙度参数值应比非工作表面小；受交变应力作用的表面及可能会发生应力集中的内圆角、沟槽处粗糙度高度参数值应较小。

（3）摩擦表面比非摩擦表面的粗糙度参数值小。摩擦表面的摩擦速度愈高，所受的单位压力愈大，则粗糙度参数值愈小；滚动摩擦表面比滑动摩擦表面要求粗糙度参数值小。

（4）对于间隙配合，配合间隙越小，粗糙度参数值应越小；对于过盈配合，为保证连接强度的牢固可靠，载荷越大，要求粗糙度参数值越小。一般情况下，间隙配合比过盈配合粗糙度参数值要小。

（5）配合表面的粗糙度参数值应与其尺寸精度要求相当。配合性质相同时，零件尺寸越小，其相应的粗糙度参数值越小，见表 5-11；同一精度等级，小尺寸比大尺寸的粗糙度参数值小，轴比孔的粗糙度参数值小（特别是 IT8～IT5 的精度），可以根据表 5-12 的经验推荐值选用表面粗糙度。

表 5-11　公差等级与表面粗糙度值

公差等级	基本尺寸/mm											
	～3	>3～6	>6～10	>10～18	>18～30	>30～50	>50～80	>80～120	>120～180	>180～250	>250～315	>315～400	>400～500
	表面粗糙度数值 $Ra \leqslant$ μm											
IT6	0.1					0.2			0.4				
IT7	0.1		0.2			0.4			0.8				
IT8	0.2		0.4			0.8							
IT9	0.2		0.4		0.8			1.6					
IT10	0.4		0.8		1.6			3.2					
IT11	0.8		1.6			3.2			6.3				
IT12	0.8	1.6		3.2			6.3						

表 5-12　轴和孔表面粗糙度 Ra 的推荐选用值　　　　　　（单位：μm）

应用场合		基本尺寸/mm	≤50		>50～120		>120～150	
		公差等级	轴	孔	轴	孔	轴	孔
经常装拆零件的配合表面		IT5	≤0.2	≤0.4	≤0.4	≤0.8	≤0.4	≤0.8
		IT6	≤0.4	≤0.8	≤0.8	≤1.6	≤0.8	≤1.6
		IT7	≤0.8		≤1.6		≤1.6	
		IT8	≤0.8	≤1.6	≤1.6	≤3.2	≤1.6	≤3.2
过盈配合	压入装配	IT5	≤0.2		≤0.4	≤0.8	≤0.4	≤0.8
		IT6～IT7	≤0.4	≤0.8	≤0.8	≤1.6	≤0.8	≤1.6
		IT8	≤0.8	≤1.6	≤1.6	≤3.2		≤3.2
	热装	—	≤0.8		≤1.6	≤3.2	≤1.6	≤3.2
滑动轴承的配合表面		公差等级	轴			孔		
		IT6～IT9	≤0.8			≤1.6		
		IT10～IT12	≤1.6			≤3.2		
		液体湿摩擦条件	≤0.4			≤0.8		
圆锥结合的工作面			密封结合		对中结合		其他	
			≤0.4		≤1.6		≤6.3	
密封材料处的孔、轴表面		密封形式	速度 /(m/s)					
			≤3		3～5		≥5	
		橡胶密封圈	0.8～1.6（抛光）		0.4～0.8（抛光）		0.2～0.4（抛光）	
		毛毡密封	0.8～1.6（抛光）					
		迷宫式	3.2～6.3					
		涂油槽式	3.2～6.3					
精密定心零件的配合表面		径向跳动	2.5	4	6	10	16	25
	IT5～IT8	轴	≤0.05	≤0.1	≤0.1	≤0.2	≤0.4	≤0.8
		孔	≤0.1	≤0.2	≤0.2	≤0.4	≤0.8	≤1.6

续表

基本尺寸/mm 应用场合		≤50	>50～120	>120～150
V带和平带轮工作表面		带轮直径/mm		
		≤120	>120～315	>315
		1.6	3.2	6.3
箱体分界面（减速箱）	类型	有垫圈		无垫圈
	需要密封	3.2～6.3		0.8～1.6
	不需要密封	6.3～12.5		

（6）防腐蚀性，密封性要求高，或外形要求美观的表面应选用较小的粗糙度参数值。

注：凡有关标准已对表面粗糙度做出规定的标准件或常用典型零件（例如，与滚动轴承配合的轴颈和基座孔，与键配合的轴槽、轮毂槽的工作面等），应按相应的标准确定其表面粗糙度参数值。

在车间生产的实际运用中，常根据表面粗糙度样板和加工出来的零件表面进行比较，用肉眼或手指的感觉来判断零件表面粗糙度的等级，见表5-13。

表5-13 表面粗糙度的表面状况、加工方法及应用举例

序号	Ra/μm	表面状况	加工方法	应用举例
1	≤50	明显可见的刀痕	粗车、镗、刨、钻	粗加工后的表面，焊接前的焊缝、粗钻孔壁等
2	≤12.5	可见刀痕	粗车、刨、铣、钻	一般非配合表面，如轴的端面、倒角、齿轮及皮带轮的侧面、键槽的非工作表面，减重孔眼表面
3	≤6.3	可见加工痕迹	车、镗、刨、钻、铣、锉、磨、粗铰、铣齿	不重要零件的配合表面，如支柱、支架、外壳、衬套、轴盖等的端面；紧固件的自由表面，紧固件通孔的表面，内、外花键的非定心表面，不作为计量基准的齿轮顶圈圆表面等
4	≤3.2	微见加工痕迹	车、镗、刨、铣、刮1～2点/cm²、拉、磨、锉、滚压、铣齿	半精加工表面，如箱体、外壳、端盖等零件的端面。要求有定心及配合特性的固定支承如定心的轴间，键和键槽的工作表面；不重要的紧固螺纹的表面；需要滚花或氧化处理的表面
5	≤1.6	看不清加工痕迹	车、镗、刨、铣、铰、拉、磨、滚压、铣齿	接近于精加工表面，安装直径超过80mm的G级轴承的外壳孔，普通精度齿轮的齿面，定位销孔，V形带轮的表面，外径定心的内花键外径，轴承盖的定心凸肩表面等
6	≤0.8	可辨加工痕迹的方向	车、镗、拉、磨、立铣、精铰、滚压	要求保证定心及配合特性的表面，如锥销与圆柱销的表面，与G级精度滚动轴承配合的轴径和外壳孔，中速转动的轴径，直径超过80mm的E、D级滚动轴承配合的轴径及外壳孔，内、外花键的定心内径，外花键键侧及定心外径，磨削的齿轮表面等
7	≤0.4	微辨加工痕迹的方向	铰、磨、镗、拉、刮3～10点/cm²、滚压	要求长期保持配合性质稳定的配合表面，IT7级的轴、孔配合表面，精度较高的齿轮表面，受变应力作用的重要零件，与橡胶密封件接触的轴的表面
8	≤0.2	不可辨加工痕迹的方向	布轮磨、磨、研磨、超级加工	保证零件的疲劳强度、防腐性和耐久性，并在工作时不破坏配合性质的表面，如轴径表面、要求气密的表面和支承表面，圆锥定心表面等
9	≤0.1	暗光泽面	超级加工	工作时承受较大变应力作用的重要零件的表面，保证精确定心的锥体表面，液压传动用的孔表面，气缸套的内表面，活塞销的外表面，仪器导轨面，阀的工作面
10	≤0.05	亮光泽面	超级加工	保证高度气密性的接合表面，如活塞、柱塞和汽缸内表面，摩擦离合器的摩擦表面；对同轴度有精确要求的孔和轴；滚动导轨中的钢球或滚子和高速摩擦的工作表面
11	≤0.025	镜状光泽面	超级加工	高压柱塞泵中柱塞和柱塞套的配合表面，中等精度仪器零件配合表面，尺寸大于120mm的IT6级孔用量规，小于120mm的IT7～IT9级轴用和孔用量规测量表面
12	≤0.012	雾状镜面	超级加工	块规的工作表面，高精度测量仪器的测量面，高精度仪器摩擦机构的支承表面

5.5　表面粗糙度的测量

零件完工后，其表面的粗糙度是否满足使用要求，需要进行检测。表面粗糙度检测的基本原则如下。

1）测量方向的选择

对于表面粗糙度，若未指定测量截面的方向，则应在高度参数最大值的方向进行测量，一般来说，就是在垂直于表面加工纹理方向的截面上测量。

2）表面缺陷的摒弃

表面粗糙度不包括沟槽、气孔、砂眼、擦伤、划痕等缺陷。

3）测量部位的选择在若干有代表性的区段上测量

表面粗糙度的常用检测方法有光切法、比较法、干涉法、针描法（轮廓法）等。

5.5.1　比较法

用比较法检验表面粗糙度是生产车间常用的方法。它是将被测表面与标有一定高度参数的粗糙度样块（如图 5-23 所示）进行比较来评定表面粗糙度。

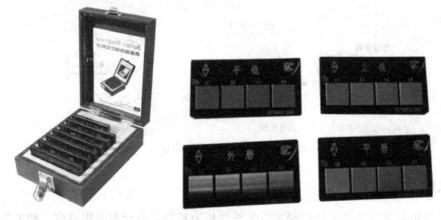

图 5-23　表面粗糙度比较样块

比较法可用目测主观直接判断，借助于放大镜或显微镜比较，以及凭触觉来判断表面粗糙度。在用粗糙度样块进行比较检验时，样块和被测表面的材质、加工方法应尽可能一致；此方法最简单易行，适合在生产现场使用，但只能做定性分析，评定精度较低，仅适用于表面粗糙度要求不高的零件表面的评定。直接目测为 $Ra>2.5$，用放大镜为 $Ra0.32\sim0.5$。

比较法在用显微镜时，适用于 $Ra<0.32$。将被测表面与表面粗糙度比较样块靠在一起，用显微镜观察两者被放大的表面，以样块工作面上的粗糙度为标准，观察比较被测表面是否达到相应样块的表面粗糙度；从而判定被测表面粗糙度是否符合规定。此方法不能测出粗糙度参数值。

5.5.2　光切法

光切法就是用光切显微镜来测量零件的表面粗糙度。将一条细窄的光带以一定的倾斜角投影到被测表面上，光带与表面相截的交线便反映出被测表面的微观不平度轮廓形状，这条曲折不平的光带影像，可从对应于投射光带轴线的反射方向用显微镜观测。用光带剖切表面获得截面轮廓的方法称为光切法。

光切显微镜又称为双管显微镜，它可以测量切削加工的金属零件外圆表面，以及规则表面（车、铣、刨等）的 Rz。测量的范围一般为 $0.8\sim100\ \mu m$。

光切显微镜的工作原理如图5-24所示。由光源发出的光线经聚光镜、狭缝及物镜1后，以 45° 的方向投射到被测工件表面上，形成一束平行光带，由于被测表面粗糙不平，故峰、谷分别产生反射，经物镜2成像在分划板上，从目镜中就可直接观察到一条齿状亮带。通过目镜、分划板与测微器，可测出距离 N，则被测表面的微观不平度的峰谷高度 h 为

$$h = N\cos45°/V$$

式中，V 为观察镜管的物镜放大倍数。

光切法测量表面粗糙度的缺点是需要人工取点，测量效率较低。

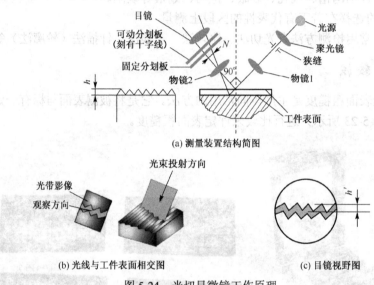

(a) 测量装置结构简图

(b) 光线与工件表面相交图

(c) 目镜视野图

图 5-24　光切显微镜工作原理

5.5.3　干涉法

干涉显微镜是利用光波干涉原理，以光波波长为基准来测量表面粗糙度。把工件表面的微观不平度以干涉条纹的曲折程度反映出来，然后通过目镜观察和测微装置测量，即可计算出参数值。干涉显微镜主要用来测量 Rz 参数，测量的范围一般为 $0.025\sim0.8\ \mu m$。

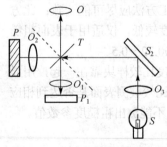

图 5-25　干涉显微镜工作原理

干涉显微镜工作原理：由光源 S 发出的光束，经聚光镜 O_3 和反光镜 S_1 射到分光镜 T 后分为两束。一束光透过分光镜 T、物镜 O_2 后射向被测工件 P 的表面，由 P 反射后沿原路返回至分光镜 T，再在 T 上反射，射向观察目镜 O；另一束光由分光镜 T 反射后通过物镜 O_1 射到标准镜 P_1 上，由 P_1 反射，透过分光镜 T 后也射向观察目镜 O（如图5-25所示）。两束光在 O 的焦平面上相遇，当两束光的光程相等时，发生干涉，产生干涉条纹。测出干涉条纹多个峰谷高度差和条纹间距，即可计算出表面粗糙度的参数值。

5.5.4　针描法

针描法是用电动轮廓仪测量零件表面粗糙度，其测量原理是：测量工件表面粗糙度时，将

传感器放在工件被测表面上，由仪器内部的驱动机构带动传感器沿被测表面做等速滑行，传感器通过内置的针尖曲率半径为 2 μm 左右的金刚石触针感受被测表面的粗糙度，此时触针会沿着工件被测表面微观几何形状变化产生垂直位移，该位移通过传感器转化成与被测表面粗糙度成比例的模拟信号，该信号经过放大及电平转换之后进入数据采集系统，将采集的数据进行数字滤波和参数计算，测量结果 Ra 值在液晶显示器显示出来，如图5-26 所示。电动轮廓仪测量值的范围一般为 0.025～6.3 μm。

图 5-26　针描法测量原理框图

　　针描法能够直接读出 Ra 的数值，还能测量平面、孔和圆弧面等各种形状的表面粗糙度，性能比较完善的电动轮廓仪可以测量 Ra、Rz、RSm、$Rmr(c)$ 等各参数。由于其测量方便，迅速可靠，故得到广泛应用。

本 章 小 结

　　1．表面粗糙度属于微观几何形状误差，与表面波纹度和宏观形状误差有区别。

　　2．国家标准中表面粗糙度的基本术语有轮廓峰、谷、单元，取样长度、评定长度和轮廓中线，评定参数有高度参数 Ra 和 Rz、间距特征参数 Rsm、形状特征参数 Rmr（c）。

　　3．表面粗糙度参数中高度参数为基本参数，必须选一个；数值的选用要用类比法。

　　4．表面粗糙度的识读和标注需参照 GB/T 131—2006。

　　5．表面粗糙度的检测方法主要有比较法、光切法、干涉法、针描法。

附表 1　国内表面光洁度与表面粗糙度的对应关系

表面光洁度等级	表面粗糙度参数值		名称	表面状况	获得方法
	Rz	Ra			
▽1	200	>50～100	粗加工面	明显可见刀痕	锯断、粗车、粗铣
▽2	100	>25～50		可见刀痕	粗刨、钻孔、粗镗
▽3	50	>12.5～25		微见刀痕	锉刀、粗砂轮等加工
▽4	25	>6.3～12.5	半加工面	可见加工痕迹	精车、镗、刨、铣、锉、铣齿、滚压、铣齿、粗铰埋头孔、刮研等
▽5	12.5	>3.2～6.3		微见加工痕迹	
▽6	6.3	>1.6～3.2		看不见加工痕迹	
▽7	6.3	>0.8～1.6	光加工面	可辨加工痕迹方向	精磨、精铰、精拉、精挫、金刚石车刀精车研磨等
▽8	3.2	>0.4～0.8		微可辨加工痕迹方向	
▽9	1.6	>0.2～0.4		不可辨加工痕迹方向	

续表

表面光洁度等级	表面粗糙度参数值		名称	表面状况	获得方法
	Rz	Ra			
▽10	0.80	>0.1～0.2	精加工面	暗光泽面	研磨、抛光、超级加工
▽11	0.40	>0.050～0.1		亮光泽面	
▽12	0.20	>0.025～0.050		镜状光泽面	
▽13	0.100	>0.012～0.025		雾状镜面	
▽14	0.050	≤0.012		镜面	

习　题

一、选择题

1. 表面粗糙度符号或代号不应标注在（　　）。

A. 虚线上　　　　　　　　　　　B. 可见轮廓线上

C. 尺寸界限上　　　　　　　　　D. 引出线或它们的延长线上

2. 表面粗糙度评定参数中（　　）更能充分反映被测表面的实际情况。

A. Ra　　　　　　B. Rz　　　　　　C. $Rmr(c)$　　　　　　D. RSm

3. 表面粗糙度值越小，则零件（　　）。

A. 加工容易　　　　　　　　　　B. 耐磨性好

C. 抗疲劳强度差　　　　　　　　D. 传动灵敏性差

4. 下列论述正确的是（　　）。

A. 表面粗糙度属于表面微观性质的形状误差

B. 表面粗糙度属于表面宏观性质的形状误差

C. 表面粗糙度属于表面波纹度误差

D. 经过磨削加工所得表面比车削加工所得表面的表面粗糙度值大

二、判断题

1. 同一公差等级时，孔的表面粗糙度值应比轴的小。　　　　　　　　　（　　）

2. 受交变载荷的零件，其表面粗糙度值应大。　　　　　　　　　　　　（　　）

3. 轮廓最小二乘中线是唯一的，但很难获得，可用轮廓算术平均中线代替。（　　）

4. 参数 Ra、Rz 均可反映微观几何形状高度方面特性，可互相替换使用。（　　）

5. 表面粗糙度值越大，则零件的表面越光滑。　　　　　　　　　　　　（　　）

6. 在间隙配合中，由于表面粗糙，会因磨损而使间隙迅速增大。　　　　（　　）

7. 表面越粗糙，取样长度应越大。　　　　　　　　　　　　　　　　　（　　）

8. 选择表面粗糙度评定参数值，越小越好。　　　　　　　　　　　　　（　　）

三、简答题

1. 表面粗糙度的含义是什么？它与形状误差和表面波纹度有何区别？

2. 表面粗糙度对零件的使用性能有哪些影响？

3. 规定取样长度和评定长度的目的是什么？

4. 国家标准中规定了哪些表面粗糙度的评定参数？它们各有什么特点？

四、综合题

1. 在一般情况下，$\phi 50H7$ 和 $\phi 100H7$ 相比，$\phi 40H6/f5$ 和 $\phi 40H6/s5$ 相比，哪个应选用较小的粗糙度值，为什么？

2. 将下列要求标注在图5-27上，各加工表面均采用去除材料的方法获得。

（1）$\phi 30$ 的圆柱面 Ra 的上限值为 3.2；　　　（2）$\phi 20$ 的内孔面 Ra 的上限值为 3.2；

（3）$\phi 66$ 的圆柱右端面 Ra 的上限值为 12.5；　　（4）$\phi 8$ 的孔 Ra 的上限值为 6.3。

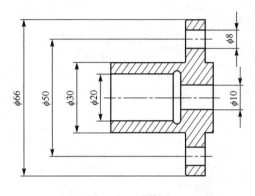

图 5-27　零件图

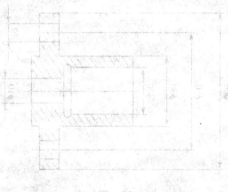

下篇

应用篇

第6章

光滑极限量规

> 学习目的

通过本章的学习，了解工件在验收时产生误收和误废的原因，用光滑极限量规检验孔与轴的特点；掌握光滑极限量规公差带分布的特征及其原因、光滑极限量规工作尺寸的计算方法、光滑极限量规型式的选择和技术要求。

6.1 概述

为了最终保证产品质量，除了必须在图样上规定尺寸公差与配合、形状、位置和表面粗糙度等要求以外，还必须规定相应的检验原则作为技术保证。只有按测量检验标准规定的方法确认合格的零件，才能满足设计要求。同时，由于被测工件的形状、大小、精度要求和使用场合不同，采用的计量器具也不同。单件或小批量生产常采用通用计量器具（如游标卡尺、千分尺等）来测量；对于大批量生产，为提高检测效率，多采用光滑极限量规检验。

6.1.1 尺寸误检的概念

任何测量、检验都不可避免地存在误差。测量工件所得的实际尺寸，因测量器具、测量条件、测量方法和人员的不同而异，它并不等于工件尺寸客观存在的真实值。尤其在车间生产现场，一般不可能采用多次测量取平均值的方法来减小随机误差的影响，也不对温度、湿度等环境因素引起的测量误差进行修正，通常只进行一次测量来判断工件的合格与否。因此，在测量、检验过程中，当测得值在工件最大、最小极限尺寸附近时，就可能产生两种错误判断。

1. 误废

真实尺寸位于公差带内，但接近极限偏差（公差带边缘）的合格工件，可能因测得的实际尺寸超出极限尺寸（公差带）而被误判为废品。

2. 误收

真实尺寸已超差但靠近极限偏差（公差带边缘）的废品，可能因测得的实际尺寸仍处于极限尺寸（公差带）内而被误判为合格品。

例如，用极限误差Δ为±4 μm 的一级千分尺测轴$\phi 20^{\ 0}_{-0.013}$ mm，其公差带如图 6-1 所示。由于测量器具的极限误差Δ = ±4 μm 的存在，当工件

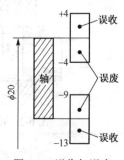

图 6-1 误收与误废

的实际偏差在 0～+4 μm 或-13～-17 μm 时，有可能将这些废品判为合格品，而产生误收；当工件的实际偏差在 0～-4 μm 或-9～-13 μm 时，又有可能将这些合格品判为废品，而产生误废。

前者影响工件原定的配合性能，满足不了设计的功能要求；后者提高了加工精度，但却造成经济损失。

6.1.2 光滑极限量规的作用与分类

量规是一种没有刻度（不可读数）的专用测量器具。用它检验工件时，只能判断工件是否在规定的检验极限范围内，而不能得出工件的实际尺寸、形状和位置误差的具体数值。它结构简单、使用方便、可靠、检验效率高，因此在大批量生产中被广泛应用。

量规的种类根据检验对象不同可分为光滑极限量规、光滑圆锥量规、位置量规、花键量规和螺纹量规等。本章只介绍光滑极限量规。

1. 光滑极限量规的作用

光滑极限量规是检验光滑工件尺寸的一种量规。它是用模拟装配状态的方法来检验工件的，因此检验孔用的光滑极限量规可做得像轴一样，称为塞规；检验轴径用的光滑极限量规可做得像孔一样，称为环规或卡规。量规有通规（或称通端）和止规（或称止端），通规按被测工件的最大实体尺寸制造；止规按被测工件的最小实体尺寸制造。

检验时，塞规或环规都必须将通规和止规联合使用。例如使用塞规检验工件孔时，如图 6-2 所示，如果塞规的通规通过被检验孔，说明被测孔径大于孔的最小极限尺寸；塞规的止规塞不进被检验孔，说明被测孔径小于孔的最大极限尺寸。于是，知道孔径大于最小极限尺寸且小于最大极限尺寸，即孔的作用尺寸和实际尺寸在规定的极限范围内，因此被测孔是合格的。

同理，用卡规的通规和止规检验工件轴径时，如图 6-3 所示，通规通过轴，止规通不过轴，说明被测轴径的作用尺寸和实际尺寸在规定的极限范围内，因此被测轴径是合格的。

从光滑极限量规检测工件的原理可得出：

（1）通规的理想尺寸是被测孔或轴的最大实体尺寸（MMS）；止规的理想尺寸是被测孔或轴的最小实体尺寸（LMS）。

（2）用光滑极限量规检验工件时，只要通规通过，止规不通过，被测工件尺寸合格。

（3）用光滑极限量规检验工件时，通规通不过被测工件，或者止规通过了被测工件，被测工件不合格。

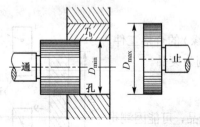

图 6-2　孔用光滑极限塞规

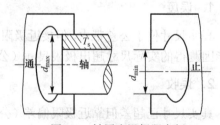

图 6-3　轴用光滑极限卡规

2．光滑极限量规的种类

光滑极限量规国标（GB/T 1957—1981）根据光滑极限量规的不同用途，将其分为工作量规、验收量规和校对量规三类。

1）工作量规

工作量规是工人在加工过程中，用来检验工件的量规。工作量规的通规用代号"T"来表示，止规用代号"Z"来表示。工人在加工过程中，用的通规常是新制的或磨损较少的量规。

2）验收量规

验收量规是检验部门或用户代表验收工件时用的量规。一般地，检验人员用的通规为磨损较大但未超过磨损极限的旧工作量规；用户代表用的是接近磨损极限尺寸的通规，这样由生产工人自检合格的产品，检验部门或用户代表验收时也一定合格。

3）校对量规

校对量规是用以检验轴用工作量规的量规。它检验轴用工作量规在制造时是否符合制造公差，在使用中是否达到磨损极限所用的量规。校对量规可分为三种：

（1）"校通-通"量规（代号为 TT）　　检验轴用量规通规的校对量规；

（2）"校止-通"量规（代号为 ZT）　　检验轴用量规止规的校对量规；

（3）"校通-损"量规（代号为 TS）　　检验轴用量规通规磨损极限的校对量规，检验时要求不通过，若通过则磨损已超过极限，量规必须报废。

在制造工作量规时，由于轴用工作量规（常为卡规）的测量比较困难，使用过程中这种量规又易于磨损和变形，所以必须用校对量规对其进行检验和校对。而孔用量规（常为塞规）是轴状的外尺寸，便于用通用计量仪器进行检验，所以孔用量规没有校对量规。

6.2　光滑极限量规的公差

作为量具的光滑极限量规，本身也相当于一个精密工件，制造时和普通工件一样，不可避免地会产生加工误差，同样需要规定制造公差。量规制造公差的大小不仅影响量规的制造难易程度，还会影响被测工件加工的难易程度以及对被测工件的误判。为确保产品质量，国家标准 GB/T 1957—1998 规定量规公差带不得超越工件公差带，做到"宁误废，不误收"。

通规由于经常通过被测工件，会有较大的磨损，为了延长使用寿命，除规定了制造公差外，还规定了磨损公差。磨损公差的大小决定了量规的使用寿命。

止规不经常通过被测工件，故磨损较少，所以不规定磨损公差，只规定制造公差。

6.2.1　工作量规的公差

图 6-4 所示为极限量规国家标准规定的工作量规的公差带。通规制造公差带的中线由最大实体尺寸向工件公差带内缩一个距离 Z（位置要素）；通规的磨损极限与被测工件的最大实体尺寸重合，止规的制造公差带从工件的最小实体尺寸起，向工件的公差带内分布。

为了不使量规占用过多的工件公差，并考虑量规的制造工艺水平及使用寿命，国家标准按被测工件的基本尺寸和公差等级规定了工作量规的制造公差 T 和通规公差带的位置要素 Z 的数值，列于表 6-1 中。

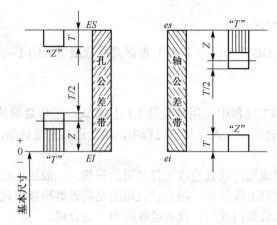

图 6-4　工作量规公差带图

表 6-1　工作量规制造公差与通规公差带的位置要素值（摘自 GB 1957—1981）　　（单位：μm）

工件基本尺寸/mm	IT6		IT7		IT8		IT9		IT10		IT11		IT12		IT13		IT14	
	T	Z	T	Z	T	Z	T	Z	T	Z	T	Z	T	Z	T	Z	T	Z
~3	1	1	1.2	1.6	1.6	2	2	3	2.4	4	3	6	4	9	6	14	9	20
3~6	1.2	1.4	1.4	2	2	2.6	2.4	4	3	5	4	8	5	11	7	16	11	25
6~10	1.4	1.6	1.8	2.4	2.4	3.2	2.8	5	3.6	6	5	9	6	13	8	20	13	30
10~18	1.6	2	2	2.8	2.8	4	3.4	6	4	8	6	11	7	15	10	24	15	35
18~30	2	2.4	2.4	3.4	3.4	5	4	7	5	9	7	13	8	18	12	28	18	40
30~50	2.4	2.8	3	4	4	6	5	8	6	11	8	16	10	22	14	34	22	50
50~80	2.8	3.4	3.6	4.6	4.6	7	6	9	7	13	9	19	12	26	16	40	26	60
80~120	3.2	3.8	4.2	5.4	5.4	8	7	10	8	15	10	22	14	30	20	46	30	70
120~180	3.8	4.4	4.8	6	6	9	8	12	9	18	12	25	16	35	22	52	35	80
180~250	4.4	5	5.4	7	7	10	9	14	10	20	14	29	18	40	26	60	40	90
250~315	4.8	5.6	6	8	8	11	10	16	12	22	16	32	20	45	28	66	45	100
315~400	5.4	6.2	7	9	9	12	11	18	14	25	18	36	22	50	32	74	50	110
400~500	6	7	8	10	10	14	12	20	16	28	20	40	24	55	36	80	55	120

　　国家标准规定的工作量规的形状和位置误差，应在工作量规的尺寸公差范围内。工作量规的形位公差为量规制造公差的 50%，当量规的制造公差小于或等于 0.002 mm 时，其形位公差为 0.001 mm。

　　对于验收量规，量规国家标准没有制定其公差带的标准，只进行了如下的相关规定：

　　（1）制造厂检验工件时，加工工人应使用新的或磨损较少的工作量规的通规；

　　（2）检验部门应使用与加工工人用的量规型式相同且已磨损较多，但未达到磨损极限的通端量规；

　　（3）用户代表所使用的验收量规，其通规尺寸应接近被测工件的最大实体尺寸，止规尺寸应接近被测工件的最小实体尺寸。

6.2.2　校对量规的公差

　　标准规定校对量规的制造公差 T_p 为被校对的轴用工作量规制造公差 T 的 50%，其形位公差应在校对量规的制造公差范围内，其公差带的分布如图 6-5 所示。

1. "校通–通"量规（TT）

　　它的作用是防止通规尺寸过小（制造时过小或自然时效时过

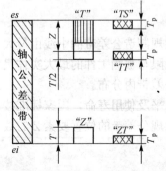

图 6-5　校对量规公差带图

小）。检验时应通过被校对的轴用通规，其公差带从通规的下偏差开始，向轴用通规的公差带内分布。

2. "校止-通"量规（ZT）

它的作用是防止止规尺寸过小（制造时过小或自然时效时过小）。检验时应通过被校对的轴用止规，其公差带从止规的下偏差开始，向轴用止规的公差带内分布。

3. "校通-损"量规（TS）

它的作用是防止通规超出磨损极限尺寸。检验时，若通过了，说明所校对的量规已超过磨损极限，应予报废。其公差带是从通规的磨损极限开始，向轴用通规的公差带内分布。

根据上述内容可知，工作量规的公差带完全位于工件极限尺寸范围内，校对量规的公差带完全位于被校对量规的公差带内。从而保证了工件符合"公差与配合"国家标准的要求，但是相应地缩小了工件的制造公差，给生产加工带来了困难，并且还易把一些合格品误判为废品。

6.3　光滑极限量规的设计

6.3.1　量规设计的原则

1. 符合量规设计泰勒原则

对有配合要求的零件不但实际尺寸要求合格，为保证配合性质，它的形状误差和实际尺寸综合作用形成的作用尺寸也必须合格。国家用极限尺寸判断原则（泰勒原则）对孔和轴的作用尺寸和实际尺寸加以控制。为确保孔和轴能满足装配要求，光滑极限量规的设计应遵循泰勒原则。

泰勒原则要求工件的体外作用尺寸不允许超过最大实体尺寸；任何部位的实际尺寸不允许超过最小实体尺寸，即

$$D_M \leqslant D_{fe} \leqslant D_a \leqslant D_{max}$$
$$d_{min} \leqslant d_a \leqslant d_{fe} \leqslant d_{max}$$

由于通规的尺寸是孔或轴的最大实体尺寸，将通规做成一个完整的圆柱形，被检孔如果被通规通过，说明该孔的体外作用尺寸 $D_{fe} \geqslant D_M$；被检轴被通规通过，说明该轴的体外作用尺寸 $d_{fe} \leqslant d_{max}$。如果将止规做成不全形的，被检孔被止规不通过，说明该孔的实际尺寸 $D_a \leqslant D_{max}$；被检轴被止规不通过，说明该轴的实际尺寸 $d_a \geqslant d_{min}$。用通规和止规联合使用来检验工件，就可知被测工件的作用尺寸和实际尺寸是否在极限尺寸范围内，从而可按泰勒原则判断出工件是否合格。

由于通规用来控制工件的作用尺寸，止规用来控制工件的实际尺寸，因此符合泰勒原则的形状应为：通规的测量面应是与孔或轴相对应的完整表面（即全形量规），且量规的长度等于配合长度；止规的测量面应是点状的（即不全形量规）。

2. 偏离量规设计泰勒原则

在生产实际中，由于量规制造和使用方面的原因，光滑极限量规常常偏离泰勒原则。国标规定，允许在被检工件的形状误差不影响配合性质的条件下，使用偏离泰勒原则的量规。例如，

为了量规的标准化，量规厂供应的标准通规的长度，常常不等于工件的配合长度，对于大尺寸的孔和轴通常使用非全形的塞规（见图 6-6）和卡规检验，以代替笨重的全形通规；由于环规不能检验曲轴，允许通规用卡规；为了减少磨损，止规也可以不用点接触工作，一般做成小平面、圆柱面或球面；检验小孔时，止规常常做成全形塞规。

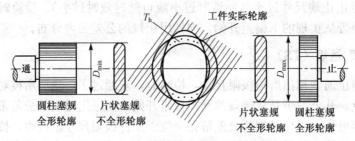

图 6-6　全形塞规与不全形塞规

为了尽量避免在使用偏离泰勒原则的量规检验时造成的误判，操作时一定要注意。例如，使用非全形的通端量规时，应在被检孔的全长上沿圆周的几个位置上检验；使用卡规时，应在被检轴的配合长度内的几个部位并围绕被检轴的圆周的几个位置上检验。

6.3.2　量规型式的选择

检验圆柱形工件的光滑极限量规的型式很多。合理地选择与使用，对正确判断检验结果影响很大。按照国家标准推荐，检验孔时，可用全形塞规、不全形塞规、片状塞规、球端杆规，依据被检工件的基本尺寸，可参照图 6-7 选择孔用量规的型式。

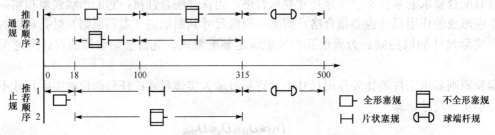

图 6-7　孔用量规的型式及应用范围

检验轴时，可用环规和卡规，依照被检工件的基本尺寸，可参照图 6-8 选择轴用量规的型式。

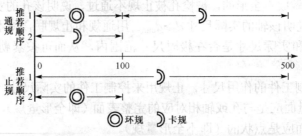

图 6-8　轴用量规的型式及应用范围

上述各种型式的量规及应用尺寸范围，可供设计时参考。具体结构型式参看国家标准 GB/T 6322—1986《光滑极限量规的型式和尺寸》及相关资料。

6.3.3　量规工作尺寸的计算

光滑极限量规的工作尺寸的一般计算步骤如下：

（1）由国标 GB/T 1800.3—1998《公差与配合》查出被测孔和轴的极限偏差；

（2）由表 6-1 查出工作量规的制造公差 T 和位置要素 Z 值；

（3）按工作量规制造公差 T，确定工件量规的形状公差和校对量规的制造公差；

（4）计算各种量规的极限偏差和工作尺寸。

【例 6-1】

计算 $\phi 25H8/f7$ 孔与轴用量规的工作尺寸。

解：（1）查表确定被检孔与轴的上、下偏差为 $\phi 25 \dfrac{H8\binom{+0.035}{0}}{f7\binom{-0.020}{-0.041}}$。

（2）查表确定量规的制造公差 T、位置要素 Z 和形状公差 t，即

塞规：$T = 0.0034$ mm，$Z = 0.005$ mm，$t = T/2 = 0.0017$ mm

卡规：$T = 0.0024$ mm，$Z = 0.0034$ mm，$t = T/2 = 0.0012$ mm

（3）计算量规的上、下偏差，见表 6-2。

表 6-2　工作量规的上、下偏差及磨损极限计算表

种类与项目		$\phi 25H8$ 用塞规	$\phi 25f7$ 用卡规
通规	上偏差	$Ts = EI + Z + t = +0.0067$ mm	$Ts = es - Z + t = -0.0222$ mm
	下偏差	$Tl = EI + Z - t = +0.0033$ mm	$Tl = es - Z - t = -0.0246$ mm
	磨损极限	$Te = D_{\min} = 0$	$Te = d_{\max} = 24.98$ mm
止规	上偏差	$Zs = ES = +0.033$ mm	$Zs = ei + T = -0.0386$ mm
	下偏差	$Zi = ES - T = +0.0296$ mm	$Zi = ei = -0.041$ mm

（4）写出工作量规的上、下偏差，即

① $\phi 25\ H8$ 孔用量规

通规：$\phi 25^{+0.0067}_{+0.0033}$ mm；止规：$\phi 25^{+0.033}_{+0.0296}$ mm

② $\phi 25\ f7$ 轴用量规

通规：$\phi 25^{-0.0222}_{-0.0246}$ mm；止规：$\phi 25^{-0.0386}_{-0.041}$ mm

（5）画出孔与轴用量规的工作图（见图 6-9）。

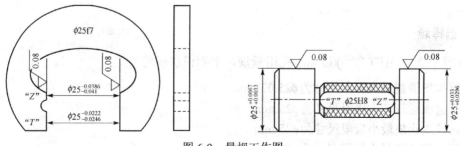

图 6-9　量规工作图

6.3.4　量规的技术要求

量规测量表面的硬度一般要求在 58～65 HRC 之间，以保证其具有一定的耐磨性和使用寿命。量规材料可用渗碳钢、合金工具钢和硬质合金等，这几种钢材经淬火后能达到硬度要求，

也可在测量表面上镀铬或氮化处理以提高其表面硬度。

量规测量表面的表面粗糙度参数值，取决于被检验工件的基本尺寸、公差等级和表面粗糙度参数值及量规的制造工艺水平。一般不低于光滑极限量规国家标准推荐的表面粗糙度参数值（见表6-3）。

表6-3　量规测量面粗糙度参数值

工作量规	工件基本尺寸/mm		
	<120	120～315	315～500
	表面粗糙度 Ra（不大于）/μm		
IT6 级孔用量规	0.04	0.08	0.16
IT6～IT9 级轴用量规 IT7～IT9 级孔用量规	0.08	0.16	0.32
IT10～IT12 级孔、轴用量规	0.16	0.32	0.63
IT13～IT16 级孔、轴用量规	0.32	0.63	0.63

注：校对量规测量表面的表面粗糙度数值比被校对的轴用量规测量表面的粗糙度数值略高一级。

本 章 小 结

光滑极限量规是一种无刻度的专用计量量具，较通用计量器具使用方便，一般用于大批量生产有配合要求的零件。

光滑极限量规可分为工作量规、验收量规和校对量规三种，孔用量规称为塞规，轴用量规称为卡规或环规，轴用量规才有校对量规。

光滑极限量规的公差包含制造公差和位置要素两个方面，其设计应遵循泰勒原则，但在实际生产中，由于制造和使用上的原因，往往偏离泰勒原则，符合泰勒原则的量规，通规应是全形的，止规应不是全形（常为两点式）。

习　　题

一、选择题

1. 对于检验 $\phi25H7(^{+0.021}_{0})$Ⓔ mm 孔用量规，下列说法正确的是（　　　）。

A. 该量规通规最大极限尺寸为 $\phi25.021$ mm

B. 该量规通规最大极限尺寸为 $\phi25$ mm

C. 该量规止规最小极限尺寸为 $\phi25$ mm

D. 该量规止规最大极限尺寸为 $\phi25.021$ mm

2. 检验 $\phi30g6$Ⓔmm 轴用量规，属于（　　　）。

A. 止规　　B. 验收量规　　C. 卡规或塞规　　D. 校对量规

3. 关于量规的作用，正确的论述是（　　　）。

A. 塞规通端是防止孔的作用尺寸小于孔的最小极限尺寸

B．塞规止端是防止孔的作用尺寸小于孔的最小极限尺寸

C．卡规通端是防止轴的作用尺寸小于轴的最大极限尺寸

D．卡规止端是防止轴的作用尺寸小于轴的最大极限尺寸

4．通规规定位置要素是为了（　　　）。

A．防止量规在制造时的误差超差

B．防止量规在使用时表面磨损而报废

C．防止使用不当造成浪费

D．防止通规与止规混淆

5．光滑极限量规的通规和止规的基本尺寸应分别为工件的（　　　）尺寸。

A．最大极限尺寸、最小极限尺寸　　　B．最大实体尺寸、最小实体尺寸

C．最大极限尺寸、最小实体尺寸　　　D．最大实体尺寸、最小极限尺寸

6．光滑极限量规主要适用于检验（　　　）级的工件。

A．IT01～IT18　　　B．IT10～IT18　　C．IT6～IT16　　D．IT1～IT6

二、判断题

1．光滑量规止规的基本尺寸等于工件的最大极限尺寸。　　　　　　　　　（　　　）

2．通规的公差由制造公差和磨损公差两部分组成。　　　　　　　　　　　（　　　）

3．检验孔的尺寸是否合格的量规是通规，检验轴的尺寸是否合格的量规是止规。（　　　）

4．光滑极限量规是一种没有刻度的专用量具，不能确定工件的实际尺寸，但能判定工件的合格性。　　　　　　　　　　　　　　　　　　　　　　　　　　　　　　　　（　　　）

三、简答题

1．光滑极限量规按其用途不同可分为哪几类？各应用于什么场合？

2．怎样确定光滑极限量规的工作尺寸？

3．光滑极限量规的技术要求有哪些？

4．什么是泰勒原则？量规测量面型式偏离泰勒原则对测量结果有什么影响？应采取什么措施？

四、计算题

1．计算检验 $\phi45H7/k8Ⓔmm$ 孔与轴用光滑极限量规工作量规的极限尺寸，并绘出量规工作图。

第7章

常用连接件

> 学习目的

通过本章的学习，了解滚动轴承的结构及其代号（尤其是基本代号）的含义；掌握滚动轴承内外径的公差带特点；理解影响滚动轴承配合的因素，能够进行轴承配合件的尺寸公差与配合及其形位公差、表面粗糙度的选择使用。

通过本章的学习，了解单键、花键的极限与配合标准，初步掌握如何正确选用单键、花键的配合。

通过本章的学习，应了解普通螺纹几何参数的基本概念及其对螺纹互换性的影响；理解作用中径的概念；掌握普通螺纹中径合格性的判断原则；掌握普通螺纹的公差带特点并会合理选用；掌握普通螺纹主要几何参数的测量方法。

7.1 滚动轴承的互换性

7.1.1 概述

滚动轴承包括做旋转运动的滚动轴承（简称通用轴承）、做摆动或倾斜运动的关节轴承和做直线运动的直线运动滚动支承三大类，如图 7-1 所示。本节介绍的滚动轴承均为通用轴承。

(a) 通用轴承   (b) 关节轴承   (c) 直线运动滚动支承

图 7-1 三大类滚动轴承

滚动轴承是机械制造业中广泛应用的重要基础元件，它主要有两个功能：一是支撑轴及轴上零件，并引导轴的旋转，保持轴的旋转精度；二是减少转轴与支撑之间的摩擦和磨损。

为实现滚动轴承与其配合件的互换性，正确进行滚动轴承的公差与配合设计，我国颁布了一系列相关标准，主要有 GB/T 4199—2003《滚动轴承 公差 定义》、GB/T 4604—2006《滚动轴承 径向游隙》、GB/T 307.1—2005《滚动轴承 向心轴承 公差》、GB/T 307.3—2005《滚动轴承 通用技术规则》、GB/T 307.4—2002《滚动轴承 推力轴承 公差》、GB/T 275—1993《滚动轴承与轴和外壳的配合》（2004 年已复审）等。

7.1.1.1 滚动轴承的结构

滚动轴承就是将运转的轴与轴座之间的滑动摩擦变为滚动摩擦，从而减小摩擦损失的一种精密的机械元件，是一种标准部件。

1. 滚动轴承的结构

滚动轴承一般由外圈、内圈、滚动体和保持架组成，如图7-2所示。其中，内圈的作用是与轴相配合并与轴一起旋转；外圈装在轴承座孔中，与轴承座相配合，起支撑作用；在内圈的外周和外圈的内周上均制有滚道，当内外圈相对转动时，滚动体即在内外圈的滚道上滚动，其形状大小和数量直接影响着滚动轴承的使用性能和寿命；滚动体由保持架隔开，能使滚动体均匀分布于滚道上，避免其相互摩擦，并起到防止滚动体脱落、引导滚动体旋转的作用。

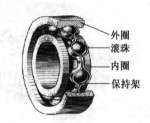

图 7-2 滚动轴承结构示意图

外圈
滚珠
内圈
保持架

2. 滚动轴承的基本特点

滚动轴承的具有尺寸标准化，使用维护方便，摩擦阻力小，功率消耗小，机械效率高，工作可靠，启动容易，轴向尺寸小，在中等速度下承载能力较高等优点。在一般机器中应用较广，如自行车的前轴、中轴和后轴上都装有滚动轴承。

与滑动轴承比较，滚动轴承的缺点是径向尺寸较大，减振能力较差，高速时寿命低，声响较大，以及成本较高。

7.1.1.2 滚动轴承的代号

滚动轴承的代号是用字母加数字来表示轴承结构、尺寸、公差等级、技术性能等特征的产品符号。根据国家标准 GB/T 272—1993 规定，轴承代号由三部分组成：前置代号、基本代号、后置代号。

前置代号主要说明成套轴承分部件，如 K 表示滚子和保持架组件；L 表示可分离轴承的可分离内圈或外圈。后置代号主要是说明特殊材料、特殊结构等。例如，C 表示接触角 15°，AC（25°），B（40°）；/P6 表示滚动轴承精度等级为 6 级；/C2 表示滚动轴承的径向游隙为 2 组。

本小节主要介绍滚动轴承的基本代号。基本代号是轴承代号的基础，表示的是轴承的基本类型、结构和尺寸。它由轴承类型代号、尺寸系列代号（包括轴承直径系列代号和宽（高）度系列代号）、内径代号构成，其排列顺序如下：

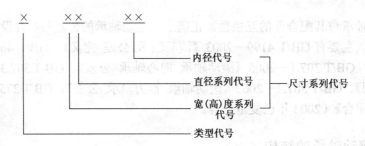

1．轴承类型代号

滚动轴承的类型很多，按其承受负荷的方向，分为向心、向心推力和推力轴承；按其滚动体形状，分为球轴承和滚子轴承（如图 7-3 所示）。

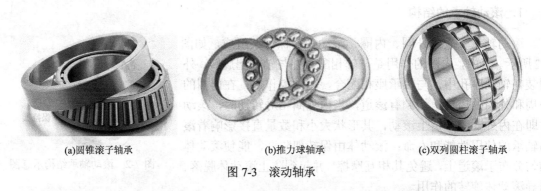

(a)圆锥滚子轴承   (b)推力球轴承   (c)双列圆柱滚子轴承

图 7-3　滚动轴承

轴承代号中用数字或大写字母表示不同类型的轴承（滚针轴承除外），见表 7-1。

表 7-1　滚动轴承的类型代号（摘自 GB/T 272—1993）

代号	轴承类型	代号	轴承类型
0	双列角接触轴承	7	角接触轴承
1	调心球轴承	8	推力圆柱滚子轴承
2	调心滚子轴承和推力调心滚子轴承	N	圆柱滚子轴承
3	圆锥滚子轴承		双列或多列用字母 NN 表示
4	双列深沟球轴承	U	外球面球轴承
5	推力球轴承	QJ	四点接触球轴承
6	深沟球轴承		

2．尺寸系列代号

由两位数字组成。前一位数字代表宽度系列（向心轴承）或高度系列（推力轴承），宽度系列 0 系列（正常系列）可不标；后一位数字代表直径系列，直径系列表示内径相同的轴承可根据使用场合的不同，承载能力和使用寿命也可不同，如 2——轻，3——中，4——重。选择直径不同的滚动体，滚动轴承就相应地具有不同的外径和宽度（或高度）（见表 7-2），这种内径相同但外径不同的结构变化称为滚动轴承的直径系列。

表 7-2 向心、推力轴承的尺寸系列代号（摘自 GB/T 272—1993）

直径系列代号	向心轴承								推力轴承			
	宽度系列代号								高度系列代号			
	8	0	1	2	3	4	5	6	7	9	1	2
	尺寸系列代号											
7	—	—	17	—	37	—	—	—	—	—	—	—
8	—	08	18	28	38	48	58	68	—	—	—	—
9	—	09	19	29	39	49	59	69	—	—	—	—
0	—	00	10	20	30	40	50	60	70	90	10	—
1	—	01	11	21	31	41	51	61	71	91	11	—
2	82	02	12	22	32	42	52	62	72	92	12	22
3	83	03	13	23	33	—	—	—	73	93	13	23
4	—	04	—	24	—	—	—	—	74	94	14	24
5	—	—	—	—	—	—	—	—	—	95	—	—

3. 内径代号

表示轴承公称内径的大小，用数字表示，常用轴承内径见表 7-3。

表 7-3 滚动轴承的公称内径代号表示方法（摘自 GB/T 272—1993）

轴承公称内径/mm		内径代号	示例说明
0.6～10（非整数）		用公称内径毫米数直接表示，在其与尺寸系列代号间用"/"分开	深沟球轴承 618/2.5 $d = 2.5$ mm
1～9（整数）		用公称内径毫米数直接表示，对深沟球轴承及角接触球轴承 7、8、9 直径系列，内径与尺寸系列号间用"/"分开	深沟球轴承 628/5 618/5 $d = 5$ mm
10～17	10	00	深沟球轴承 6201 $d = 12$ mm
	12	01	
	15	02	
	17	03	
20～480（22、28、32 除外）		04～96（公称内径除以 5）	调心滚子轴承 23208 $d = 40$ mm
大于和等于 500 以及 22、28、32		直接标注其公称内径毫米数，内径与尺寸系列号间用"/"分开	调心滚子轴承 230 /500 $d = 500$ mm

例：调心滚子轴承 23224，其中 2——类型代号；32——尺寸系列代号；24 内径代号 $d = 120$ mm。

7.1.2 滚动轴承的公差

滚动轴承的互换性分为外互换性和内互换性。滚动轴承与配合零件之间的互换性称为外互换性，也就是本章讨论的滚动轴承内孔（内径）与轴颈的配合，以及滚动轴承外圈（外径）与外壳孔的配合；滚动轴承内部各零件之间的配合称为内互换性，如轴承内、外圈与滚动体的配合，本书将不进行叙述。

7.1.2.1 滚动轴承的公差等级

根据国家标准 GB/T 307.3—2005《滚动轴承 通用技术规则》，按滚动轴承内、外圈外径和宽度的尺寸公差及旋转精度（轴承内、外圈的径向跳动，端面跳动及滚道的侧向摆动）对其公差等级分级。向心轴承（圆锥滚子轴承除外）由低到高分别为普通0、高级6、精密级5、超精密级4及最精密级2；圆锥滚子轴承分为0、6x、5、4四级；推力轴承分为0、6、5、4四级。

凡属于普通级的轴承，一般在轴承型号上不标注公差等级代号。

滚动轴承精度等级的选择主要考虑机器对轴承部件的旋转精度和转速的要求，如下所述。

（1）普通级 0：应用于旋转精度要求不高的、中等转速的一般机构中，如普通机床、汽车和拖拉机的变速机构和普通电机、水泵、压缩机的旋转机构的轴承。

（2）高级 6（6x）：应用于旋转精度和转速较高的旋转机构中，如普通机床的主轴后轴承、精密机床传动轴使用的轴承。

（3）精密级 5、超精密级 4：应用于旋转精度和转速高的旋转机构中，如普通机床的主轴前轴承、精密机床的主轴轴承、精密仪器和机械使用的轴承。

（4）最精密级 2：应用于旋转精度和转速很高的旋转机构中，如精密坐标镗床的主轴轴承、高精度仪器和高转速机构中使用的轴承。

7.1.2.2　滚动轴承内、外径的公差带

国家标准规定，当滚动轴承与其他零件配合时，由于滚动轴承是标准件，因此以滚动轴承作为配合基准件来选择基准制。当滚动轴承内孔与轴颈配合时，以内圈内孔为基准孔，采用基孔制；当滚动轴承外圈与外壳孔配合时，以外圈外圆为基准轴，采用基轴制。

由于滚动轴承内、外圈均为薄壁结构，故制造和存放时易变形，但在装配后若这种变形不大，容易得到矫正。为了便于制造，允许有一定的变形。为了保证轴承与配合零件的配合性质，所限制的仅是内、外径在其单一平面内的平均直径，即滚动轴承的配合尺寸 D_{mp}（d_{mp}）。

对于外径，有

$$D_{mp} = (D_{smax} + D_{smin})/2$$

对于内径，有

$$d_{mp} = (d_{smax} + d_{smin})/2$$

式中，D_{smax}、D_{smin} 为外圈加工后测得的最大、最小单一外径；d_{smax}、d_{smin} 为内圈加工后测得的最大、最小单一内径。

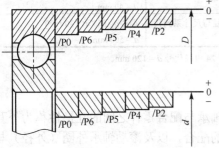

图7-4　滚动轴承内、外径公差带图

滚动轴承国标规定，轴承内、外圈单一平面内的平均直径 D_{mp}（d_{mp}）的公差带都单向偏置在零线下方，即上偏差为 0，下偏差为负值，如图7-4所示。国家标准这样规定，主要是考虑到在一般情况下，轴承内圈与其配合轴同步旋转，必须有一定的过盈量，但为了拆卸方便和防止内圈应力过大产生较大变形，过盈量不宜过大，因此轴承内圈与轴颈的配合虽为基孔制，但根据其公差带特点可知，轴承内圈与轴颈的配合比相应光滑圆柱体的轴按基孔制形成的配合要紧一些。

7.1.3 滚动轴承配合的选择

7.1.3.1 配合选择的基本原则

正确选用滚动轴承的配合，能使机器获得良好的工作性能，延长轴承使用寿命，并且缩短维修时间，减少维修费用，提高机器的运转率。

影响滚动轴承配合公差带选用的因素较多，如轴承的工作条件（负荷类型、负荷大小、温度条件、旋转精度、轴向游隙），配合零件的结构、材料及安装与拆卸的要求等。在选用轴承时一般采用类比法选择，然后通过查表确定轴承的轴颈和外壳孔的尺寸公差带。

下面对影响因素进行逐一叙述。

1. 径向负荷的性质

作用在轴承上的径向负荷，通常由定向负荷（如皮带拉力或齿轮作用力）和旋转负荷（如机件的离心力）合成的。

滚动轴承在使用时，根据套圈与所受的负荷方向的关系，可将负荷分为局部负荷、循环负荷和摆动负荷三类。

（1）局部负荷　作用于轴承上的合成径向负荷与套圈相对静止，即负荷方向始终不变地作用在套圈滚道的局部区域上，如图7-5（a）所示的内圈和图7-5（b）所示的外圈所承受的负荷。通常采用小间隙配合或较松的过渡配合，以便让轴承套圈滚道间的摩擦力矩带动轴承套圈缓慢转位，可以延长轴承的使用寿命。

（2）循环负荷　作用于轴承上的合成径向负荷与套圈相对旋转，即合成径向负荷顺次作用在套圈的整个圆周上，如图7-5（a）所示的外圈和图7-5（b）所示的内圈所承受的负荷。通常采用过盈或较紧的过渡配合，其过盈量的大小以不使轴承套圈与轴颈或外壳孔的配合表面间出现爬行现象为原则。图7-5（a）所示的是汽车前轮与轴之间的滚动轴承负荷简图，图7-5（b）所示的是汽车后轮与轴之间的滚动轴承负荷简图。

（3）摆动负荷　作用于轴承上的合成径向负荷与所承载的套圈在一定区域内相对摆动，即合成径向负荷经常变动地作用在套圈滚道的小于180°的部分圆周上，如图7-5（c）、（d）所示。受摆动负荷的套圈与轴（或轴承孔）采用与循环负荷相同或比循环负荷稍松一些的配合。如在车床上车偏心零件而未加配重平衡时，其主轴前轴承的外圈承受摆动负荷，内圈承受循环负荷，简图如图7-5（d）所示。

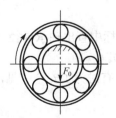 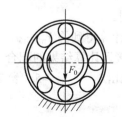 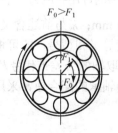 

(a)固定的内圈承受局部负荷与　　(b)旋转的内圈承受循环负荷与　　(c)固定的内圈承受摆动负荷与　　(d)旋转的内圈承受循环负荷与
　　旋转的外圈承受循环负荷　　　　固定的外圈承受局部负荷　　　　旋转的外圈承受循环负荷　　　　固定的外圈承受摆动负荷

图 7-5　滚动轴承的负荷类型

　　轴承套圈承受的负荷类型不同，选择轴承配合的松紧程度也应不同。承受局部负荷的套圈，局部滚道始终受力，磨损集中，其配合应选松些（选较松的过渡配合或具有极小间隙的间隙配合）。这是为了让套圈在振动、冲击和摩擦力矩的带动下缓慢转位，以充分利用全部滚道并使磨损均匀，从而延长轴承的寿命。但配合也不能过松，否则会引起套圈在相配件上滑动而使结合面磨损。对于旋转精度及速度有要求的场合（如机床主轴和电机轴上的轴承），则不允许套圈转位，以免影响支承精度。

　　承受循环负荷的套圈，滚道各点循环受力，磨损均匀，其配合应选紧些（选较紧的过渡配合或过盈量较小的过盈配合）。因为套圈与轴颈或外壳孔之间工作时不允许产生相对滑动，以免结合面磨损，并且要求在全圆周上具有稳固的支承，以保证负荷能最佳分布，从而充分发挥轴承的承载力。但配合的过盈量也不能太大，否则会使轴承内部的游隙减小，以至于完全消失，产生过大的接触应力，影响轴承的工作性能。承受摆动负荷的套圈，其配合松紧介于循环负荷与局部负荷之间。

2．负荷的大小

　　轴承在负荷的作用下，套圈会发生变形，使配合面受力不均匀，甚至引起松动。因此，受重负荷时配合应采用较大的过盈量，受轻负荷时采用较小的过盈量。一般地，负荷的大小可以用当量径向动负荷 P_r 与轴承的额定负荷 C_r（数据可以从有关手册中查找）的比值来分类。

　　对于轻负荷，$P_r \leqslant 0.07C_r$；对于正常负荷，$0.07C_r < P_r \leqslant 0.15C_r$；对于重负荷，$P_r > 0.15C_r$。

　　当承受较重的负荷或冲击负荷时，将引起轴承较大的变形，使结合面间实际过盈减小和轴承内部的实际间隙增大，这时为了使轴承运转正常，应选较大的过盈配合。同理，当承受较轻的负荷时，可选较小的过盈配合。

　　当轴承内圈受循环负荷时，与轴颈配合的最小过盈量 $Y_{\min 计算}$ 可按下式计算：

$$Y_{\min 计算} = -\frac{13F_r k}{b 10^6}(\mathrm{mm})$$

式中，F_r 为轴承承受的最大径向负荷，单位为 kN；k 为与轴承系列相关的系数：对于轻系列，$k = 2.8$，对于中系列，$k = 2.3$，对于重系列，$k = 2.0$；b 为轴承内圈的配合宽度，$b = B - 2r$，B 为轴承宽度，r 为内圈倒角，单位为 mm。

　　为了避免套圈破裂，必须按不超出套圈允许的强度计算其最大过盈（$Y_{\max 计算}$），即

$$Y_{\max 计算} = -\frac{5.7kd[\sigma_p]}{(k-1)10^3}(\mathrm{mm})$$

式中，$[\sigma_p]$ 为轴承套圈材料的许用拉应力，单位为 10^5 Pa，轴承钢的拉应力 $[\sigma_p] \approx 400$（10^5 Pa）；d 为轴承内圈内径，单位为 mm；k 与前述含义相同。

　　当已选定轴承的精度等级和型号，即可根据计算得到的 $Y_{\min 计算}$，从国标中查出轴承内径平均直径 d_{mp} 的公差带，选取轴的公差带代号及最接近计算结果的配合（略）。

　　在设计工作中，选择轴承的配合通常采用类比法，见表7-5～表7-9。有时为了安全起见，才用计算法校核。

3．游隙的影响

　　游隙是将一个套圈固定，另一套圈沿径向或轴向的最大活动量，它是滚动轴承能否正常工作的一个重要因素，根据移动方向可分为轴向游隙和径向游隙。一般来说，径向游隙越大，轴向游隙也越大，反之亦然。游隙可保证滚动体正常运转和润滑以及补偿轴的热伸长，选择适当

的游隙，可使负荷在轴承滚动体之间合理分布，还可限制轴（或外壳）的轴向和径向位移。若游隙过大，使用中承载的滚动体数目减少而单个滚动体负荷增加，会降低旋转精度，缩短使用寿命，引起振动和噪声。若游隙过小，则会加剧磨损和发热，同样会缩短轴承的使用寿命。因此在选用轴承时，必须选择适当的轴承游隙。

GB/T 4604—1993《滚动轴承径向游隙》中，滚动轴承径向游隙共分五组：2 组、0 组、3 组、4 组、5 组，游隙值依次由小到大，其中 0 组为标准游隙，也称为基本径向游隙组。GB/T 4604—2006《滚动轴承径向游隙》中规定了深沟球轴承（见表 7-4）、调心球轴承、圆柱滚子轴承等类型圆柱孔轴承的径向游隙值，需要时可查国标。

表 7-4　深沟球轴承（圆柱孔）的径向游隙 　　　　　　　　　　　（单位：μm）

轴承公称内径 d /mm		游隙									
		C2		标准		C3		C4		C5	
超过	到	最小	最大	最小	最大	最小	最大	最小	最大	最小	最大
2.5	6	0	7	2	13	8	23	—	—	—	—
6	10	0	7	2	13	8	23	14	29	20	37
10	18	0	9	3	18	11	25	18	33	25	45
18	24	0	10	5	20	13	28	20	36	28	48
24	30	1	11	5	20	13	28	23	41	30	53
30	40	1	11	6	20	15	33	28	46	40	64
40	50	1	1	6	23	18	36	30	51	45	73
50	65	1	15	8	28	23	43	38	61	55	90
65	80	1	15	10	30	25	51	46	71	65	105
80	100	1	18	12	36	30	58	53	84	75	120
100	120	2	20	15	41	36	66	61	97	90	140
120	140	2	23	18	48	41	81	71	114	105	160
140	160	2	23	18	53	46	91	81	1130	120	180
160	180	2	25	20	61	53	102	91	147	135	200
180	200	2	30	25	71	63	117	107	163	150	230
200	225	2	35	25	85	75	140	125	195	175	265
225	250	2	40	30	95	85	160	145	225	205	300
250	280	2	45	35	105	90	170	155	245	225	340
280	315	2	55	40	115	100	190	175	270	245	370
315	355	3	60	45	125	110	210	195	300	275	410
355	400	3	70	55	145	130	240	225	340	315	460

基本径向游隙组适用于一般的运转条件、常规温度及常用的过盈配合；对于在高温、高速、低噪声、低摩擦等特殊条件下工作的轴承，则宜选用大的径向游隙，配合的过盈量也应较大；对于精密主轴、机床主轴用轴承，则宜选用较小的径向游隙，配合的过盈量应较小；对于滚子轴承，可保持少量的工作游隙。另外，对于分离型的轴承，则无所谓游隙；最后，由于轴承要承受一定的负荷旋转及轴承配合和负荷所产生的弹性变形量，因此装机后轴承的工作游隙要比安装前的原始游隙小。

4．其他影响配合的因素

1）温度的影响

轴承工作旋转时，由于摩擦发热和其他热源的影响，套圈的温度经常高于与之相配合件的温度。轴承的内圈可能会因热胀而使配合变松；而外圈可能会因热胀而使配合变紧。因此，选择配合时应考虑温度的影响。当轴承工作温度高于 100℃时，应对选用的配合进行适当修正。

2）旋转精度和转速的影响

当轴承的旋转精度要求较高且所受负荷较大时，为了消除弹性变形和振动的影响，应避免采用带间隙的配合，但也不能太紧。对于负荷较小的高精度轴承，为了避免相配件形状误差对旋转精度的影响，与轴或孔的配合一般要有小的间隙。当轴承转速过高，且又承受冲击负荷时，轴承与轴颈及外壳孔的配合最好都选过盈配合。轴承转速越高，应选用越紧的配合（过盈），以消除旋转不平稳而产生的振动和噪声。

3）公差等级的协调

轴颈和外壳孔的公差等级应与轴承的公差等级相协调。一般与0级和6级轴承配合的轴颈要选择IT6，外壳孔选IT7；当机器对旋转精度和运转平稳性要求较高时，要选择较高等级（如5级、4级）的轴承，与之配合的轴颈和外壳孔也要选择相应较高的公差等级（轴颈可选择IT5，外壳孔可选IT6）。

4）轴颈与外壳孔的结构与材料

轴一般为钢制实心或厚壁空心件，外壳材料一般为铸钢或铸铁。

剖分式外壳孔与轴承的配合比整体式外壳孔的配合要稍松些，以避免将轴承夹变形；薄壁外壳或空心轴与轴承的配合比厚壁外壳或实心轴的配合要紧些，以保证足够的连接强度。

5）轴承的安装与拆卸

轴承在安装时一般应随着轴承尺寸的增大，过盈配合的过盈随之增大，间隙配合的间隙随之增大；为了方便轴承的安装与拆卸，对大型或特大型轴承需要采用较松配合。

7.1.3.2 轴颈和外壳孔的公差带

轴承内径和外径本身的公差带在制造时就已确定，因而它们与轴颈、外壳孔的配合性质要由轴颈和外壳孔的公差带决定，国标 GB/T 275—1993 所规定的轴颈和外壳孔的公差带分别为17种和16种，如图7-6和图7-7所示。

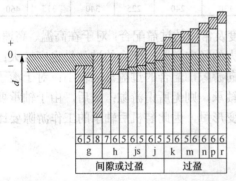
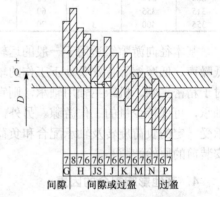

图 7-6　轴承内圈孔与轴颈配合的常用公差带图　　图 7-7　轴承外圈轴与外壳孔配合的常用公差带图

由于轴承的结构特点和功能要求，其公差配合与 GB/T 1801《产品几何技术规范（GPS）极限与配合　公差带和配合的选择》中一般光滑圆柱配合不同：轴承内圈与轴颈的配合，比基孔制的同名配合要紧一些，g5、g6、h5、h6 等常用轴承内圈孔与轴颈的配合都变为过渡配合（在GB/T 1801 基孔制中为间隙配合），而 k5、k6、m5、m6 等配合则已变为过盈配合。轴承外圈与外壳孔的配合与 GB/T 1801 中基轴制的同名配合相比同样要紧一些。

国家标准 GB/T 275—1993 推荐了与 0、6、5、4 级轴承相配合的轴颈和外壳孔的公差带，见表 7-5。

表 7-5 轴径和外壳孔的公差带

轴承精度	轴颈公差带		外壳孔公差带		
	过渡配合	过盈配合	间隙配合	过渡配合	过盈配合
0	g8 h7 g6、h6、j6、js6 g5、h5、j5	k6、m6、n6、P6 r6、k5、m5	H8 G7、H7 H6	J7、JS7、K7、M7、N7 J6、JS6、K6、M6、N6	P7 P6
6	g6、h6、j6、js6 g5、h5、j5	k6、m6、n6、P6 r6、k5、m5	H8 G7、H7 H6	J7、JS7、K7、M7、N7 J6、JS6、K6、M6、N6	P7 P6
5	h5、j5、js5	k6、m6 k5、m5	H6	JS6、K6、M6	
4	h5、js5 h4	k5、m5		K6	

注：① 孔 N6 与 0 级精度轴承（外径 D < 150 mm）和 6 级精度轴承（外径 D < 315 mm）的配合为过盈配合；
② 轴 r6 用于内径 d > 120～150 mm；轴 r7 用于内径 d > 180～500 mm。

表 7-6～表 7-9 中列出了向心轴承和推力轴承分别与外壳孔、轴颈的常用配合，选用时可参考。其他轴承与轴颈、外壳孔的配合在需要时可查 GB/T 275—1993。

表 7-6 向心轴承和外壳孔的配合——孔公差带代号（摘自 GB/T 275—1993）

运转状态		负荷状态	其他状况	公差带[1]	
说明	举例			球轴承	滚子轴承
固定外圈负荷	一般机械、铁路、机车车辆轴箱、电动机、泵、曲轴主轴承	轻、正常、重	轴向易移动，可采用剖分式外壳	H7、G7[2]	
		冲击	轴向能移动，可采用整体或剖分式外壳	J7、JS7	
摆动负荷		轻、正常		J7、JS7	
		正常、重		K7	
		冲击		M7	
旋转外圈负荷	张紧滑轮、轮毂轴承	轻	轴向不移动，采用整体式外壳	J7	K7
		正常		K7、M7	M7、N7
		重		—	N7、P7

注：① 并列公差带随尺寸的增大从左至右选择，当对旋转精度有较高要求时，可相应提高一个公差等级；
② 不适用于剖分式外壳。

表 7-7 向心轴承（圆柱孔）和轴颈的配合——轴公差带代号（摘自 GB/T 275—1993）

运转状态		负荷状态	深沟球轴承、调心球轴承和角接触轴承	圆柱滚子轴承和圆锥滚子轴承	调心滚子轴承	公差带
说明	举例		轴承公称内径			
旋转内圈负荷或摆动负荷	一般通用机械、电动机、机床主轴、泵、内燃机、直齿轮传动装置、铁路机车车辆轴箱、破碎机等	轻负荷	≤18	—	—	h5
			>18～100	≤40	≤40	j6[1]
			>100～200	>40～140	>40～100	k6[1]
			—	>140～200	>100～200	m6[1]
		正常负荷	≤18	—	—	j5 js5
			>18～100	≤40	≤40	k5[2]
			>100～140	>40～100	>40～65	m5[2]
			>140～200	>100～140	>65～100	m6
			>200～280	>140～200	>100～140	n6
				>200～400	>140～280	p6
					>280～500	r6

续表

运转状态		负荷状态	深沟球轴承、调心球轴承和角接触轴承	圆柱滚子轴承和圆锥滚子轴承	调心滚子轴承	公差带
说明	举例			轴承公称内径		
		重负荷	—	>50～140	>50～100	n6
				>140～200	>100～140	p6③
				>200	>140～200	r6
				—	>200	r7
固定的内圈负荷	静止轴上的各种轮子、张紧轮、绳轮、振动筛、惯性振动器	所有负荷	所有尺寸			f6 g6① h6 j6
仅有轴向负荷			所有尺寸			j6、js6

注：① 凡对精度有较高要求的场合，应用 j5、k5、m5、g5 代替 j6、k6、m6、g6；
② 圆锥滚子和角接触轴承配合对游隙影响不大，可用 k6、m6 代替 k5、m5；
③ 重负荷下轴承游隙应选大于基本组的滚子轴承。

表 7-8　推力轴承和外壳的配合——孔公差带代号（摘自 GB/T 275—1993）

运转状态	负荷状态	推力轴承和滚子轴承	推力调心滚子轴承②	公差带
		轴承公称内径/mm		
仅有轴向负荷		所有尺寸		j6、js6
固定的轴圈负荷	径向和轴向联合负荷	—	≤250	j6
		—	>250	js6
旋转的轴圈负荷或摆动负荷	径向和轴向联合负荷	—	≤200	k6①
		—	>200～400	m6①
		—	>400	n6①

注：① 要求较小过盈时，可分别用 j6、k6、m6 代替 k6、m6、n6；
② 也包括推力圆锥滚子轴承、推力角接触轴承。

表 7-9　推力轴承和轴颈的配合——轴公差带代号（摘自 GB/T 275—1993）

运转状态	负荷状态	轴承类型	公差带	备注
仅有轴向负荷		推力球轴承	H8	—
		推力圆柱、圆锥滚子轴承	H7	—
		推力调心滚子轴承	—	外壳孔与座圈间间隙为 0.001D（D 为轴承的公称外径）
固定的轴圈负荷	径向和轴向联合负荷	推力角接触球轴承、推力圆锥滚子轴承、推力调心滚子轴承	H7	—
旋转的轴圈负荷或摆动负荷			K7	普通使用条件
			M7	有较大径向负荷时

7.1.3.3　配合表面的形位公差及表面粗糙度

为了保证轴承的正常运转，除了正确地选择轴承与轴颈及箱体孔的公差等级及配合外，还应对轴颈和外壳孔的形位公差及表面粗糙度提出要求。对于形状公差，主要是轴颈和外壳孔的表面圆柱度要求；对于位置公差，主要是轴肩和外壳孔端面的圆跳动公差，见表 7-10。

规定形位公差的原因是：若轴颈和外壳孔存在较大的形状误差，则使用时套圈将产生滚动变形。轴肩和外壳孔端面为安装轴承的轴向定位面，若存在较大的跳动，轴承安装后会产生歪斜，将导致滚动体与滚道接触不良，使得轴承在旋转中产生振动和噪声，影响运动精度，造成局部磨损。

　　轴颈和外壳孔的表面粗糙度值的高低直接影响产品的使用性能，如耐磨性、抗腐蚀性和配合性质等，同时也影响配合质量和连接强度，即配合的可靠度。因此，凡是与轴承内、外圈配合的表面通常都对表面粗糙度提出较高的要求，选用数值时可参考表 7-11。

表 7-10　与滚动轴承配合的轴和外壳孔的形位公差（摘自 GB/T 275—1993）

基本尺寸/mm		圆柱度				端面圆跳动			
		轴颈		外壳孔		轴肩		外壳孔肩	
		滚动轴承精度等级							
		0	6(6x)	0	6(6x)	0	6(6x)	0	6(6x)
大于	到	公差值/μm							
0	6	2.5	1.5	4	2.5	5	3	8	5
6	10	2.5	1.5	4	2.5	6	4	10	6
10	18	3.0	2.0	5	3.0	8	5	12	8
18	30	4.0	2.5	6	4.0	10	6	15	10
30	50	4.0	2.5	7	4.0	12	8	20	12
50	80	5.0	3.0	8	5.0	15	10	25	15
80	120	6.0	4.0	10	6.0	15	10	25	15
120	180	8.0	5.0	12	8.0	20	12	30	20
180	250	10.0	7.0	14	10.0	20	12	30	20
250	315	12.0	8.0	16	12.0	25	15	40	25

表 7-11　与滚动轴承配合面的表面粗糙度（摘自 GB/T 275—1993）　　　　（单位：μm）

轴或轴承座直径/mm		轴或外壳配合表面直径公差等级								
		IT7			IT6			IT5		
		表面粗糙度/μm								
大于	到	Rz	Ra		Rz	Ra		Rz	Ra	
			磨	车		磨	车		磨	车
0	80	12.5	1.6	3.2	6.3	0.8	1.6	3.2	0.4	0.8
80	500	16	1.6	3.2	12.5	1.6	3.2	6.3	0.8	1.6
端面		25	3.2	6.3	25	3.2	6.3	12.5	1.6	3.2

7.1.3.4　滚动轴承配合选用举例

【例 7-1】

　　有一个直齿圆柱齿轮减速器，输入轴（小齿轮轴）要求有较高的旋转精度，所装轴承为 6 级单列深沟球轴承，尺寸为 $d = 50$ mm，$D = 110$ mm，宽度 $B = 27$ mm，额定动负荷 $C_r = 48\ 400$ N，轴承承受的当量径向动负荷 $P_r = 5$ kN。试用类比法确定与轴承配合的轴颈和外壳孔的公差带，以及确定孔、轴的形位公差值和表面粗糙度值，并在图上标注出来。

　　解：（1）按给定条件，$0.07C_r < P_r = 5000 < 0.15\ C_r$，属于正常负荷。但减速器工作时有时会受到冲击负荷。

　　（2）由于受固定负荷的影响，轴承内圈与轴一起旋转，外圈一般固定安装在剖分式壳体中。查表 7-6 得，外壳孔公差带为 $\phi110$J7（轴承基轴制），由于小齿轮轴要求较高的旋转精度，故可提高一个标准公差等级，选 $\phi110$J6 较合适。

　　查表 7-7 得，轴颈公差带为 $\phi50$m5（轴承基孔制）。

　　（3）查表 7-10，根据相应的尺寸，可得圆柱度公差值：轴颈为 2.5 μm，外壳孔为 6.0 μm；

端面圆跳动公差值：轴肩 8 μm，外壳孔肩 15 μm。

（4）查表 7-11，根据相应的标准公差等级，得粗糙度参数值（Ra）：轴颈为 0.4 μm，外壳孔为 1.6 μm；轴肩端面为 1.6 μm，外壳孔端面为 3.2 μm。

（5）在图上标注所选的各项公差值，如图7-8所示。

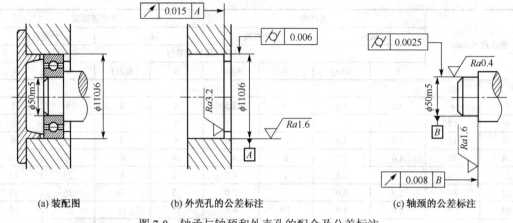

| (a) 装配图 | (b) 外壳孔的公差标注 | (c) 轴颈的公差标注 |

图 7-8　轴承与轴颈和外壳孔的配合及公差标注

7.2　键和矩形花键连接的互换性

7.2.1　平键连接的互换性

1. 概述

键与花键连接用于将轴与轴上的传动件如齿轮、链轮、皮带轮或连轴器等连接起来，以达到周向固定，传递转矩或运动的目的。键连接属于可拆卸连接，在机械中的用途十分广泛，有时，根据需要，也用于轴上传动件的导向，如变速箱中的齿轮可以沿花键轴移动以达到变换速度的目的。

键的类型可分为单键和花键两大类。其中，单键可分为平键、半圆键、楔键和切向键等，平键又分为普通平键、薄形平键、导向平键和滑键。平键连接的优点是对中性良好，拆装方便。导向平键适用于轴上零件可沿轴向移动的场合；薄形平键适用于空心轴，薄壁结构和主要传递运动的场合或其他特殊场合。

半圆键形似半圆，可以在键槽中摆动，以适应轮毂键槽底面形状，常用于锥形轴端的连接，且连接工作负荷不大的场合，如一个带锥度的轴头，通过半圆键的连接带动普通 A 型皮带轮转动。

楔键又分为普通楔键和钩头楔键，主要用于紧键连接。在装配后，因斜度影响，使轴与轴上的零件产生偏斜或偏心，所以不适于要求精度高的连接。

平键及半圆键应用最广。键的结构可参见机械设计手册的相关内容，本节仅介绍平键连接的公差与配合（GB/T 1095—1099.1—2003）。

2. 平键连接的公差与配合

键是标准件，可以用标准的精拔钢制造。平键是通过键的侧面与键槽（轴槽或轮毂槽）侧面来传递扭矩的。因此，键的两侧面是工作面，上、下面是非工作面，两侧面间的尺寸，即键宽是平键连接的重要尺寸，其配合精度较高，其特点相当于轴与不同基本偏差代号的孔配合，故采用基轴制。

平键连接由键、轴、轮毂三个零件组成，通过键的侧面分别与轴槽、轮毂槽的侧面接触来传递运动和扭矩，键的上表面和轮毂槽底面留有一定的间隙。因此，键和轴槽的侧面应有足够大的实际有效接触面积来承受负荷，并且键嵌入轴槽要牢固可靠，防止松动脱落。所以，键和键槽宽 b 是决定配合性质和配合精度的主要参数，为主要配合尺寸，公差等级要求高；而键长 L，键高 h，轴槽深 t_1 和轮毂槽深 t_2 为非配合尺寸，其精度要求相对较低。

平键连接的剖面尺寸均已标准化，在 GB/T 1095—2003《平键：键和键槽的剖面尺寸》中做了规定，平键连接的几何参数如图 7-9 所示。

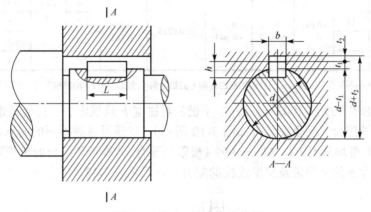

图 7-9　普通平键连接的结构

1）平键连接配合尺寸的公差带与配合种类

在键与键槽的配合中，键宽相当于广义轴，键槽相当于广义孔。键同时要与轴槽和轮毂槽配合，而且配合性质又不同。由于平键是标准件，键宽 b 为其配合尺寸，因此键宽 b 采用基轴制配合。键的尺寸大小根据轴的直径按表 7-12 选取。

为保证键在轴槽上紧固，同时又便于拆装，轴槽和轮毂槽可以采用不同的公差带，使其配合的松紧不同。国家标准 GB/T 1095—2003《平键：键和键槽的剖面尺寸》对平键与键槽和轮毂槽规定了三种连接类型，即松连接、正常连接和紧密连接，对轴和轮毂的键槽宽各规定了三种公差带，见表 7-12。

表 7-12　普通平键的键槽剖面尺寸及极限公差（摘自 GB/T 1096—2003）　　（单位：mm）

轴	键	键槽										
		宽度						深度				半径 r
			轴槽宽与毂槽宽的极限偏差					轴 t_1		毂 t_2		
公称直径 d	键尺寸 $b \times h$	基本尺寸 b	松连接		正常连接		紧密连接	基本尺寸	极限偏差	基本尺寸	极限偏差	min	max
			轴 H9	毂 D10	轴 N9	毂 JS9	轴和毂 P9						
≤ 6~8	2 × 2	2	+0.025 0	+0.060 +0.020	−0.004 −0.029	± 0.0125	−0.006 −0.031	1.2	+0.1 0	1.0	+0.1 0	0.08	0.16
> 8~10	3 × 3	3						1.8		1.4			

续表

轴	键	键槽											
		宽度						深度					
			轴槽宽与毂槽宽的极限偏差					轴 t_1		毂 t_2		半径 r	
公称直径 d	键尺寸 $b \times h$	基本尺寸 b	松连接		正常连接		紧密连接						
			轴 H9	毂 D10	轴 N9	毂 JS9	轴和毂 P9	基本尺寸	极限偏差	基本尺寸	极限偏差	min	max
>10～12	4×4	4	+0.030 0	+0.078 +0.030	0 −0.030	±0.015	−0.012 −0.042	2.5		1.8			
>12～17	5×5	5						3.0		2.3		0.16	0.25
>17～22	6×6	6						3.5		2.8			
>22～30	8×7	8	+0.036 0	+0.098 +0.040	0 −0.036	±0.018	−0.015 −0.051	4.0		3.3			
>30～38	10×8	10						5.0		3.3			
>38～44	12×8	12	+0.043 0	+0.120 +0.050	0 −0.043	±0.0215	−0.018 −0.061	5.0	+0.2 0	3.3	+0.2 0		
>44～50	14×9	14						5.5		3.8		0.20	0.40
>50～58	16×10	16						6.0		4.3			
>58～68	18×11	18						7.0		4.4			

注：$(d-t_1)$ 和 $(d+t_2)$ 两组合尺寸的极限偏差按相应的 t_1 和 t_2 的极限偏差选取，但 $(d-t_1)$ 的极限偏差应取负号。

国家标准 GB/T 1096—2003《普通型 平键》对键宽 b 只规定了一种公差带 h8，这样就构成三种不同性质的配合（配合公差带如图 7-10 所示），以满足各种不同的需求。配合尺寸（键与键槽宽）的公差带均从 GB/T 1801—1999《极限与配合 公差带和配合的选择》中选取，键宽、键槽宽、轮毂槽宽 b 的公差带及平键连接的配合与应用见表 7-13。

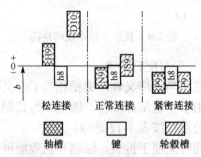

图 7-10 平键连接的配合公差带

表 7-13 平键连接的配合与应用

配合种类	尺寸 b 的公差带			应用
	键	轴槽	轮毂槽	
较松连接	h8	H9	D10	键在轴上及轮毂中均能滑动，主要用于导向平键，轮毂可在轴上移动
一般连接		N9	JS9	键在轴槽中和轮毂槽中均固定，用于载荷不大的场合
较紧连接		P9	P9	键在轴槽中和轮毂槽中均牢固地固定，比一般键连接配合更紧，用于载荷较大，有冲击和双向传递扭矩的场合

2）平键连接非配合尺寸的公差带

平键连接中，键高 h 的公差带一般采用 h11，对于截面尺寸为 2×2 至 6×6 的平键，由于其宽度和高度不易区分，因此这种平键高度的公差带也采用 h8。平键长度 L 的公差带采用 h14，轴键槽长度的公差采用 H14。

轴槽深 t_1 和毂槽深 t_2 的公差见表 7-12。同时，为了便于测量，在图样上对轴键槽深度和轮毂键槽深度分别标注 $d-t_1$ 和 $d+t_2$，其中 d 为配合孔和轴的基本尺寸。

3. 平键连接的形位公差和表面粗糙度

1）平键连接的形位公差

键和键槽的配合松紧程度不仅取决于其配合尺寸的公差带，还与配合表面的形位公差有关。同时，为保证键侧面和键槽侧面之间有足够的接触面积，避免装配困难，还需规定键槽两侧面的中心平面对轴的基准轴线，轮毂键槽两侧面的中心平面对轴的基准轴线的对称度公差。根据不同的功能要求和键宽的基本尺寸 b，该对称度公差与键槽宽带公差的关系，以及孔与轴尺寸公差的关系可以采用独立原则，对称度公差等级可按 GB/T 1184—1996《形状和位置公差未注公差值》选取，一般取 7～9 级。

当键长 L 与键宽 b 之比大于或等于 8 时，应对键的两个工作侧面在长度方向上规定平行度公差，其数值按 GB/T 1184—1996《形状与位置公差》选取；当 $b<6$ mm 时，平行度公差等级取 7 级；当 $b \geqslant 8～36$ mm 时，平行度公差等级取 6 级；当 $b \geqslant 40$ mm 时，平行度公差等级取 5 级。

2）平键连接的表面粗糙度

国家标准 GB/T 1031—2009《表面粗糙度 参数及其数值》推荐键槽、轮毂槽两侧面的表面粗糙度参数 Ra 值一般为 1.6～3.2 μm；轴槽底面，轮毂槽底面的表面粗糙度参数 Ra 值一般为 6.3 μm。

4. 键槽尺寸和公差在图样上的标注

普通平键有圆头（A 型），平头（B 型），单圆头（C 型）三种类型，如图 7-11 所示，其标记形式举例如下：

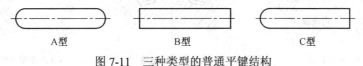

A 型　　　　　　　　B 型　　　　　　　　C 型

图 7-11　三种类型的普通平键结构

【例 7-2】　键 16×100 GB 1096—1990，表示圆头普通平键（A）型，键宽 b =16 mm，键长 L=100 mm；

【例 7-3】　键 B18×100 GB 1096—1990，表示平头普通平键（B）型，键宽 b =18 mm，键长 L=100 mm。

在标记普通平键时，除 A 型省略型号外，B 型和 C 型要注明型号。

轴键槽和轮毂键槽剖面尺寸及其公差带，键槽的形位公差和表面粗糙度要求在图样上标注，如图 7-12 所示，图中的对称度公差采用独立原则。

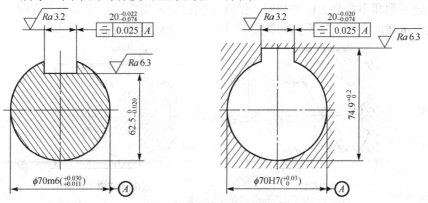

图 7-12　键槽尺寸与公差标注

7.2.2 矩形花键连接的互换性

1. 概述

花键连接是由内花键（也称花键孔）和外花键（也称花键轴）两个零件组成的。与单键连接相比，花键连接有如下主要优点：

（1）载荷分布均匀，强度高，承载能力强；

（2）导向性能好，定心精度高；

（3）加工工艺性良好，采用磨削方法能获得较高精度。

正因为与平键连接相比，花键有以上的优点，被广泛应用于航空、汽车、拖拉机、机床和许多农业机械中。

花键连接可用做固定连接，也可用做滑动连接，其连接的使用要求为：

（1）保证连接及传递一定的转矩；

（2）保证内花键和外花键连接后的同轴度；

（3）滑动花键连接要求导向精度与移动灵活性，固定花键连接要求可装配性。

花键按其截面形状不同，可分为矩形花键、渐开线花键和三角形花键，如图7-13所示。其中，矩形花键应用最广，因此本节仅介绍矩形花键连接的相关内容。

(a) 矩形花键   (b) 渐开线花键   (c) 三角形花键

图 7-13 花键齿形

2. 矩形花键连接的公差与配合

1）矩形花键的基本尺寸

GB/T 1144—2001《矩形花键尺寸 公差和检验》规定了矩形花键的基本尺寸为大径 D、小径 d，键宽和键槽宽 B，如图7-14所示，其基本尺寸系列见表7-14。键数规定为偶数，有6、8、10三种，以便于加工和测量，按承载能力的大小，对基本尺寸分为轻系列、中系列两种规格。同一小径的轻系列和中系列的键数相同，键宽（键槽宽）也相同，仅大径不相同。中系列的键高尺寸较大，承载能力强；轻系列的键高尺寸较小，承载能力较低。

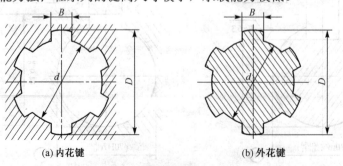

(a) 内花键   (b) 外花键

图 7-14 矩形花键的基本尺寸

表 7-14　矩形花键的基本尺寸系列（摘自 GB/T 1144—2001）　（单位：mm）

小径 d	轻系列			中系列		
	键数 N	大径 D	键宽 B	键数 N	大径 D	键宽 B
23	6	26	6	6	28	6
26	6	30	6	6	32	6
28	6	32	7	6	34	7
32	8	36	6	8	38	6
36	8	40	7	8	42	7
42	8	46	8	8	48	8
46	8	50	9	8	54	9
52	8	58	10	8	60	10
56	8	62	10	8	65	10
62	8	68	12	8	72	12
72	10	78	12	10	82	12

2）矩形花键的定心方式

花键连接的主要要求是保证内、外花键连接后具有较高的同轴度，并能传递转矩。花键有大径 D，小径有 d 和键（槽）宽 B 三个主要尺寸参数，若要求这三个参数同时起配合定心作用，以保证内、外花键同轴度是很困难的，而且没有必要。为了保证使用要求，同时便于加工，只要选择其中一个结合面作为主要配合面，对其按较高的精度制造，以保证配合性质和定心精度，并把该表面称定心表面。

GB/T 1144—2001《矩形花键尺寸 公差和检验》中规定矩形花键连接采用小径定心的方式，内花键与外花键的小径精度较高，大径为非配合尺寸。非定心直径表面之间留有一定的间隙，以保证它们不接触。而无论是否采用键侧定心，键和键槽侧面的宽度 B 都应具有足够的精度，因为它们要传递扭矩或导向。

理论上每个结合面都可以作为定心表面，如图 7-15 所示。 GB/T 1144—2001 规定矩形花键连接采用小径定心，如图 7-15（b）所示。这是因为现代工业对机械零件的质量要求不断提高，对花键的连接要求也不断提高。从加工工艺性能看，内花键小径可以在内圆磨床上磨削，外花键小径可用成型砂轮磨削，而且磨削可以获得更高的尺寸精度和更高的表面粗糙度要求。采用小径定心时，热处理后的变形可用内圆磨修复。可以看出，小径定心的定心精度高，定心稳定性好，而且使用寿命长，更有利于产品质量的提高。

当选用大径定心时，如图 7-15（a）所示，内花键定心表面的精度依靠拉刀保证，而当花键定心表面硬度要求高时，如 40 RHC 以上，热处理后的变形难以用拉刀修正。当内花键定心表面的粗糙度要求较高时，如 $Ra<0.6.3\ \mu m$，用拉削工艺很难保证达到要求。在单件、小批量生产或花键尺寸较大时，不适宜使用拉削工艺，因此很难满足大径定心要求。

而键侧定心，大径和小径都留有间隙，有效键高成小，键侧承载能力大大降低，有效接触面减小，因此一般不选键侧定心。

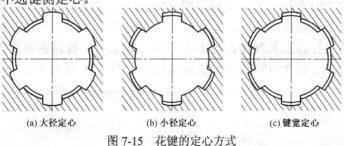

　　(a) 大径定心　　　　　(b) 小径定心　　　　　(c) 键宽定心

图 7-15　花键的定心方式

3）矩形花键的尺寸公差

内、外矩形花键定心小径，非定心大径和键宽（键槽宽）的尺寸公差带分一般用传动和精密传动用两类。其内、外矩形花键尺寸公差带见表 7-15。为减少专用刀具和量具的数量，花键连接采用基孔制配合。

表 7-15　矩形花键的尺寸公差带（摘自 GB/T 1144—2001）

内花键				外花键			装配形式
小径 d	大径 D	键槽宽 B		小径 d	大径 D	键宽 B	
		拉削后不热处理	拉削后热处理				
一般传动用							
H7	H10	H9	H11	f7	a11	d10	滑动
				g7		f9	紧滑动
				h7		h10	固定
精密传动用							
H5	H10	H7、H9		f5	a11	d8	滑动
				g5		f7	紧滑动
				h5		h8	固定
H6				f6		d8	滑动
				g6		f7	紧滑动
				h6		h8	固定

注：① 精密传动用的内花键，当需要控制键侧配合间隙时，槽宽可选用 H7，一般情况可选用 H9；

　　② 当内花键公差带为 H6 和 H7 时，允许与高一级的外花键配合。

从表 7-15 可以看出：对一般用传动的内花键槽宽规定了两种公差带，加工后不再热处理的，公差带为 H9；加工后需要进行热处理的，为修正热处理变形，公差带为 H11；对于精密传动用内花键，当连接要求键侧配合间隙较小时，槽宽公差带选用 H7，一般情况选用 H9。

4）矩形花键的配合及其选择

矩形花键连接的公差与配合的选用，主要确定连接精度和装配形式。连接精度的选用主要是根据定心精度要求和传递转矩的大小。精密传动用花键连接定心精度高、传递转矩大而且平稳，多用于精密机床主轴变速箱，以及各种减速器中轴与齿轮花键孔的连接。

定心直径 d 的公差带，在一般情况下，内、外花键取相同的公差等级，且比相应的大径 D 和键宽 B 的公差等级都高。但在有些情况下，内花键允许与高一级的外花键配合，如公差带为 H7 的内花键可以与公差带为 f6、g6、h6 的外花键配合，公差带为 H6 的内花键可以与公差带为 f5、g5、h5 的外花键配合，而大径只有一种配合，为 H10/a11。

内、外花键的装配形式（即配合）分为滑动、紧滑动和固定三种。其中，滑动连接的间隙较大，紧滑动连接的间隙次之，固定连接的间隙最小。

当内、外花键连接只传递扭矩而无相对轴向移动时，应选用配合间隙最小的固定连接；当内、外花键连接不但要传递扭矩，还要有相对轴向移动时，应选用滑动或紧滑动连接；而当移动频繁，移动距离长，则应选择用配合间隙较大的滑动连接，以保证运动灵活，而且确保配合面间有足够的润滑油层。为保证定心精度要求，工作表面载荷分布均匀或减少反向运动所产生的空行程及其冲击，对于定心精度要求高，传递的扭矩大，运转中需经常反转等的连接，则应用配合间隙较小的紧滑动连接。表 7-16 列出了几种配合应用情况，可供参考。

表 7-16　矩形花键配合应用

应用	固定连接		滑动连接	
	配合	特征及应用	配合	特征及应用
精密传动用	H5/h5	紧固程度较高，可传递大扭矩	h5/g5	滑动程度较低，定心精度高，传递扭矩大
	H6/h6	传递中等扭矩	H6/f6	滑动程度中等，定心精度较高，传递中等扭矩
一般传动用	H7/h7	紧固程度较低，传递扭矩较小，可经常拆卸	H7/f7	移动频率高，移动长度大，定心精度要求不高

从表 7-15 和表 7-16 可以看出，矩形花键配合有如下特点：

（1）内、外花键小径 d 的公差等级相同，且比相应大径 D 和键宽 B 的都高；

（2）大径 D 只有一种配合，为 H10/a11；

（3）内、外花键定心直径的公差带分别为 3 种、9 种，键宽 B 的公差带分别为 3 种、6 种。

3. 矩形花键连接的形位公差和表面粗糙度

1）矩形花键的形位公差

内、外花键是具有复杂表面的结合件，且键长与键宽的比值较大。加工时，不可避免地会产生形位误差。为防止装配困难，并保证键和键槽侧面接触均匀，除用包容原则控制定心表面的形状误差外，还应控制花键（或花键槽）在圆周上分布的均匀性（即分度误差），当花键较长时，还可根据产品性能要求进一步控制各个键或键槽侧面对定心表面轴线的平行度。

为保证花键（或花键槽）在圆周上分布的均匀性，应规定位置度公差，并采用相关要求，其在图样上的标注如图 7-16 所示，位置度的公差选用如表 7-17 所示。

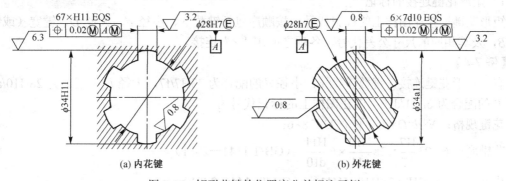

图 7-16　矩形花键的位置度公差标注示例

表 7-17　矩形花键的位置度公差 t_1（摘自 GB/T 1144—2001）　　（单位：mm）

	键槽宽或键宽 B		3	3.5～6	7～10	12～18
t_1	键槽宽		0.010	0.015	0.020	0.025
	键宽	滑动、固定	0.010	0.015	0.020	0.025
		紧滑动	0.006	0.010	0.013	0.016

当单件或小批量生产时，应规定键（键槽）两侧面的中心平面对定心表面轴线的对称度和

花键等分公差。其在图样上的标注如图 7-17 所示，花键的对称度的公差值如表 7-18 所示。

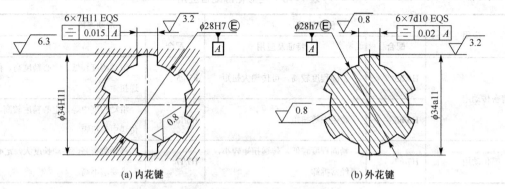

(a) 内花键   (b) 外花键

图 7-17　矩形花键的对称度公差标注示例

表 7-18　矩形花键的对称度公差 t_2（摘自 GB/T 1144—2001）　　　　（单位：mm）

键槽宽或键宽 B		3	3.5～6	7～10	12～18
t_2	一般传动用	0.010	0.015	0.020	0.025
	精密传动用	0.010	0.015	0.020	0.025

2）矩形花键表面的粗糙度

矩形花键的表面粗糙度一般标注 Ra 的上限值，各结合面的表面粗糙度推荐值如下：

内花键：小径表面不大于 0.8 μm，键槽侧面不大于 3.2 μm，大径表面不大于 6.3 μm；

外花键：小径表面不大于 0.8 μm，键槽侧面不大于 0.8 μm，大径表面不大于 3.2 μm。

4．矩形花键连接的标记和测量

1）矩形花键连接的标记

矩形花键连接在图样上的标记代号，按顺序包括键数 N、小径 d、大径 D、键宽（或键槽宽）B，及其相应的尺寸公差代号，各项之间用"×"连接。

【例 7-4】

有一矩形花键连接，键数 N 为 6，小径 d 的配合为 23H7/f7，大径 D 的配合为 28H10/a11，键宽 B 的配合为 6H11/d10，则在图样上的标记代号为

花键规格：$N×d×D×B$，即 $6×23×28×6$；

花键副：$6×23\dfrac{H7}{f7}×28\dfrac{H10}{a11}×6\dfrac{H11}{d10}$　（GB/T 1144—2001）

内花键：$6×23H7×28H10×6H11$　（GB/T 1144—2001）

外花键：$6×23f7×28a11×6d10$　（GB/T 1144—2001）

2）矩形花键的检测

矩形花键的检测有单项检测和综合检测两类。也可以说有对定心小径、键宽、大径三个参数的检验，每一个花键都检验其尺寸、位置和表面粗糙度。

对于单件、小批量生产中，没有现成的花键量规可使用时，可用通用量具分别对各尺寸进行单项测量，并检测键宽的对称度、键齿/槽的等分度和大、小径的同轴度等形位公差项目。

对于大批量生产，一般都使用量规进行检验，用综合量规（对内花键为塞规、对外花键为环规，如图 7-18 所示）来综合检验小径 d、大径 D 和键（键槽）宽 B 的作用尺寸，包括上述位

置度（等分度、对称度）和同轴度等形位误差。然后用单项止端量规或其他量具分别检验尺寸 d、D、B 的最小实体尺寸。合格的标志是综合通规能通过而止规不能通过。

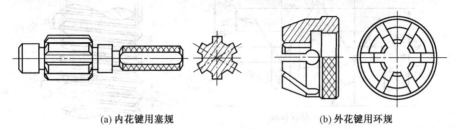

(a) 内花键用塞规　　　　　　　　　(b) 外花键用环规

图 7-18　检验矩形花键用综合量规

7.3　普通螺纹结合的互换性

7.3.1　概述

螺纹连接广泛应用于机械工业各部门的各种设备中，它是一种最典型的具有互换性的连接件。如各种机床、工具和仪器仪表等。

7.3.1.1　螺纹的种类及使用要求

螺纹按不同的用途可分为三类。

1. 普通螺纹

主要用于连接或紧固零部件，此类螺纹又称为紧固螺纹，使用时要求具有良好的旋合性和连接的可靠性。

2. 传动螺纹

主要用来传递运动、动力或精确的位移。例如车床丝杠和千分尺上的螺纹。对传动螺纹的要求是传动准确、可靠、螺牙接触良好及耐磨等。

3. 紧密螺纹

紧密螺纹用于密封连接，是连接的两个零件配合紧密而无泄露，如管道用的螺纹，这类螺纹主要要求其具有良好的旋合性与密封性，使用时应具有一定的过盈，以保证不漏气体或不漏液体。

螺纹用量最大的是用于连接和紧固的普通螺纹，因此本章只探讨普通螺纹结合的互换性。

7.3.1.2　普通螺纹的基本几何参数

螺纹表面是由牙型母线环绕轴心线沿圆柱或圆锥表面做螺旋运动而形成的。螺纹的几何参数取决于螺纹轴向剖面内的基本牙型。普通螺纹的基本牙型如图 7-19 所示，是在原始三角形中平行于中径削去 H/8 顶部和 H/4 底部所形成内外螺纹共有的理论牙型，它是螺纹设计牙型的基础。

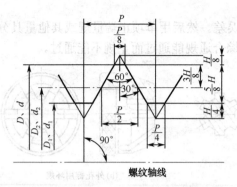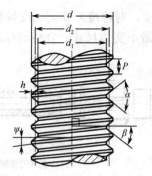

图 7-19　螺纹基本牙型图

螺纹的主要几何参数如下：

1．原始三角形高度 H

由原始三角形顶点沿垂直于螺纹轴线方向到其底边的距离，$H = \dfrac{\sqrt{3}}{2}P$。

2．牙型高度 h

在螺纹牙型上，牙顶到牙底在垂直于螺纹轴线方向的距离，$h = \dfrac{5}{8}H$。

3．大径 D 或 d

大径是指与外螺纹牙顶和内螺纹牙底相切的假想圆柱直径。国家标准规定，公制普通螺纹大径的基本尺寸为螺纹公称直径，也是螺纹的基本大径。大径是外螺纹顶径，内螺纹底径。

4．小径 D_1 或 d_1

小径是指与外螺纹牙底或内螺纹牙顶相切的假想圆柱的直径。小径的基本尺寸为螺纹的基本小径。小径是外螺纹底径，内螺纹顶径。

5．外螺纹最大小径 d_{3max}

在检测中，外螺纹最大小径应小于螺纹环规通端的最小小径，以保证通端螺纹环规能顺利通过。

6．中径 D_2 或 d_2

中径是一个假想圆柱的直径，该圆柱的母线通过牙型上沟槽和凸起宽度相等的地方。

螺纹结合时，其工作面为螺牙侧面接触，而在顶径和底径处应有间隙，因此，决定螺纹配合的主要参数是中径。

7．单一中径 D_{2a} 或 d_{2a}

单一中径是指一个假想圆柱的直径，该圆柱的母线通过牙型上的沟槽宽度等于螺距基本尺寸一半的地方。如图 7-20 所示，当螺距有误差时，单一中径和中径是不相等的。

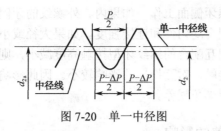

图 7-20　单一中径图

8. 螺距 P 与导程 P_h

螺距 P 是指相邻两牙在中径线上对应两点间的轴向距离。导程是指同一条螺旋线上的相邻两牙在中径线上对应两点的轴向距离。导程等于螺距乘以螺纹线数，单头螺纹的导程等于螺距。如图 7-21 所示。

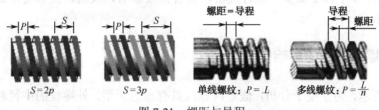

图 7-21　螺距与导程

9. 牙型角 α 与牙型半角 $\alpha/2$

牙型角是螺纹牙型上两个相邻牙侧间的夹角，对于公制普通螺纹，$\alpha = 60°$。牙型半角是指牙侧与螺纹轴线垂线的夹角，对于公制普通螺纹，$\dfrac{\alpha}{2} = 30°$。如图 7-22 所示。

10. 螺纹旋合长度 L

螺纹旋合长度是指两个相互配合的螺纹沿螺纹轴线方向相互旋合部分的长度 L。如图 7-23 所示。

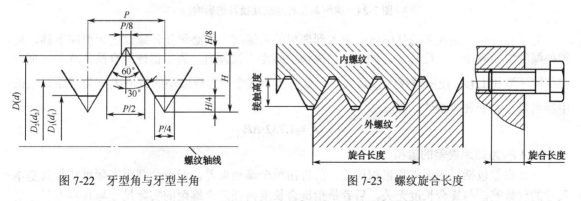

图 7-22　牙型角与牙型半角　　　　　图 7-23　螺纹旋合长度

7.3.2　普通螺纹的几何参数对互换性的影响

螺纹连接要实现其互换性，必须保证良好的旋合性和一定的连接强度。影响螺纹互换性的主要几何参数有大径、小径、中径、螺距和牙型半角。这几个参数在加工过程中不可避免地会产生一定的加工误差，不仅会影响螺纹的旋合性、接触高度、配合松紧，还会影响连接的可靠性。由于螺纹旋合主要依靠螺牙侧面工作，如果内、外螺纹的牙侧接触不均匀，就会造成负荷分布不均，势必降低螺纹的配合均匀性和连接强度。如果大径或小径处间隙过小，则旋合性能不佳。反之，若间隙过大，相互配合的螺纹牙型接触高度减小，则会降低连接强度。但螺纹旋合后，大径和小径之间均不接触，对互换性的影响较小。因此影响螺纹互换性的主要因素是螺纹中径误差、螺距误差和牙型半角误差。

7.3.2.1　螺纹中径误差的影响

决定螺纹配合性质的主要参数是中径，中径误差影响螺纹的旋合性与连接强度。内、外螺纹配合后相互作用集中在牙型侧面，所以内、外螺纹中径的差异直接影响着牙型侧面的接触状态。由于中径本身存在制造误差，当外螺纹中径比内螺纹中径大，就会影响螺纹的旋合性，当外螺纹中径比内螺纹中径小很多，配合过松，就会直接影响螺纹的连接强度，故中径误差的大小必须加以控制。

7.3.2.2　螺距误差的影响

如图 7-24 所示，为了便于分析，假定内螺纹具有理想牙型，外螺纹的中径和牙型半角均无误差，仅螺距有误差，并假设外螺纹的螺距比内螺纹的螺距大，当内、外螺纹旋合时，内、外螺纹牙型就会产生干涉，不能旋合。

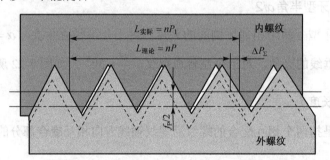

图 7-24　螺距误差对螺纹互换性的影响

为了使具有螺距误差的外螺纹能旋入到理想的内螺纹，就必须使外螺纹的牙型向下移，要把外螺纹中径减少一个数值 f_p。同理，当内螺纹螺距有误差时，为了保证旋合性，就必须把内螺纹的牙型往上移，使内螺纹中径增大一个数值 f_p。这个增大或减小的数值 f_p 称为螺距误差的中径当量，对于普通螺纹，有

$$f_p = 1.732 \left| \Delta P_\Sigma \right|$$

式中，ΔP_Σ 为螺距误差的累积值。

螺距误差包括局部误差和累积误差，前者指单个螺距误差，即单个螺距实际尺寸与其基本尺寸的代数差，与旋合长度无关。后者是指旋合长度内任意个螺距的实际尺寸与其基本尺寸之代数差，与旋合长度有关。一般情况下，螺纹旋合长度增大，ΔP_Σ 越大，旋合也越难，因此后者对旋合性能影响更大。

7.3.2.3　牙型半角误差的影响

牙型半角误差指实际牙型半角与基本牙型半角之差，是螺纹牙侧相对于螺纹轴线的位置误差。牙型半角误差影响螺纹的旋入性，对接触的均匀性也有影响，使连接强度降低。牙型半角误差是由于牙型角 α 不准确，或它与轴心线的相对位置不正确造成的，也可能是两者综合造成的。

假设内螺纹具有理想牙型，外螺纹的中径和螺距没有误差，外螺纹左、右牙型半角有误差，误差分别为 $\Delta\dfrac{\alpha_1}{2}$ 和 $\Delta\dfrac{\alpha_2}{2}$，则内外螺纹的轮廓发生相互干涉，而无法旋合，如图 7-25 所示，并且随 $\Delta\dfrac{\alpha_1}{2}$ 和 $\Delta\dfrac{\alpha_2}{2}$ 的大小和正负不同，螺纹两侧干涉区的位置和径向干涉量也不相同。

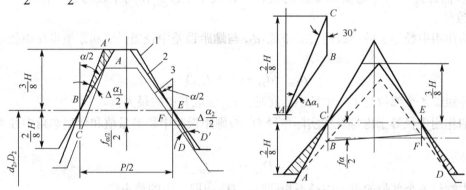

图 7-25　牙型半角误差对螺纹互换性的影响

图 7-25 中 1 代表理想的内螺纹牙型，2 代表仅有牙型半角误差的外螺纹牙型，3 代表减小中径后的外螺纹牙型，此时外螺纹与内螺纹不干涉。从图 7-25 可以看出，为了使有半角误差的外螺纹仍然能够旋入内螺纹，就必须把外螺纹的中径减少一个数值 $f_{\alpha/2}$。同理，当内螺纹牙型半角有误差时，为保证旋合性，就必须把内螺纹的中径加大 $f_{\alpha/2}$，这个值称为牙型半角误差的中径当量。对于普通螺纹，牙型半角的中径补偿值 $f_{\alpha/2}$ 可按下式计算：

$$f_{\alpha/2} = 0.073P\left(k_1\left|\Delta\frac{\alpha_1}{2}\right| + k_2\left|\Delta\frac{\alpha_2}{2}\right| \right)$$

式中，P 为螺距，单位为 mm；

$\Delta\dfrac{\alpha_1}{2}$、$\Delta\dfrac{\alpha_2}{2}$ 为左、右牙型半角误差，单位为分，当实际牙型半角大于基本牙型半角 30º 时为正，小于基本牙型半角 30° 时为负；

k_1、k_2 为左右牙型半角误差系数。对外螺纹，当 $\Delta\dfrac{\alpha_1}{2}>0$，$\Delta\dfrac{\alpha_2}{2}>0$ 时，$k_1 = 2$，$k_2 = 2$；当 $\Delta\dfrac{\alpha_1}{2}<0$，$\Delta\dfrac{\alpha_2}{2}<0$ 时，$k_1 = 3$，$k_2 = 3$。对内螺纹，当 $\Delta\dfrac{\alpha_1}{2}>0$，$\Delta\dfrac{\alpha_2}{2}>0$ 时，$k_1 = 3$，$k_2 = 3$；当 $\Delta\dfrac{\alpha_1}{2}<0$，$\Delta\dfrac{\alpha_2}{2}<0$ 时，$k_1 = 2$，$k_2 = 2$；$f_{\alpha/2}$ 的单位为 μm。

7.3.2.4　螺纹中径的合格性判断

为了保证螺纹结合的旋入性及连接强度，必须对螺距误差、牙型半角误差、中径误差加以控制。而螺距误差和牙型半角误差可以用螺距误差的中径当量和牙型半角误差的中径当量代替，因此在普通螺纹的公差与配合中，没有单独给出螺距公差和牙型半角公差，而只给出了中径公差，用来综合限制螺距误差、牙型半角误差及中径误差，即中径公差是一个综合性公差。

一个具有螺距误差、牙型半角误差的外螺纹，只能与一个中径较大的理想内螺纹旋合，其效果相当于外螺纹中径增大。同样一个具有螺距误差和牙型半角误差的内螺纹只能与一个中径较小的理想外螺纹旋合，其效果相当于内螺纹中径减小，即螺纹旋合时真正起作用的尺寸称为作用中径，其定义为在规定的旋合长度内，恰好包容实际螺纹的一个假想螺纹的中径，这个假想螺纹具有理想的螺距、牙型半角以及牙型高度，并且在牙顶处和牙底处留有间隙，以保证配合时不与实际螺纹的大、小径发生干涉。作用中径与体外作用尺寸在概念上是一致的。

外螺纹的作用中径等于外螺纹的实际中径 d_{2a} 与螺距误差中径当量值和牙型半角中径当量值之和，即

$$d_{2m} = d_{2a} + (f_p + f_{\alpha/2})$$

当实际外螺纹各个部位的单一中径不相同时，d_{2a} 应取其中的最大值。

内螺纹的作用中径等于内螺纹的实际中径 D_{2a} 与螺距误差中径当量值和牙型半角中径当量值之差，即

$$D_{2m} = D_{2a} - (f_p + f_{\alpha/2})$$

当实际内螺纹各个部位的单一中径不相同时，D_{2a} 应取其中的最小值。

考虑到实际中径、螺距误差和牙型半角误差的综合影响，螺纹中径合格性判断原则——泰勒原则为：实际螺纹的作用中径不能超出最大实体牙型的中径，以保证旋合性；实际螺纹上任何部分的单一中径不能超出最小实体牙型的中径，以保证连接强度，即

外螺纹：$\qquad\qquad\qquad d_{2m} \leqslant d_{2max} \qquad$ 且 $\quad d_{2a} \geqslant d_{2min}$

内螺纹：$\qquad\qquad\qquad D_{2m} \geqslant D_{2min} \qquad$ 且 $\quad D_{2a} \leqslant D_{2max}$

中径公差用来限制实际中径、螺距及牙型半角三个要素的误差。

7.3.3 普通螺纹的公差与配合

7.3.3.1 普通螺纹的公差带

普通螺纹的精度由普通螺纹公差带规定，普通螺纹公差带是普通螺纹实际轮廓允许变动的范围。

1. 螺纹公差带

普通螺纹的公差带是沿基本牙型的牙侧、牙顶和牙底分布的牙型公差带。它以基本牙型为零线，公差带宽度大小由中径公差值（T_{D_2}、T_{d_2}）和顶径公差值（T_{D_1}、T_{d_1}）决定，公差带的位置由基本偏差（EI、es）决定。如图7-26所示。

普通螺纹精度标准仅对螺纹的直径规定了公差，而螺距误差、半角误差则由中径公差综合控制。为了保证其旋合性和连接可靠性，实际螺纹的牙侧和牙顶必须位于该牙型公差带内，牙底则由加工刀具保证。

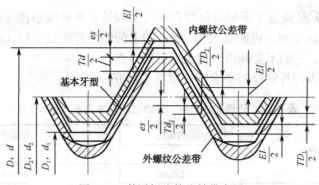

图 7-26 普通螺纹的公差带布置

2. 基本偏差

国家标准《普通螺纹 公差》（GB/T 197—2003）对大径、中径和小径规定了相同的基本偏差。对于内螺纹公差带，标准规定了 G 和 H 两种基本偏差，基本偏差为下偏差（EI）；对于外螺纹公差带，标准规定了 e、f、g、h 四种基本偏差，基本偏差为上偏差（es）。内螺纹的公差带位置如图 7-27 所示，外螺纹的公差带位置如图 7-28 所示。图中螺纹的基本牙型是计算螺纹偏差的基准。内、外螺纹的公差带相对于基本牙型的位置，与圆柱体的公差带的位置一样，由基本偏差来确定。图中 H、h 的基本偏差为零，G 的基本偏差为正值，e、f、g 的基本偏差为负值。

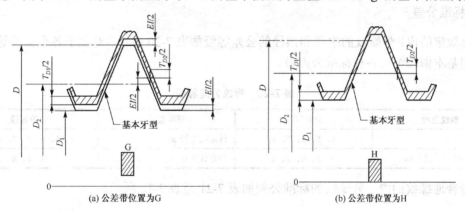

图 7-27 内螺纹公差带

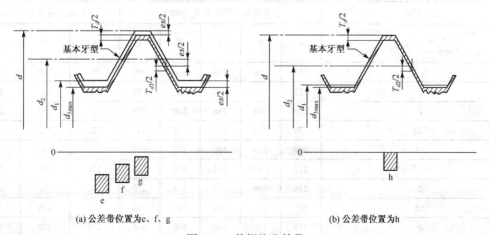

图 7-28 外螺纹公差带

内螺纹大径（D）只规定了下偏差而没有规定上偏差，外螺纹小径（d_1）只规定了上偏差而没有规定下偏差。这是因为内螺纹大径（D）的上偏差和外螺纹小径（d_1）的下偏差可以由相应的中径间接控制，它们不会超出牙型三角形的顶点。

部分普通螺纹的内、外螺纹的基本偏差如表 7-19 所示。

表 7-19 普通螺纹的内、外螺纹的基本偏差（摘录）

基本偏差 螺纹 螺距/mm	内螺纹		外螺纹			
	G	H	e	f	g	h
	EI/μm		es/μm			
0.75	+22		−56	−38	−22	
0.8	+24		−60	−38	−24	
1	+26		−60	−40	−26	
1.25	+28		−63	−42	−28	
1.5	+32	0	−67	−45	−32	0
1.75	+34		−71	−48	−34	
2	+38		−71	−52	−38	
2.5	+42		−80	−58	−42	
3	+48		−85	−63	−48	

3．标准公差

标准规定的内、外螺纹的中径和顶径的公差等级如表 7-20 所示。对应于各个公差等级的标准公差和基本偏差组成各种标准公差带。

表 7-20 螺纹公差等级

螺纹直径	公差等级	螺纹直径	公差等级
内螺纹中径 D_2	4、5、6、7、8	外螺纹中径 d_2	3、4、5、6、7、8、9
内螺纹小径（顶径）D_1	4、5、6、7、8	外螺纹大径（顶径）d	4、6、8

部分普通螺纹的内、外螺纹的标准公差如表 7-21 至表 7-22 所示。

表 7-21 普通螺纹的内螺纹小径公差(T_{D_1})和外螺纹大径公差(T_d)（摘录）

公差项目 公差等级 螺距 P/mm	内螺纹小径公差 T_{D_1} /μm					外螺纹大径公差 T_d /μm		
	4	5	6	7	8	4	6	8
0.75	118	150	190	236	—	90	140	—
0.8	125	160	200	250	315	95	150	236
1	150	190	236	300	375	112	180	280
1.25	170	212	265	335	425	132	212	335
1.5	190	236	300	375	475	150	236	375
1.75	212	265	335	425	530	170	265	425
2	236	300	375	475	600	180	280	450
2.5	280	355	450	560	710	212	335	530
3	315	400	500	630	800	236	375	600

表 7-22　普通螺纹的内、外螺纹中径公差 T_{D_2}、T_{d_2}（摘录）

公称直径/mm		螺距	内螺纹中径公差 T_{D_2} /μm					外螺纹中径公差 T_{d_2} /μm				
			公差等级									
>	≤	P/mm	4	5	6	7	8	4	5	6	7	8
5.6	11.2	0.75	85	106	132	170	—	63	80	100	125	—
		1	95	118	150	190	236	71	90	112	140	180
		1.25	100	125	160	200	250	75	95	118	150	190
		1.5	112	140	180	224	280	85	106	132	170	212
11.2	22.4	1	100	125	160	200	250	75	95	118	150	190
		1.25	112	140	180	224	280	85	106	132	170	212
		1.5	118	150	190	236	300	90	112	140	180	224
		1.75	125	160	200	250	315	95	118	150	190	236
		2	132	170	212	265	335	100	125	160	200	250
		2.5	140	180	224	280	355	106	132	170	212	265
22.4	45	1	106	132	170	212	—	80	100	125	160	200
		1.5	125	160	200	250	315	95	118	150	190	236
		2	140	180	224	280	355	106	132	170	212	265
		3	170	212	265	335	425	125	160	200	250	315
		3.5	180	224	280	355	450	132	170	212	265	335
		4	190	236	300	375	475	140	180	224	280	355
		4.5	200	250	315	400	500	150	190	236	300	375

4. 旋合长度

螺纹的旋合长度分为三组，分别称为短旋合长度（S）、中等旋合长度（N）和长旋合长度（L）。一般采用中等旋合长度。粗牙普通螺纹的中等旋合长度值约为 $0.5d \sim 1.5d$，是最常用的旋合长度尺寸。

螺纹配合精度不仅与螺纹公差等级有关，还与螺纹的旋合长度有关。旋合长度越长，螺距的累积误差越大，越难旋合，以同样的中径精度要求加工会更困难，反之则会易于加工。

部分普通螺纹的内、外螺纹的螺纹旋合长度如表 7-23 所示。

表 7-23　普通螺纹的旋合长度（摘录）　　　（单位：mm）

公称直径 D，d		螺距 P	旋合长度			
			S		N	L
>	≤		≤	>	≤	>
5.6	11.2	0.75	2.4	2.4	7.1	7.1
		1	3	3	9	9
		1.25	4	4	12	12
		1.5	5	5	15	15
11.2	22.4	1	3.8	3.8	11	11
		1.25	4.5	4.5	13	13
		1.5	5.6	5.6	16	16
		1.75	6	6	18	18
		2	8	8	24	24
		2.5	10	10	30	30
22.4	45	1	4	4	12	12
		1.5	6.3	6.3	19	19
		2	8.5	8.5	25	25
		3	12	12	36	36
		3.5	15	15	45	45
		4	18	18	53	53
		4.5	21	21	63	63

7.3.3.2 普通螺纹公差带的选用

1）公差带选用

为了减少刀具、量具的规格和数量，提高经济效益，标准规定了若干标准公差带作为内、外螺纹的选用公差带，表示方法是公差等级后加上基本误差代号，如表7-24所示。除非有特殊要求，不应组成其他公差带。表中只有一个公差带代号的表示中径公差带与顶径公差带是相同的，列出两个公差带代号的，则前者表示中径公差带，后者表示顶径公差带。

表7-24 普通螺纹的选用公差带

精度	旋合长度 内螺纹			外螺纹		
	S	N	L	S	N	L
精密	4H	4H5H	5H6H	(3h4h)	4h*	(5h4h)
中等	5H (5G)	6H** (6G)	7H* (7G)	(5h6h) (5g6g)	6h*6f* 6g**6e*	(7g6g) (7h6h)
粗糙	—	7H (7G)	—	—	(8h) 8g	—

注：① 带*的公差带应优先使用，不带*的公差带次之，加（ ）的公差带尽可能不用；
　　② 大量生产的精制紧固件螺纹，推荐采用带**的公差带。

由表7-24可知，标准中按不同旋合长度给出精密、中等、粗糙三种精度。精密螺纹主要用于要求结合性质变动较小的场合；中等精度螺纹主要用于一般的机械、仪器结构件；粗糙精度螺纹主要用于要求不高的场合，如建筑工程、污浊有杂质的装配环境等不重要的连接。对于加工比较困难的螺纹，只要功能要求允许，也可采用粗糙精度。

在满足功能要求的前提下，应尽量选用带*号的公差带，尽量不用带括号的公差带。

2）配合的选用

为保证连接强度、接触高度、装拆方便，国标推荐优先采用H/g、H/h、G/h配合。对大批量生产的螺纹，为装拆方便，应选用H/g、G/h配合。对单件小批量生产的螺纹，可用H/h配合，以适应手工拧紧和装配速度不高等使用特性。对高温下工作的螺纹，为防止氧化皮等卡死，用间隙配合：H/g（450°以下）、H/e（450°以上）。对需镀涂的外螺纹，当镀层厚为10 μm、20 μm、30 μm时，用g、f、e与H配合。当均需电镀时，用G/e、G/f配合。对于直径≤1.4mm的螺纹结合应采用5H/6h或更精密的配合。一般情况下，通常采用最小间隙为零的H/h的配合；H/g与G/h配合具有保证间隙，通常用于经常拆卸、工作温度高或需镀涂的螺纹。

3）表面粗糙度选用

螺纹牙侧工作面表面粗糙度影响螺纹耐磨性、配合性质的稳定性、抗疲劳强度和抗腐蚀性等。

7.3.3.3 普通螺纹的标注

完整的螺纹标记由螺纹代号、螺纹公差带代号和旋合长度代号三部分组成，各代号间用"—"分开。为了与尺寸的公差与配合相区别，螺纹的公差等级写在前，偏差代号写在后。

螺纹代号用"M"及公称直径×螺距（单位为mm）表示。粗牙螺纹不标注螺距。当螺纹为左旋时在螺纹代号后加"左"字，不注时默认为右旋螺纹。螺纹公差带代号包括中径公差带代号与顶径公差带代号，中径公差带在前，顶径公差带在后；中径公差带和顶径公差带相同时只需要标注一个公差带代号。螺纹旋合长度代号标注在螺纹公差带代号之后，中等旋合长度不标注。例如：

内螺纹　　　　　　　　　M10—5H6 H—L

　　　　　　　　　　　　　　　　　　　└─ 旋合长度代号
　　　　　　　　　　　　　　　　　└─── 顶径公差带代号
　　　　　　　　　　　　　　　└───── 中径公差带代号
　　　　　　　　　　　　└─────── 螺纹规格代号

外螺纹　　　　　　　　　M10×1—6h—30

　　　　　　　　　　　　　　　　　└─ 旋合长度（单位为mm）
　　　　　　　　　　　　　　└─── 中径、顶径公差带代号
　　　　　　　　　　　└───── 螺距（单位为mm）
　　　　　　　　└─────── 螺纹规格代号

内、外螺纹装配在一起时，其公差带代号用斜线分开，左边表示内螺纹公差带，右边表示外螺纹公差带。例如：

　　　　　　　　　　　　　　　　└─ 外螺纹公差带
　　　　　　　　　　　　　└─── 内螺纹公差带
　　　　　　　　　　└───── 螺纹规格代号

螺纹牙侧的表面粗糙度主要根据螺纹的中径公差等级来确定。表 7-25 列出了螺纹牙侧表面粗糙度参数 Ra 的推荐值。

表 7-25　螺纹牙侧表面粗糙度参数 Ra 的推荐值　　　　　　　（单位：μm）

工件	螺纹中径公差等级		
	4、5	6、7	7、8、9
	Ra 不大于		
螺栓、螺钉、螺母	1.6	3.2	3.2~6.3
轴及套上的螺纹	0.8~1.6	1.6	3.2

【例 7-5】

有一 M20×2—6H 螺母，加工后测得数据如下：$D_{2s} = 18.789$ mm，$\Delta P_\Sigma = -40$ μm，$\Delta\dfrac{\alpha_1}{2} = +45'$，$\Delta\dfrac{\alpha_2}{2} = -40'$，计算螺母的作用中径，该螺母能否与具有理想轮廓的螺栓旋合？若不能旋合，能否修复？怎样修复？

解：（1）确定中径的极限尺寸。

查表得

$$D_2 = 18.701 \text{ mm}，\quad T_{D_2} = 212 \text{ μm}，\quad EI = 0$$

故得

$$D_{2\max} = 18.701 + 0.212 = 18.913 \text{ mm}$$
$$D_{2\min} = 18.701 \text{ mm}$$

（2）计算螺距误差的中径当量和牙型半角误差的中径当量。

$$f_p = 1.732\left|\Delta P_\Sigma\right| = 1.732 \times \left|-40\right| = 69.28 \text{ μm}$$

$$f_{\alpha/2} = 0.073P\left[k_1\left|\Delta\frac{\alpha_1}{2}\right| + k_2\left|\Delta\frac{\alpha_2}{2}\right|\right]$$

$$= 0.073 \times 2 \times \left[3 \times |45| + 2 \times |-40|\right] = 31.39 \text{ μm}$$

$$D_{2m} = D_{2s} - (f_p + f_{\alpha/2})$$
$$= 18.789 - (69.28 + 31.39) \times 10^{-3} = 18.688 \text{ mm}$$

（3）判断能否与具有理想轮廓的螺栓旋合，其内螺纹合格的条件为

$$D_{2m} \geqslant D_{2min}, \quad D_{2s} \leqslant D_{2max}$$

虽然 18.789<18.913，但 $D_{2m} < D_{2min}$。所以不能与具有理想轮廓的螺栓旋合。

因为不管是外螺纹，还是内螺纹，一般修复的办法都是使外螺纹的实际中径减小，使内螺纹的实际中径增大，所以该螺母可以修复，使内螺纹的实际中径增大即可。

令 $D_{2m} = D_{2min}$，则

$$D_{2s} - (f_p + f_{\alpha/2}) = D_{2min}$$
$$D_{2s} = D_{2min} + (f_p + f_{\alpha/2})$$
$$= 18.701 + (69.28 + 31.39) \times 10^{-3} = 18.802 \text{ mm}$$

因而，使内螺纹的实际中径增大 18.802−18.789 = 0.013 mm，则

$$D_{2m} \geqslant D_{2min}, \quad D_{2s} \leqslant D_{2max}$$

再令 $D_{2s} = D_{2max}$，内螺纹实际中径增大 18.913−18.789 = 0.124 mm。

因此，当内螺纹的实际中径增大 0.013～0.124 mm 时，该螺母可修复到与理想的螺栓旋合。

7.3.4　普通螺纹测量

为保证螺纹的几何精度，必须对螺纹进行检测，普通螺纹几何参数的检测方法分为单项几何参数测量与综合测量检验两种。

单项测量是对螺纹的各参数如中径、螺距、牙型半角等分别进行测量，主要用于精密螺纹，如螺纹量规、测微螺杆等。在加工过程中，为分析工艺因素对各参数加工精度的影响，也要进行单项测量。单项测量主要用于单件、小批量生产。单项测量螺纹各参数的计量器具很多，最常用的工具是显微镜。

内螺纹在生产中大部分用螺纹塞规进行综合检验，而单项测量比较困难。

7.3.4.1　单项测量

螺纹的单项测量用于螺纹加工的工艺分析，或螺纹量具、螺纹刀具及精密螺纹的测量。对于大螺纹工件，也常采用单项测量。通常，主要测量的参数有螺纹中径、螺距和牙型半角。同一参数可有多种测量方法，测量时可根据现有仪器的种类选择合适的量仪，其检测结果应具有可靠的精度。

1. 螺纹千分尺测量外螺纹中径

螺纹千分尺的构造和普通外径千分尺基本相同，如图 7-29（a）所示，所不同的是螺纹千分尺可更换测头，其形状如图 7-29（b）所示。一只测量头做成 V 形槽，另一只测量头做成圆锥形，将这对测头安装在螺纹千分尺上，可测量外螺纹中径。螺纹千分尺的测量头备有多种尺寸，可以根据不同尺寸选择合适的测量头。

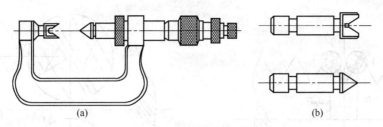

图 7-29　螺纹千分尺

2. 三针法测中径

三针法是精密测量外螺纹中径的常用方法，它是用三根直径相等、高精密的圆柱形量针按图 7-30 所示放在外螺纹的沟槽中，然后量出尺寸 M。

根据被测螺纹的螺距 P、牙型半角 $\alpha/2$ 及量针直径 d_0 与 M 值的几何关系，求出被测螺纹的实际中径，即

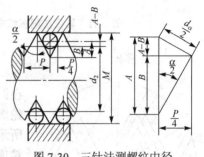

图 7-30　三针法测螺纹中径

$$d_2 = M - d_0 \left[1 + \frac{1}{\sin\dfrac{\alpha}{2}} \right] + \frac{P}{2} \operatorname{ctg}\frac{\alpha}{2}$$

量针直径 d_0 应按螺距 P 和螺纹牙型半角 $\alpha/2$ 选取，以使量针与被测螺纹的牙侧恰好在中径处接触，称为最佳量针直径，即

$$d_0 = \frac{P}{2\cos\dfrac{\alpha}{2}}$$

当螺纹牙数很少，如止端螺纹量规，无法用三针时可用二针量法。当螺纹直径大于 100 mm 时，可用单针量法。

3. 工具显微镜测量中径

在工具显微镜上测量外螺纹中径的方法有影像法、轴切法和干涉法。

1）影像法

影像法测量外螺纹中径是在万能工具显微镜上，将被测螺纹放在仪器工作台的 V 形块上或装在顶针之间，通过光学系统用光线透射的方法，将螺纹正确成像在目镜的分划板上进行测量的一种方法。测量原理如图 7-31 所示，读出 I、II 位置的读数，两次读数之差即为螺纹的实际中径。

为了消除测量时被测工件的安装误差（主要是两顶尖中心连线与被测螺纹轴线不重合造成的误差），需在螺牙的另一侧再次进行测量（位置为 III 和 IV），取两次测得值的平均值作为螺纹的实际中径，即

$$d_2 = \frac{d_{2左} + d_{2右}}{2}$$

2）轴切法

轴切法是利用万能工具显微镜的附件量刀，在被测螺纹的轴向截面上进行测量。测量时使量刀刀刃在被测螺纹的水平轴向截面上与螺牙侧面接触，再用中央目镜中米字线中央虚线旁边的一条虚线对准量刀上与刀刃平行的刻线进行测量，如图 7-32 所示。此时仪器采用反射照明，且立柱不倾斜。此方法被测螺纹直径应大于 3 mm。

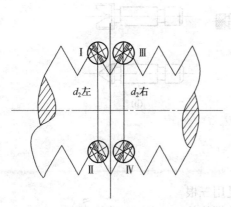

图 7-31　影像法测螺纹中径

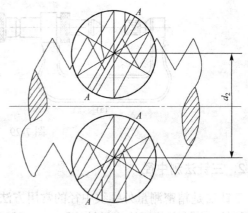

图 7-32　轴切法测螺纹中径

3）干涉法

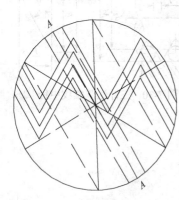

图 7-33　干涉法测螺纹中径

干涉法是在仪器照明光路的适当位置上设置一小孔光阑，使在距被测螺纹影像一定距离处形成干涉条纹，条纹的形状与被测轮廓一致，然后以干涉条纹代替被测螺纹轮廓进行测量，如图 7-33 所示。由于干涉条纹比被测螺纹轮廓边缘清晰，提高了压线对准精度，该法主要用于小螺纹。

4．工具显微镜测量螺距

1）影像法

此种方法是在大型工具显微镜或万能工具显微镜上进行的，其原理如图 7-34 所示。与在工具显微镜上测量中径类似，先在位置Ⅰ上对准，并进行纵向坐标读数。然后移动纵向滑板，使之移动 n 个螺牙后在位置Ⅱ上对准，再次进行读数，两次纵向坐标读数之差即为 n 螺距的实际值。为消除被测工件的安装误差，需在另一侧螺牙上再次进行测量（位置为Ⅲ、Ⅳ），取两次测得值的平均值作为测量结果，即

$$nP = \frac{nP_左 + nP_右}{2}$$

2）轴切法

用轴切法测量螺距时的量刀位置如图 7-35 所示，测量螺距也是在显微镜保持横向不动时，读取两次纵向读数之差。同样，为了消除安装误差，也要求在左、右牙侧上各测一次，取两次读数之差的算术平均值作为测量结果。

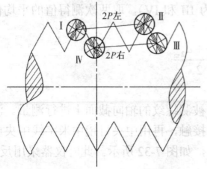

图 7-34　影像法测螺纹螺距

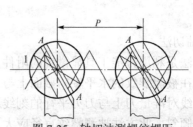

图 7-35　轴切法测螺纹螺距

3）干涉法

用干涉法测量螺距原理与测量螺纹中径相同，区别在于测量结果无须进行校正计算，因为干涉带与螺纹轮廓影像的距离在两次读数中被抵消了。用干涉法测量螺纹螺距比测量螺纹中径方便得多，精度也较高。尤其适用于大直径螺纹的测量。因为大直径螺纹的牙型轮廓在中央目镜中的影像很不清晰。但是对于直径小于 3 mm 的螺纹，由于不能用量刀，因此也可以用干涉法测量螺距。

5. 工具显微镜测量牙型半角

牙型半角都是在大型、小型或万能工具显微镜上测量，可用影像法、轴切法、干涉法等方法，所以一般在测量螺纹中径或螺距时，同时进行螺纹牙型半角的测量。

用影像法测量时，如图 7-36 所示，当米字线中央虚线对准螺牙侧边后，即可从角度目镜中读出各自的牙型半角值。为了消除安装误差，应将位置I和IV、II和III的测得值分别取平均值作为测量结果，即

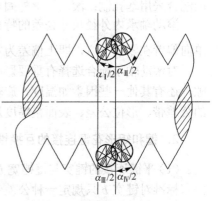

$$\frac{\alpha_{右}}{2} = \frac{(\alpha/2)_{\text{I}} + (\alpha/2)_{\text{IV}}}{2}$$

$$\frac{\alpha_{左}}{2} = \frac{(\alpha/2)_{\text{II}} + (\alpha/2)_{\text{III}}}{2}$$

图 7-36　影像法测螺纹牙型半角

7.3.4.2　综合测量

螺纹综合测量一般是用螺纹量规进行的。螺纹量规使用简单，效率高，能反映螺纹的综合效果。由于螺纹各项参数有互补性质，所以用螺纹量规检验的工件能较好地保证互换性，故被广泛采用。

螺纹量规可分为如下 3 种：

（1）工作量规　生产工人在生产中检验螺纹工件所使用的量规，有塞规和环规，分别用于检验内、外螺纹。

（2）验收量规　用于验收工件，也有塞规和环规两种。

（3）校对量规　用于检验螺纹工作环规。螺纹工作塞规不用校对量规。

螺纹量规有通端和止端。通端量规用于检验螺纹的作用中径，因此，具有完整的牙型，其长度等于旋合长度。检验时，通端需完全通过被测螺纹。通规不仅能控制中径本身的误差，还可控制螺距误差、牙型半角误差以及形状误差所引起的中径变化等。止端量规控制螺纹的实际中径，为了减小误差的影响，就将止规螺纹缩短，但至少要有三扣螺纹。为了消除牙型半角误差的影响，止规螺纹做成短牙型。用止规检验螺纹时，止规不能通过被检测的螺纹，但标准规定可以旋入一部分。

螺纹综合检验是属于定性检验方法，它只能判断螺纹是否合格，而不能测量实际尺寸，在与单件测量发生矛盾时，以综合检验为准。

本 章 小 结

1．滚动轴承的互换性

滚动轴承属于标准件，一般向心轴承公差等级分为 5 级，由低到高分别为 0、6、5、4、2 级。滚动轴承与轴径、外壳孔的配合以滚动轴承为基准件来选择基准制；滚动轴承内孔与轴颈的配合采用基孔制；滚动轴承外圈与外壳孔的配合采用基轴制。

滚动轴承内外径尺寸公差的特点是：内、外圈单一平面内的平均直径 $D_{mp}(d_{mp})$ 的公差带都单向偏置在零线下方，即上偏差为零，下偏差为负值。

对滚动轴承配合选择有重要影响的因素是作用在轴承上的负荷类型、负荷的大小和径向游隙，还有其他一些因素如温度、旋转精度、结构与材料等。与滚动轴承相配合的轴颈和外壳孔的公差带、形位公差、表面粗糙度及标注按国标推荐查取。

2．键和矩形花键连接的互换性

（1）平键连接的键宽与键槽宽 b 是决定配合性质和配合精度的主要参数，采用基轴制配合，国家标准对键宽 b 只规定一种公差带 h8，对轴与轮毂的键槽宽各规定了三种公差带，它们可构成较松连接、一般连接和较紧连接三种配合。

平键连接的非配合尺寸精度和表面粗糙度较配合面要求低。轴与轮毂的键槽宽公差带、形位公差、表面粗糙度及标注按国标推荐查取。

（2）花键按其截面形状的不同可分为矩形花键、渐开线花键和三角形花键，其中矩形花键应用最广。矩形花键连接的定心方式有大径定心、小径定心和键宽定心三种，国标规定矩形花键采用小径定心。

矩形花键的公差与配合分为一般用途的矩形花键和精密传动用的矩形花键，其配合采用基孔制，即内花键的 D、d 和 B 的基本偏差固定不变，依靠改变外花键的 D、d 和 B 的基本偏差，以获得不同松紧的配合。矩形花键可形成三种连接形式，即滑动连接、紧滑动连接和固定连接，配合的选择主要应根据定心精度要求，传递转矩的大小以及是否有轴向移动来确定。

矩形花键连接在图样上的标记代号，按顺序包括键数 N、小径 d、大径 D、键宽（或键槽宽）B，及其相应的尺寸公差代号，各项之间用"×"连接。矩形花键公差带、形位公差、表面粗糙度及标注按国标标准推荐查取。

3．普通螺纹结合的互换性

普通螺纹基本参数有原始三角形高度、牙型高度、大径、小径、中径、单一中径、螺距、导程、牙型角、螺纹旋合长度等；影响螺纹互换性的主要几何参数有大径、小径、中径、螺距和牙型半角。这几个参数在加工过程中会产生一定的误差，影响到螺纹的旋合性、接触高度、配合松紧，还会影响连接的可靠性。

实际应用中，螺距误差和牙型半角误差以中径当量代替，国标只给出中径公差，用来综合限制螺距误差、牙型半角误差及中径误差，即中径公差是一个综合性公差。普通螺纹的公差带特点是：公差带是沿基本牙型的牙侧、牙顶和牙底分布的牙型公差带。普通螺纹公差带及标注按国标推荐查取。

习　题

一、选择题

1. 滚动轴承外圈与基本偏差为 H 的外壳孔形成（　　）配合。
A. 间隙　　　　　B. 过盈　　　　　C. 过渡　　　　　D. 间隙或过盈

2. 不属于作用在滚动轴承上的负荷种类是（　　）。
A. 局部负荷　　　B. 循环负荷　　　C. 摆动负荷　　　D. 周期负荷

3. 普通机床主轴前轴轴承、后轴轴承多用（　　）级。
A. 4、5　　　　　B. 5、6　　　　　C. 2、6　　　　　D. 6、5

4. （　　）级轴承常称为普通轴承，在机械中应用最广。
A. 0　　　　　　　B. 2　　　　　　　C. 4　　　　　　　D. 6

5. 对于重型机械上使用的大尺寸滚动轴承，应选用（　　）。
A. 较大的过盈配合　　　　　　　　B. 较小的过盈配合
C. 过渡配合　　　　　　　　　　　D. 间隙配合

6. 对于滚动轴承与轴径、外壳孔的公差配合，（　　）。
A. 在图纸上的标注与圆柱孔、轴的公差配合
B. 一般均选过盈配合
C. 应当分别选择两种基准制
D. 配合精度不高

7. 选择滚动轴承与轴颈、外壳孔的配合时，首先应考虑的因素是（　　）。
A. 轴承的径向游隙
B. 轴承套圈相对于负荷方向的运转状态和所承受负荷的大小
C. 轴和外壳的材料和机构
D. 轴承的工作温度

8. 平键连接中的配合尺寸是指（　　）。
A. 键高　　　　　B. 键宽　　　　　C. 键长　　　　　D. 轴长

9. 轴槽和轮毂槽对轴线（　　）误差将直接影响平键连接的可装配性和工作接触情况。
A. 平行度　　　　B. 位置度　　　　C. 对称度　　　　D. 垂直度

10. 矩形花键连接有（　　）个主要尺寸参数。
A. 2　　　　　　　B. 3　　　　　　　C. 4　　　　　　　D. 5

11. 内、外矩形花键的小径定心表面的形位公差遵守（　　）原则。
A. 最大实体　　　B. 最小实体　　　C. 独立　　　　　D. 包容

12. 矩形花键的分度误差，一般用（　　）公差来控制。
A. 位置度　　　　B. 平行度　　　　C. 对称度　　　　D. 同轴度

13. 花键连接的定心方式为（　　）。
A. 小径定心　　　B. 大径定心　　　C. 键侧定心　　　D. 键长定心

14. 内外花键小径定心表面的形位公差遵守（　　）原则。
A. 最大实体　　　B. 最小实体　　　C. 包容　　　　　D. 独立

15. 花键连接与单键连接相比，（   ）不能作为其优点。

A. 定心精度高   B. 导向性好   C. 连接可靠   D. 传递扭转小

16. 可以用普通螺纹中径公差限制（   ）。

A. 螺距累积误差   B. 牙型半角误差

C. 大径误差   D. 小径误差

E. 中径误差

17. 普通螺纹的基本偏差是（   ）。

A. ES   B. EI

C. es   D. ei

18. 国家标准对内、外螺纹规定了（   ）。

A. 中径公差   B. 顶径公差

C. 底径公差

二、判断题

1. 滚动轴承内圈采用基轴制，外圈采用基孔制。（   ）

2. 滚动轴承的公差等级是根据轴承内、外径的制造公差来划分的。（   ）

3. 滚动轴承内圈与轴的配合一般采用间隙配合。（   ）

4. 滚动轴承内圈与基本偏差为 g 的轴形成间隙配合。（   ）

5. 滚动轴承国家标准将外圈外径的公差带规定在零线的下方。（   ）

6. 由于平键采用标准的精拔钢制造，是标准件，所以键连接采用基轴制配合。（   ）

7. 平键的工作面是上、下两面。（   ）

8. 键槽的位置度公差主要是指轴槽侧面与底面的垂直度公差。（   ）

9. 花键连接采用小径定心方式，可以提高花键连接的定心精度。（   ）

10. 为减少检验量具和拉刀的数目，花键连接采用基轴制配合。（   ）

11. 检验内花键时，综合塞规通过，单项止端塞规不通过，则合格。（   ）

12. 检验外花键时，综合环规不通过，单项止端卡规通过，则合格。（   ）

13. 普通螺纹的配合精度与公差等级和旋合长度有关。（   ）

14. 国标对普通螺纹除规定中径公差外，还规定了螺距公差和牙型半角公差。（   ）

15. 作用中径反映了实际螺纹的中径误差、螺距误差和牙型半角误差的综合作用。（   ）

三、简答题

1. 滚动轴承的精度有哪几个等级？大致应用在哪些场合？

2. 滚动轴承与轴、外壳孔配合，采用何种基准制？

3. 滚动轴承的配合选择要考虑哪些主要因素？

4. 平键连接中，键宽与键槽宽的配合采用的是何种基准制？为什么？

5. 平键连接的配合种类有哪些？它们分别应用于什么场合？

6. 什么叫矩形花键的定心方式？有哪几种定心方式？国家标准为什么规定只采用小径定心？

7. 矩形花键连接的配合有哪些种类？各适用于什么场合？

8. 对内螺纹，标准规定了哪几种基本偏差？对外螺纹，标准规定了哪几种基本偏差？

9. 螺纹分几个精度等级？分别用于什么场合？

10. 解释 M10×1—5g6g—S 的含义。

四、计算题

1. 一个 6 级 6308 深沟球轴承，内径 $40_{-0.010}^{0}$ mm，外径 $90_{-0.013}^{0}$ mm，与之配合的轴颈公差带为 j6，外壳孔公差带为 JS7。试绘出两对配合的公差带示意图，并计算它们的极限间隙或过盈。

2. 某机床主轴上安装 309P6 的向心球轴承，内径 $d = 45$ mm，$D = 90$ mm，该轴承的额定动负荷为 18 100 N，承受一个 2000 N 的固定径向负荷，内圈随轴一起旋转，外圈静止。试确定：轴颈与外壳孔的公差带代号；轴颈与外壳孔的形位公差与表面粗糙度值；将其结果仿照例题图进行图样标注。

3. 试说明标注为花键 $6 \times 23 \dfrac{\text{H6}}{\text{g6}} \times 30 \dfrac{\text{H10}}{\text{a11}} \times 6 \dfrac{\text{H11}}{\text{f9}}$ GB/T 1144—2001 的全部含义，并计算内、外花键的极限尺寸。

4. 有一对普通螺纹为 M12×1.5—6G/6h，今测得其主要参数如下表所示。试计算内、外螺纹的作用中径，问此内、外螺纹中径是否合格？

螺纹名称	实际中径/mm	螺距累积误差/mm	半角误差	
			左（$\Delta a_1/2$）	右（$\Delta a_2/2$）
内螺纹	11.236	−0.03	−1°30′	+1°
外螺纹	10.996	+0.06	+35′	−2°5′

5. 有一螺栓 M20×2—5h，加工后测得结果为：单一中径为 18.681 mm，螺距累积误差的中径当量为 0.018 mm，牙型半角误差的中径当量为 0.022 mm，已知中径尺寸为 18.701 mm，试判断该螺栓的合格性。

6. 某螺母 M24×2—7H，加工后实测结果为：单一中径为 22.710 mm，螺距累积误差的中径当量为 0.018 mm，牙型半角误差的中径当量为 0.022 mm，试判断该螺母的合格性。

第8章

结合与传动

> ### 学习目的

通过本章的学习，掌握圆锥结合的特点及锥度与锥角、圆锥公差中的术语定义，圆锥公差项目及给定方法，圆锥配合的基本种类、形成方法以及结构型圆锥与位移型圆锥配合的确定方法等，为合理选用圆锥的公差与配合，进行圆锥尺寸精度设计打下基础。

通过本章的学习，了解齿轮传动的基本使用要求和对传动性能的影响，了解影响齿轮使用要求的误差及其来源；掌握齿轮及齿轮副精度评定指标的名称、代号及公差项目与检测方法，齿轮精度等级的表示方法；掌握圆柱齿轮精度标准的主要内容；理解齿轮加工误差的产生原因，齿轮各项评定指标的含义及作用；根据齿轮的用途和工作条件，能够初步进行齿轮精度等级的选择及齿轮精度设计，学会正确标注齿轮的精度要求。

8.1 圆锥结合的互换性

8.1.1 概述

内、外圆锥的相互结合是机器结构中常用的典型结构，它具有较高的同轴度，配合自锁性好，密封好，可以自由调节间隙和过盈等特点，因而在机械设备中广泛应用，如工具圆锥和机床主轴的配合、管道阀门中阀心与阀体的结合等。

1. 圆锥体结合的特点

与光滑圆柱孔与轴的结合相比，圆锥体结合具有如下一些特点：

（1）配合间隙和过盈可以调整。通过内外圆锥面的轴向位移，可以调整间隙或过盈来满足不同的工作要求，补偿磨损，延长使用寿命，如图8-1所示。

（2）对中性好，即容易保证配合的同轴度要求。由于间隙可以调整，因而可以消除间隙，实现内外圆锥轴线的对中，且易于拆卸，经多次拆装不降低同轴度。

（3）圆锥结合具有较好的自锁性和密封性。

（4）结构复杂，影响互换性的参数比较多，加工和检验都比较困难，不适于孔轴轴向相对位置要求较高的场合。

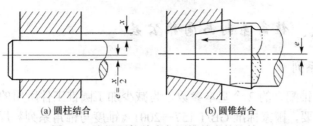

(a) 圆柱结合　　　　　　　　　　(b) 圆锥结合

图 8-1　光滑圆柱结合与圆锥结合的比较

2. 圆锥配合的主要参数

在圆锥体配合中，影响互换性的因数很多，为了分析其互换性。国家标准 GB/T 11334—2005《圆锥配合》规定了圆锥配合的常用术语、定义及主要参数（圆锥角、圆锥直径 D/d、圆锥长度 L、锥度 C 四个主要参数）。

1）常用术语及定义

（1）圆锥表面　　与轴线成一定角度，且一端相交于轴线的一条直线段（母线），围绕着该轴线旋转形成的表面，如图 8-2 所示。

（2）圆锥　　由圆锥表面与一定尺寸所限定的几何体，可分为内圆锥和外圆锥。外圆锥是外部表面为圆锥表面的几何体，内圆锥是内部表面为圆锥表面的几何体，如图 8-3 所示。

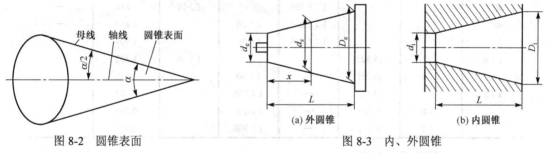

图 8-2　圆锥表面　　　　　　　　　图 8-3　内、外圆锥

2）主要参数

（1）圆锥角 α　　在通过圆锥轴线的截面内，任意两条素线（圆锥表面与轴向截面的交线）间的夹角称为圆锥角 α，简称锥角。任一素线与圆锥轴线间的夹角称为圆锥半角，也称斜角，其数值为圆锥角的一样，如图 8-2 所示。

（2）圆锥直径 D/d　　圆锥在垂直于轴线截面上的直径称为圆锥直径。对于内、外圆锥，分别有最大圆锥直径 D_i 和 D_e，最小圆锥直径 d_i 和 d_e 和给定截面上的圆锥直径 d_x，如图 8-3 所示。

（3）圆锥长度 L　　最大圆锥直径截面和最小圆锥直径截面之间的轴向距离称为圆锥长度 L，如图 8-3 所示。

（4）锥度 C　　两个垂直于圆锥轴线的截面上的圆锥直径之差与该两截面的轴向距离之比，称为锥度 C。通常，锥度用最大圆锥直径为 D 与最小圆锥直径为 d 之差对圆锥长度 L 之比表示，即

$$C = (D-d)/L$$

锥度 C 与圆锥角 α 的关系为

$$C = 2\tan\frac{\alpha}{2}$$

锥度 C 一般用比例或分数形式表示，如 1：50 或 1/50，其中比例形式较为常见。

8.1.2 锥度、锥角系列与圆锥公差

1. 锥度与锥角系列

锥度和锥角是圆锥配合的 2 个基本参数，为减少加工圆锥工件所用的专用刀具、量具种类和规格，满足生产需要，国家标准 GB/T 157—2001《锥度与锥角系列》规定了一般用途和特殊用途两种锥度和锥角系列，适用于光滑圆锥。

1）一般用途圆锥的锥度与锥角

一般用途圆锥的锥度和锥角共 22 种，参见表 8-1。锥角从 120°到小于 1°，或锥度从 1∶0.289 到 1∶500。选用圆锥时，应优先选用第一系列，只有第一系列不能满足要求时，才选用第二系列。

表 8-1 一般用途圆锥的锥度与锥角系列（摘自 GB/T 157—2001）

基本值		推算值		基本值		推算值	
系列 1	系列 2	圆锥角 α /(°)	锥度 C	系列 1	系列 2	圆锥角 α /(°)	锥度 C
120°	—	—	1∶0.289		1∶8	7.153	—
90°	—	—	1∶0.500		1∶10	5.725	—
	75°	—	1∶0.652		1∶12	4.772	—
60°	—	—	1∶0.866		1∶15	3.818	—
45°	—	—	1∶1.207	1∶20		2.864	—
30°	—	—	1∶1.866	1∶30		1.909	—
1∶3		18.925	—		1∶40	1.432	—
	1∶4	14.250	—	1∶50		1.145	—
1∶5		11.421	—	1∶100		0.572	—
	1∶6	9.527	—	1∶200		0.286	—
	1∶7	8.171	—	1∶500		0.115	—

2）特殊用途圆锥的锥度与锥角

特殊用途圆锥的锥度与锥角共 20 种，参见相关标准。包括我国在工具行业早已广泛使用的莫氏锥度，其有关参数、尺寸及公差已标准化，表 8-2 摘录了部分莫氏锥度工具圆锥。

表 8-2 莫氏工具圆锥（摘录）

圆锥符号	锥度	圆锥角 2α /(°)	锥度偏差	锥角偏差	大端直径/mm		量规刻线间距 /mm
					内锥体	外锥体	
No.0	1∶19.212	2°58′54″	±0.0006	±120″	9.045	9.212	1.2
No.1	1∶20.047	2°51′26″	±0.0006	±120″	12.065	12.240	1.4
No.2	1∶20.020	2°51′41″	±0.0006	±120″	17.780	17.980	1.6
No.3	1∶19.922	2°52′32″	±0.0005	±100″	23.825	24.051	1.8
No.4	1∶19.254	2°58′31″	±0.0005	±100″	31.267	31.542	2
No.5	1∶19.002	3°00′53″	±0.0004	±80″	44.399	44.731	2
No.6	1∶19.180	2°59′12″	±0.0035	±70″	63.348	63.760	2.5

2. 圆锥公差项目

国家标准 GB/T 11334—2005《圆锥公差》适于锥度从 1∶3～1∶500、圆锥长度 L 从 6～

630 mm 的光滑圆锥工件，即对锥齿轮、锥螺纹等不适用。

1）有关圆锥公差的术语及定义

（1）公称圆锥 设计给定的理想形状圆锥称为公称圆锥，可用两种形式确定：一种是以一个公称圆锥直径（最大圆锥直径 D、最小圆锥直径 d 或给定截面圆锥直径 d_x）、公称圆锥长度和公称圆锥角 α（或公称锥度 C）来确定；另一种是以两个公称圆锥直径（D 和 d）和公称圆锥长度 L 来确定。

（2）实际圆锥、实际圆锥直径 d_a 实际存在并与周围介质分隔的圆锥称为实际圆锥，实际圆锥上的任一直径称为实际圆锥直径，如图 8-4 所示。

（3）实际圆锥角 α_a 在实际圆锥的任一轴向截面内，包容圆锥素线且距离为最小的两对平行直线之间的夹角，如图 8-4 所示。

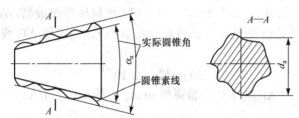

图 8-4 实际圆锥与实际圆锥直径

（4）极限圆锥 极限圆锥指与公称圆锥共轴且圆锥角相等，直径分别为上极限尺寸（D_{max}、d_{max}）和下极限尺寸（D_{min}、d_{min}）的两个圆锥，如图 8-5 所示。在垂直于圆锥轴线的任一截面上，这两个圆锥的直径差相等。

极限圆锥是实际圆锥允许变动的界限，合格的实际圆锥必须在两极限圆锥限定的空间区域之内。

（5）极限圆锥直径 极限圆锥上的任一直径，如图 8-5 中的 D_{max} 和 D_{min}、d_{max} 和 d_{min}。对任一给定截面的圆锥直径 d_x，它有 d_{xmax} 和 d_{xmin}。极限圆锥直径是圆锥直径允许变动的界限值。

（6）极限圆锥角 允许的上极限或下极限圆锥角，如图 8-6 所示的 α_{max} 和 α_{min}。

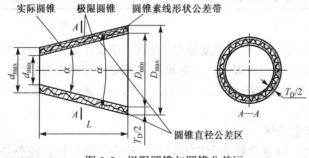

图 8-5 极限圆锥与圆锥公差区

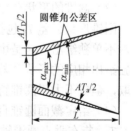

图 8-6 极限圆锥角与圆锥公差区

2）有关圆锥公差的基本项目

为满足圆锥连接功能和使用要求，圆锥公差国家标准 GB/T 11334—2005《圆锥公差》规定了圆锥直径公差 T_D、圆锥角公差 AT、圆锥形状公差 T_F 和给定截面圆锥直径公差 T_{DS}。

（1）圆锥直径公差 T_D 及圆锥直径公差区

T_D 是圆锥直径的允许变动量，等于两个极限圆锥直径之差，并适用于圆锥的全长，可表示为

$$T_D = D_{max} - D_{min} = d_{max} - d_{min}$$

T_D 公差区是由两个极限圆锥所限定的区域，如图 8-5 所示。

圆锥直径公差数值和公差带代号以公称圆锥直径为公称直径按 GB/T 1800.3—1998《极限与配合》标准规定中选用。

对于有配合要求的圆锥，其内、外圆锥直径公差带位置按 GB/T 12360—1990《圆锥配合》中的有关规定选择；对于无配合要求的圆锥，其内、外圆锥公差带位置，建议选用基本偏差 JS、js 确定内外圆锥的公差带位置。

（2）圆锥角公差 AT 及其公差区

圆锥角的允许变动量称为圆锥角公差，其数值为上极限与下极限圆锥角之差，可表示为

$$AT = \alpha_{max} - \alpha_{min}$$

圆锥角公差的公差区是两个极限圆锥所限定的区域，如图 8-6 所示。

AT 按加工精度的高低分为 12 个等级，其中 AT1 级精度等级最高，AT12 级精度等级最低，AT6～AT8 级圆锥角公差数值见表 8-3。圆锥角公差 AT 可由角度值 AT_α 或线性值 AT_D 给定，AT_α 与 AT_D 的换算关系为

$$AT_D = AT_\alpha \times L \times 10^{-3}$$

式中，AT_D 的单位为 μm；AT_α 的单位为微弧度 μrad；L 的单位为 mm，在 6～630 mm 范围内，划分 10 个尺寸分段。

表 8-3　圆锥角公差数值（摘自 GB/T 11334—2005）

公称圆锥长度 L/mm		圆锥角公差等级								
		AT6			AT7			AT8		
		AT_α		AT_D	AT_α		AT_D	AT_α		AT_D
大于	至	/μrad	/(′)(″)	/μm	/μrad	/(′)(″)	/μm	/μrad	/(′)(″)	/μm
16	25	315	1′05″	>5～8	500	1′43″	>8～12.5	800	2′45″	>12.5～20
25	40	250	52″	>6.3～10	400	1′22″	>10～16	630	2′10″	>16～25
40	63	200	41″	>8～12.5	315	1′05″	>12.5～20	500	1′43″	>20～32
63	100	160	33″	>10～16	250	52″	>16～25	400	1′22″	>25～40
100	160	125	26″	>12.5～20	200	41″	>20～32	315	1′05″	>32～50

（3）圆锥的形状公差 T_F

圆锥形状公差 T_F 包括圆锥素线直线度公差和截面圆度公差，如图 8-5 所示。T_F 在一般情况下，不单独给出，而是由对应的两极限圆锥公差带限制。当对形状精度要求有更高要求时，应单独给出相应的形状公差，其数值可从 GB/T 1184—1996《形状和位置公差　未注公差》附录中选取，但应不大于圆锥直径公差值的一半。

（4）给定截面圆锥直径公差 T_{DS} 及其公差区

T_{DS} 指在垂直圆锥轴线的给定截面内，圆锥直径的允许变动量；给定截面圆锥直径公差区是在给定圆锥截面内，由直径等于两极限圆锥直径的同心圆所限定的区域，如图 8-7 所示。

$$T_{DS} = d_{xmax} - d_{xmin}$$

式中，T_{DS} 是以给定截面圆锥直径 d_x 为公称尺寸，按 GB/T 1800.3—1998《极限与配合》中规定的标准公差选取。与 T_D 的区别是，T_D 对整个圆锥上任意截面的直径都起作用，其公差区限定的是空间区域，而 T_{DS} 只对给定的截面起作用，其公差区限定的是平面区域。

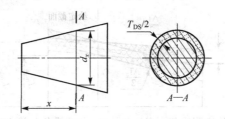

图 8-7 给定截面圆锥直径公差与公差区

8.1.3 圆锥公差数值的给定方法

对于一个具体的圆锥工件,并不需要给定全部四项公差,而是根据工件的不同要求来给定公差项目。GB/T 11334—2005《圆锥公差》中规定了两种圆锥公差值的给定方法。

1. 给定圆锥直径公差 T_D

给出圆锥的理论正确圆锥角 α(或锥度 C)和圆锥直径公差 T_D,由 T_D 确定两个极限圆锥,所给出的圆锥直径公差具有综合性。此时,圆锥角误差和圆锥的形状误差均应控制在 T_D 的公差带内,即极限圆锥所限定的区域内,如图 8-5 所示。

圆锥直径公差 T_D 所能限制的圆锥角如图 8-8 所示,图中由圆锥直径公差区给出了实际圆锥角的两个极限 α_{max}、α_{min},用于限定圆锥角的变化范围,从而达到利用圆锥直径公差 T_D 控制圆锥角误差的目的,其实质是包容要求。该法通常适用于有配合要求的内、外圆锥,例如圆锥滑动轴承、钻头的锥柄等。

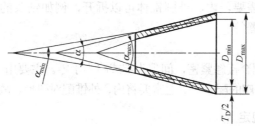

图 8-8 用圆锥直径公差 T_D 控制圆锥误差

2. 给定圆锥截面直径公差 T_{DS} 和圆锥角公差 AT

同时给出给定截面圆锥直径公差 T_{DS} 和圆锥角公差 AT,给出 T_{DS} 和 AT 是独立的,彼此无关,应分别满足要求,两者关系如图 8-9 所示。

(1)当圆锥在给定截面上的尺寸为 d_{xmin} 时,其圆锥角公差区为图 8-9 中下面两条实线限定的两对顶三角形区域;

(2)当圆锥在给定截面上的尺寸为 d_{xmax} 时,其圆锥角公差区为图 8-9 中上面两条实线限定的两对顶三角形区域;

(3)当圆锥在给定截面上具有某一实际尺寸 d_x 时,其圆锥角公差区为图 8-9 中两条虚线限定的两对顶三角形区域;

(4)当对形状公差有更高要求时,可再给出圆锥形状公差。该法通常适用于对给定圆锥截面直径有较高要求的情况,如某些阀类零件中,两个相互结合的圆锥在规定截面上要求接触良好,以保证密封性。

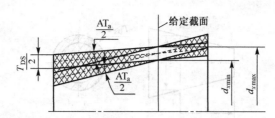

图 8-9　给定圆锥截面直径公差 T_{DS} 与圆锥角公差 AT 的关系

8.1.4　圆锥配合

GB/T 12360—2005《圆锥配合》给出了圆锥配合的形成、术语及定义和一般规定。标准适用于锥度 C 从 1∶3～1∶500、圆锥长度从 6～630 mm、圆锥直径至 500 mm 的光滑圆锥配合。

1．圆锥配合的种类

圆锥配合是由基本圆锥直径和基本圆锥角或基本锥度相同的内、外圆锥形成的。圆锥配合也分为三种，分别是间隙配合、过盈配合和紧密配合。

1）间隙配合

具有间隙的配合，且在装配和使用过程中间隙大小可以调整。常用于有相对运动的机构中，如某些车床主轴的圆锥轴颈与圆锥滑动轴承衬套的配合。

2）过盈配合

具有过盈的配合，它借助于相互配合的圆锥面间的自锁，产生较大摩擦力来传递转矩。其特点是一旦过盈配合不再需要，内、外圆锥体可以拆开，例如钻头的圆锥柄与机床主轴圆锥孔的结合、圆锥形摩擦离合器等。

3）紧密配合

也称过渡配合，这类配合接触紧密，间隙为零或略小于零。主要用于定心或密封的场合，如锥形旋塞、发动机中气阀和阀座的配合等。通常要将内、外锥配对研磨，故这类配合一般没有互换性。

2．圆锥配合的一般规定

圆锥配合可以通过内、外圆锥的相对轴向位置来调整间隙或过盈，得到不同的配合性质。因此，对圆锥配合，不但要给出相配件的直径，还要规定内、外圆锥相对轴向位置。圆锥配合按确定内、外圆锥相对位置的方法不同，分为结构型圆锥配合和位移型圆锥配合。

1）结构型圆锥配合

结构型圆锥配合是采用适当的结构，使内、外圆锥保持固定的相对轴向位置而获得配合，其配合性质完全取决于相互结合的内、外圆锥直径公差带的相对位置。根据相互结合的内、外圆锥直径公差带的相对位置关系，可形成间隙配合、过盈配合或紧密配合。

结构型圆锥配合的圆锥直径公差带的代号和数值及公差等级采用 GB/T 1800.3—1998《极限与配合》规定的标准公差系列与基本偏差系列。为了减少定值刀具的数目，推荐优先采用基孔制配合，即内圆锥直径基本偏差为 H。

圆锥直径配合公差 T_{Df} 等于两结合圆锥内、外直径公差之和，其数值大小直接影响配合精度。标准推荐内、外圆锥直径公差不低于 IT9 级。如对接触精度有更高要求，可按圆锥公差 GB/T 11334—2005《圆锥公差》规定的圆锥角公差 AT 系列值，给出圆锥角极限偏差及圆锥的形状公差。

配合的基本偏差，通常在 D（d）至 ZC（zc）中选择，应按优先、常用、任意为顺序选用配合。

结构型圆锥配合的轴向相对位置固定，可使内、外圆锥基准平面直接接触，也可通过结构尺寸保持内、外圆锥具有一定的基面距 a，如图 8-10、图 8-11 所示。在图 8-10 中，由轴肩直接接触确定装配的最终位置，得到间隙配合；在图 8-11 中，由结构尺寸确定装配后的最终位置，得到过盈配合。

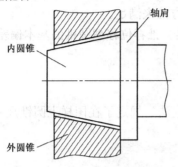

图 8-10　由轴肩接触确定最终位置

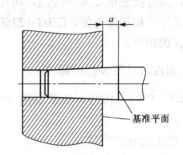

图 8-11　由结构尺寸确定最终位置

【例 8-1】

某结构型圆锥根据传递转矩的需要，最大过盈量 $Y_{max} = -159\ \mu m$，最小过盈量 $Y_{min} = -70\ \mu m$，基本直径为 $\phi 100\ mm$，锥度 $C = 1:50$，试确定内、外圆锥的直径公差代号。

解：圆锥配合公差为

$$T_{Df} = Y_{min} - Y_{max} = -70 + 159 = 89\ \mu m = T_{Di} + T_{De}$$

查 GB/T 1800.3—1998，IT7+IT8 = 89 μm，一般孔的精度比轴的低一级，故取内圆锥直径公差为 $\phi 100H8\ (^{+0.054}_{0})\ mm$，外圆锥直径公差为 $\phi 100u7\ (^{+0.159}_{+0.124})\ mm$。

2）位移型圆锥配合

位移型圆锥配合有两种形成方法。图 8-12 为由内、外圆锥实际初始位置 P_a 开始，产生一定的相对轴向位移 E_a 而形成配合。所谓实际初始位置，是指在不施加力的情况下相互结合的内、外圆锥表面接触时的轴向位置。这种形成方式可以得到间隙配合或过盈配合。图 8-13 为由内、外圆锥实际初始位置 P_a 开始，施加一定装配力产生轴向位移 E_a 而形成配合，这种方式只能得到过盈配合。通常位移型圆锥配合不形成过渡配合。两种形成方法下的极限轴向位移 E_{amax} 和 E_{amin} 的计算如下：

对于间隙配合有

$$E_{amax} = X_{max}/C, \quad E_{amin} = X_{min}/C$$

对于过盈配合有

$$E_{amax} = Y_{max}/C, \quad E_{amin} = Y_{min}/C$$

轴向位移公差，即允许轴向位移的变动量为 $T_E = E_{amax} - E_{amin}$。

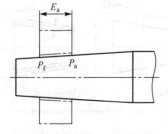

P_a—初始位置；P_f—终止位置

图 8-12　产生一定轴向位移来确定轴向位置

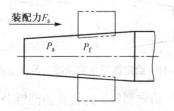

P_a—初始位置；P_f—终止位置

图 8-13　施加装配力来确定轴向位置

位移型圆锥配合的圆锥直径公差可根据对终止位置基面距的要求和对接触精度的要求来选取。

（1）如对基面距有要求，公差等级一般在 IT8～IT12 之间，必要时，应通过计算来选取和校核内、外圆锥的公差带；

（2）如对基面距无严格要求，可选用较低的直径公差等级，以便使加工更加经济；

（3）如对接触精度要求较高，可用给圆锥角公差的方法来满足。

为了计算和加工方便，GB/T 12360—1990《圆锥配合》推荐位移型圆锥的基本偏差用 H、h 或 JS、js 的组合。

3. 圆锥尺寸及公差的标注

GB/T 15754—1995《技术制图 圆锥的尺寸与公差注法》规定了在图样上圆锥尺寸和公差的标注方法。

1）圆锥尺寸的标注

（1）尺寸标注 标准规定的圆锥尺寸标注方法如图 8-14 所示。

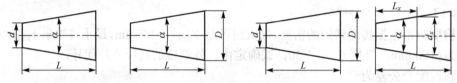

图 8-14 圆锥尺寸的标注

（2）锥度标注 标准规定锥度在图样上的标注如图 8-15 所示。当所标注的锥度是标准圆锥系列之一，尤其是莫氏锥度或米制锥度，可用标准系列号和相应的标记表示，如图 8-15 所示。

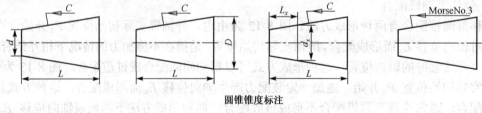

圆锥锥度标注

图 8-15 圆锥锥度的标注

2）圆锥公差的标注

圆锥公差的标注，有如下两种方法：

（1）只标注圆锥某一线值尺寸的公差，将锥度和其他的有关尺寸作为标准尺寸。

① 给定圆锥角的圆锥公差注法，如图 8-16 所示；

② 给定锥度的圆锥公差注法，如图 8-17 所示；

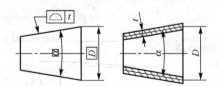

图 8-16 给定圆锥角的圆锥公差注法及说明

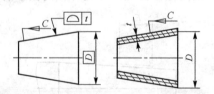

图 8-17 给定锥度的圆锥公差注法及说明

③ 给定圆锥轴向位置的圆锥公差注法，如图 8-18 所示；

④ 给定圆锥轴向位置公差的圆锥公差注法，如图 8-19 所示。若圆锥合格，则其锥角误差、

形状误差及其直径误差等都应包容在公差带内，其特点是在垂直于圆锥轴线的所有截面内公差值的大小均相同。

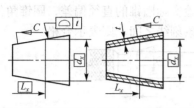

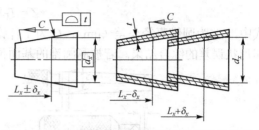

图 8-18　给定圆锥轴向位置的公差注法及说明　　　　图 8-19　给定圆锥轴向位置公差的公差注法及说明

（2）在标准圆锥某一尺寸（D 或 L）的公差外，还要标注其锥度公差。这种标注方法的特点是在垂直于圆锥轴线的不同截面内，公差大小不同，如图 8-20 所示，在锥度公差和某一尺寸公差的组合下，形成了圆锥表面最大界限和最小界限。

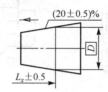

图 8-20　圆锥尺寸公差与锥度公差的注法

3）相配合圆锥公差的标准

GB/T 12360—2005《圆锥配合》规定，相配合的圆锥应保证各装配件的径向或轴向位置，标注两个相配合圆锥的尺寸及公差时，应确定：具有相同的锥度或锥角；标注尺寸公差的圆锥直径的基本尺寸应一致，确定直径和位置的理论正确尺寸与两个装配件的基准平面有关，如图 8-21 所示。

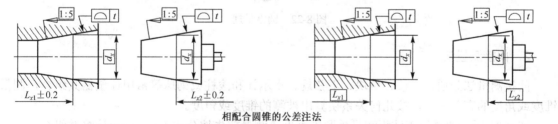

相配合圆锥的公差注法

图 8-21　相配合圆锥的公差注法

8.1.5　锥度的检测

检测锥度的方法很多，常用的有量规检验法和间接测量法两种。

1. 量规检验法

大批量生产的圆锥零件可采用量规作为检验工具。检验内圆锥用塞规，检验外圆锥用环规，如图 8-22 所示。圆锥量规的规格尺寸和公差，在 GB/T 11852—1989《圆锥量规公差与技术条件》中有详细规定，可供选用。

检测锥度时，先在量规圆锥面素线的全长上，涂 3～4 条极薄的显示剂，然后把量规与被测圆锥进行来回旋转角小于180°的对研。根据被测圆锥上的着色或量规上擦掉的痕迹，来判断被测锥度或圆锥角是否合格。

在量规的基准端部有两条刻线或小台阶，它们之间的距离为 Z，Z 值是根据工件圆锥直径公差按其锥度计算出的允许的轴向偏移量，即

$$Z = T_D/C \times 10^{-3} \text{ mm}$$

式中，T_D 为圆锥直径公差（μm）；C 为工件锥度。用以检验实际圆锥的直径偏差、圆锥角偏差和形状误差的综合结果。若被测圆锥的基面位于量规的两条刻线之间，则表示合格。

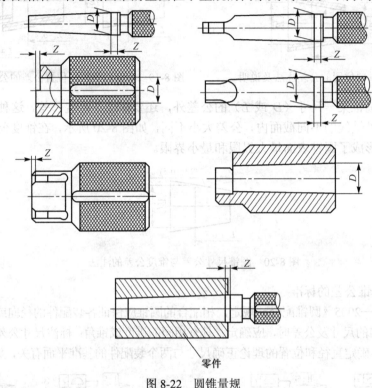

图 8-22　圆锥量规

2．间接测量法

间接测量法是通过平板、量块、正弦规、指示计和滚柱或钢球等常用计量器具组合，测量锥度或角度的有关尺寸，按几何关系换算出被测的锥度或角度。

图 8-23 所示的是用正弦规测量外圆锥锥度。测量前先按公式 $h = L\sin\alpha$ 计算并组合量块，式中 α 为公称圆锥角，L 为正弦规两圆柱中心距。然后按图进行测量，工件锥度偏差 $\triangle C = (h_a - h_b)/l$，式中 h_a、h_b 分别为指示表在 a、b 两点的读数，l 为 a、b 两点间距离。具体测量时，应注意 a、b 两点测值的大小，若 a 点值大于 b 点值，则实际圆锥角大于理论圆锥角 α，算出的 $\triangle C$ 为正，反之，$\triangle C$ 为负。

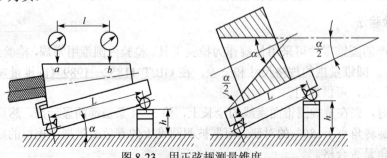

图 8-23　用正弦规测量锥度

图 8-24 为用标准钢球测量内圆锥的圆锥角，被测角度 $\sin\dfrac{\alpha}{2}=\dfrac{D_0-d_0}{2(H-h)+d_0-D_0}$。

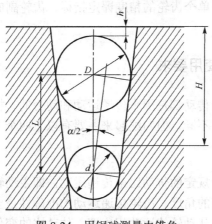

图 8-24　用钢球测量内锥角

8.2　圆柱齿轮传动的互换性

8.2.1　概述

在机器及仪器的机械传动中，齿轮传动是常用的一种传动形式，它主要用于传递运动和动力，尤其是渐开线圆柱齿轮传动应用最为广泛。齿轮传动的质量将影响到机器或仪器的工作性能、承载能力、使用寿命和工作精度。齿轮传动是利用齿轮相互啮合来传递运动和动力的，一般由齿轮、轴、轴承、箱体等零部件组成，因具有结构紧凑、效率高、寿命长等特点，被广泛应用于汽车、飞机、轮船、机床、仪器仪表等机械产品中。齿轮的制造和安装精度在很大程度上影响齿轮传动的质量和效率，甚至影响整台机器或仪器的工作性能，因此，为了保证齿轮传动的质量和互换性，有必要研究齿轮误差对其使用性能的影响，探讨提高齿轮加工和检测精度的途径，掌握相关的精度标准并应用其进行齿轮传动设计。

我国现行的圆柱齿轮公差与检测的相关标准包括两项精度制国家标准和相应的五项精度检验实施规范的指导性技术文件，它们分别是：

GB/T 10095.1—2008《圆柱齿轮　精度制　第 1 部分：齿轮同侧齿面偏差的定义和允许值》；

GB/T 10095.2—2008《圆柱齿轮　精度制　第 2 部分：径向综合偏差与径向跳动的定义和允许值》；

GB/Z 18620.1—2008《圆柱齿轮　检验实施规范第 1 部分：齿轮同侧齿面的检验》；

GB/Z 18620.2—2008《圆柱齿轮　检验实施规范第 2 部分：径向综合偏差、径向跳动、齿厚和侧隙的检验》；

GB/Z 18620.3—2008《圆柱齿轮　检验实施规范第 3 部分：齿轮坯、轴中心距和轴线平行度的检验》；

GB/Z 18620.4—2008《圆柱齿轮　检验实施规范第 4 部分：表面结构和轮齿接触斑点的检验》。

GB/T 13924—2008《渐开线圆柱齿轮精度 检验细则》。

本章结合上述国家标准和指导性技术文件，从对齿轮传动的四项使用要求出发，阐述渐开线圆柱齿轮的主要加工误差、单个齿轮的精度评定指标、齿轮副的评定指标以及齿轮精度设计和检测方法。

8.2.1.1 齿轮传动的使用要求

在各种机械产品中，齿轮传动都是用来传递运动和动力的，机械产品的用途和工作条件不同，对齿轮传动的使用要求也不同，但归纳起来主要有以下四个方面。

1. 传递运动的准确性

齿轮传动理论上应按设计规定的传动比来传递运动，即主动轮转过一个角度时，从动轮应按传动比关系转过一个相对应的角度。齿轮传递运动的准确性是要求齿轮在一转范围内传动比变化尽量小，以保证主动轮和从动轮的运动相协调。传动比的变化程度可通过转角误差的大小来反映。理想的齿轮传动是主动轮转过一个角度 φ_1，从动轮应按理论传动比 i，相应地转过一个角度 $\varphi_2 = i\varphi_1$；但在实际的齿轮传动中，由于齿轮存在的加工误差和安装误差的影响，使得从动轮的实际转角 $\varphi_2' \neq \varphi_2$，产生转角误差 $\Delta\varphi = \varphi_2' - \varphi_2$。要保证齿轮传递运动的准确性，就必须控制齿轮在一转范围内的最大转角误差不得超过一定的限度。

齿轮传递运动的准确性对某些机器的工作性能影响很大，例如车床主轴与丝杠之间的交换齿轮，若其传递运动准确性的精度低，就会导致加工出的螺纹产生较大的螺距偏差，如图8-25所示。

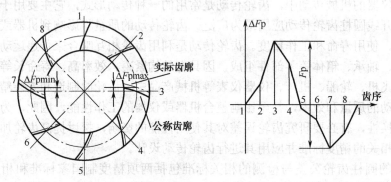

图 8-25　螺距偏差示意图

2. 传动的平稳性

在齿轮传动中，任一瞬时传动比的变化，将使从动轮瞬时转速产生变化，从而产生瞬时加速度和惯性冲击力，引起齿轮传动的冲击、振动和噪声，必须加以限制。齿轮的传动平稳性就是要求齿轮在回转过程中瞬时传动比的变化尽量小，以降低冲击和振动，减小噪声。实际齿轮传动由于受各种误差的影响，瞬时传动比频繁地变化，导致即使转过很小的角度都会产生转角误差。为了保证齿轮传动的平稳性，通常要求其在转过一个齿距角范围内的转角误差不得超过一定的限度。千分表、机床变速箱等对传动平稳性的要求较高，如图8-26所示。

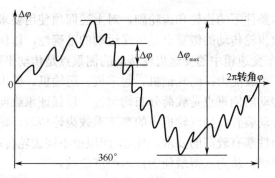

图 8-26　转角误差示意图

3. 载荷分布的均匀性

载荷分布的均匀性是指为了使齿轮传动有较高的承载能力和较长的使用寿命，要求啮合齿面在齿宽与齿高方向上能较全面地、良好地接触，使工作齿面上的载荷分布均匀，避免载荷集中于齿面的局部而造成应力集中、轮齿齿面胶合、过度磨损或折断。重型机械的传动齿轮对此要求较高，如图 8-27 所示。

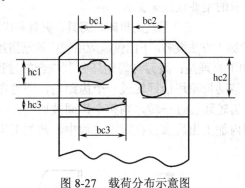

图 8-27　载荷分布示意图

4. 适当的侧隙

在一对装配好的齿轮副中，侧隙指的是相啮合齿轮的非工作齿面之间形成的间隙，如图 8-28 所示。适当的侧隙可以用来储存润滑油、补偿轮齿的受力变形和热变形，以及补偿齿轮的制造和安装误差，防止齿轮在工作中发生齿面烧蚀或卡死，从而保证齿轮副能够正常工作。但侧隙也不能过大，尤其是对于经常需要正反转的传动齿轮，侧隙过大，会产生空程，引起换向冲击。因此应合理确定侧隙的大小。

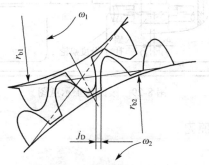

图 8-28　齿轮副的侧隙

不同用途和不同工作条件下的齿轮和齿轮副，对上述四项使用要求的侧重点是不同的。例如，分度齿轮传动、读数齿轮传动的侧重点是传递运动的准确性，以保证主、从动轮的运动协调、分度准确；机床和汽车变速箱中的变速齿轮传动的侧重点是传动平稳性和载荷分布均匀性，以降低振动和噪声并保证承载能力；而轧钢机、起重机、运输机、矿山机械等低速重载的重型机械，其低速重载齿轮传动的侧重点是载荷分布均匀性，以保证承载能力，齿侧间隙也应足够大；对于高速、大功率传动装置，如汽轮机中的高速重载齿轮传动，则对传递运动准确性、传动平稳性和载荷分布均匀性都有较高的要求。因此，应根据不同齿轮传动侧重的使用要求不同，规定不同的精度要求及等级，从而获得最佳的技术经济效益。

齿轮副侧隙的大小，主要取决于齿轮副的工作条件。对高速、重载齿轮传动，应要求较大的侧隙，以补偿由于受力、受热导致的较大变形和润滑空间；经常正反转的齿轮，为了减小回程误差，应要求较小的侧隙。

8.2.1.2 影响齿轮使用要求的主要误差及来源

影响齿轮传动使用要求的误差主要来源于齿轮的加工误差和齿轮副的安装误差，其中，前者是齿轮上影响四项使用要求的主要误差来源。

齿轮的加工误差来源于组成加工工艺系统的机床、刀具、夹具和齿坯本身的误差及其安装、调整误差。齿轮的类型及齿轮的加工方法很多，下面仅以应用较广的滚齿加工来分析齿轮的加工误差。

如图 8-29 所示，滚齿加工原理是：滚刀与齿轮坯强制啮合的过程。滚刀每转过一转，通过分齿传动链，工作台回转并带动齿轮坯恰好转过一个齿距角，即可在轴向一点加工出一个齿廓的第一刀；滚刀连续旋转，齿轮坯转过一转，则整个齿圈被切出；通过滚刀沿被加工齿轮的轴向移动，从而在全齿宽范围内加工出齿廓。在滚齿过程中，被加工齿轮产生加工误差的主要原因及误差分类分析如下。

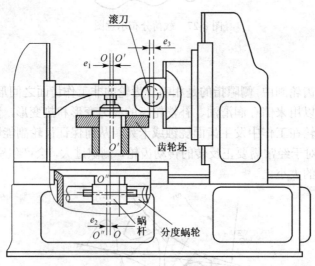

图 8-29　滚齿加工示意图

1. 齿轮产生加工误差的原因

1）几何偏心

几何偏心是指齿轮坯在机床工作台心轴上的安装偏心 e_1，如图 8-29 所示，即齿轮坯基准孔中心轴线与机床工作台的回转轴线不重合。几何偏心使齿轮坯相对于滚刀产生径向位移，滚刀切出的各个齿槽的深度不同，从而导致加工出来的齿廓相对于被加工齿轮中心 O' 分布不均匀，如图 8-30 所示。

2）运动偏心

运动偏心是指机床分度蜗轮的中心轴线与机床工作台的回转轴线不重合产生的偏心 e_2，如图 8-31 所示。运动偏心的产生使齿轮坯相对于滚刀的转速不均匀，忽快忽慢，从而使被加工齿轮齿廓沿切线方向上产生位置误差，导致齿距在分度圆上分布不均匀，如图 8-31 所示。

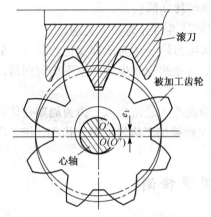

图 8-30　几何偏心对齿轮齿距的影响

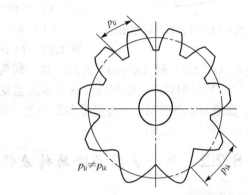

图 8-31　运动偏心对齿轮齿距的影响

3）滚刀的制造误差和安装误差

滚刀本身的基节、齿形等制造误差会复映到被加工齿轮的每一个齿上，使之产生基节偏差和齿廓总偏差。滚刀的制造误差包括刀具本身的刀刃轮廓误差及齿形角误差、滚刀的径向跳动和轴向窜动等。滚刀安装误差包括安装偏心 e_3、滚刀刀架导轨相对工作台回转轴线的倾斜及轴向窜动等。

4）机床传动链的高频误差

对于直齿圆柱齿轮的加工，主要受分度传动链的传动误差影响，如传动链中分度机构各元件误差的影响，尤其是分度蜗杆的径向跳动和轴向跳动的影响。对于斜齿轮的加工，除了分度传动链的传动误差影响外，还受差动链传动误差的影响。

5）齿轮坯的制造误差

包括齿轮坯的尺寸、形状和位置误差。

2．齿轮加工误差的分类

1）齿轮误差按其表现特征可分为如下类别。

（1）齿廓误差：指加工出来的齿廓不是理论的渐开线。其原因主要有刀具本身的刀刃轮廓误差及齿形角误差、滚刀的径向跳动和轴向窜动、齿坯的径向跳动等。

（2）齿距误差：指加工出来的齿廓相对于齿轮中心分布不均匀。其原因主要有几何偏心、运动偏心及机床分度蜗轮齿廓本身分布不均匀等。

（3）齿向误差：指加工后的齿面沿齿轮轴线方向上的形状和位置误差。其原因主要有刀具进给运动的方向偏斜、齿坯安装定位偏斜等。

（4）齿厚误差：指加工出来的轮齿厚度相对于理论值在整个齿圈上不一致。其原因主要有刀具的铲形面相对于被加工齿轮中心的位置误差、刀具齿廓的分布不均匀等。

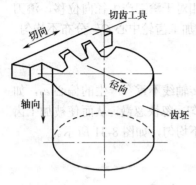

图 8-32　齿轮误差示意图

2）齿轮误差按其方向特征（如图 8-32 所示）可分为如下类别。

（1）径向误差：指沿被加工齿轮直径方向的误差，如几何偏心引起的齿距误差。

（2）切向误差：指沿被加工齿轮圆周方向的误差，如运动偏心引起的齿距误差。

（3）轴向误差：指沿被加工齿轮轴线方向的误差，主要由切齿刀具沿被加工齿轮轴线移动的误差。

3）齿轮误差按其周期特性可分为如下类别。

（1）长周期误差：指以齿坯一转为周期变化的误差。如蜗轮上的半径不断改变，从而使蜗轮和齿坯产生不均匀回转，角速度在（$\omega+\Delta\omega$）和（$\omega-\Delta\omega$）之间，以一转为周期变化。

（2）短周期误差：指齿坯一转中多次重复周期变化的误差（通常指以一齿为周期变化的误差）。如滚刀本身的基节、齿形等制造误差，此误差会复映到被加工齿轮的每一齿上，使之产生基节偏差和齿形误差。

8.2.2　单个圆柱齿轮的精度评定指标及其检测

8.2.2.1　影响齿轮传递运动准确性的评定指标及其检测（第Ⅰ公差组）

1. 齿距累积偏差 F_{pk} 和齿距累积总偏差 F_p

齿距偏差是指在齿轮的端平面上，在接近齿高中部的一个与齿轮轴线同心的圆上，实际齿距与理论齿距的代数差，如图 8-33 所示的 $+f_{pt}$。

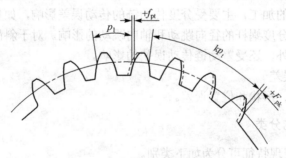

图 8-33　单个齿距偏差与齿距累积偏差

（实线轮廓表示轮齿的实际位置；虚线表示轮齿的理想位置）

齿距累积偏差 F_{pk} 是指任意 k 个齿距的实际弧长与理论弧长的代数差，如图 8-33 所示，理论上它等于 k 个齿距的各单个齿距偏差的代数和。F_{pk} 值一般被限定在不大于 1/8 的齿轮圆周上评定，因此齿距数 k 为 2 到 $z/8$ 之间的整数（z 为被评定齿轮的齿数）。通常取 $k=z/8$ 就足够了，如果对于特殊的应用（如高速齿轮）还需检验较小弧段，可另行规定相应的 k 数。

齿距累积总偏差 F_p 是指齿轮同侧齿面任意圆弧段（$k=1$ 至 $k=z$,）内最大齿距累积偏差，即齿轮同侧齿面任意圆弧段的实际弧长与理论弧长之差（如图 8-34（a）所示）的最大绝对值。它表现为齿距累积偏差曲线的最大幅值，如图 8-34（b）所示。

齿距累积总偏差 F_p 是 GB／T 10095.1－2008 规定的用于评定单个齿轮精度的基本参数，能较全面地评定齿轮传递运动的准确性。对于一般齿轮传动，不需要评定 F_{pk}，对于齿数较多且精度要求较高的齿轮、非圆整齿轮或高速齿轮，要求评定 k 个齿距范围内的齿距累积偏差 F_{pk}。

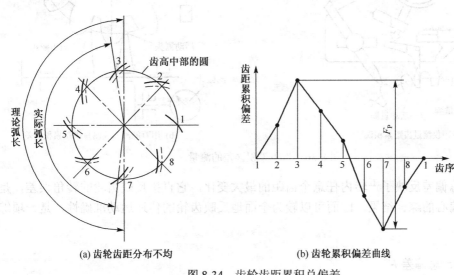

(a) 齿轮齿距分布不均   (b) 齿轮累积偏差曲线

图 8-34 齿轮齿距累积总偏差

齿距累积偏差 F_p 和齿距累积总偏差 F_{pk} 可采用绝对法和相对法进行测量。绝对法测量是将实际齿距直接与理论齿距相比较，以获得齿距偏差的角度值或线性值。图 8-35 为绝对法测量的装置原理图，由分度装置（分度盘、心轴）和测量装置组成。测量时，将被测齿轮安装在分度装置的心轴上，使其能够随心轴同步旋转；以被测齿轮的一个齿面为测量的 0°起始角位置，调整指示表示值为零，并固定测量装置的位置；然后通过分度装置，转过 $360°/z$（z 为被测齿轮的齿数），即转过一个理论齿距角，测头与下一个同侧齿面接触，测得实际齿距角对理论齿距角的偏差所对应得线性值；这样，依次测得实际累积齿距角对相应的理论累积齿距角的偏差，根据测定结果绘制齿距累积偏差曲线或经过一定的数据处理（参见例 8-2）后即可分别求得 F_p 和 F_{pk} 的数值。

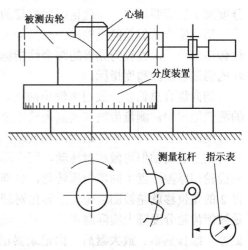

图 8-35 绝对法测量齿距偏差的装置原理图

F_p 和 F_{pk} 的合格条件是：F_p 的测得值不大于齿距累积总偏差的允许值；所有 F_{pk} 的测得值都在齿距累积偏差允许值范围内。

相对法测量 F_p 和 F_{pk} 时，可采用齿距仪（见图 8-36（a））或万能测齿仪（见图 8-36（b））。相对测量法是以被测齿轮上任意一个齿距为基准齿距，以它为基准将仪器指示表调整到零位，然后依次测出其余齿距对该基准齿距的偏差，然后经过数据处理，得出 F_p 和 F_{pk} 的数值。应当指出，F_p 和 F_{pk} 的测量基准应该是被测齿轮的基准孔轴线，而齿距仪所使用的测量定位基准是被测齿轮的齿顶圆柱面，故其测量精度受齿顶圆柱面对基准孔轴线的径向跳动误差的影响。

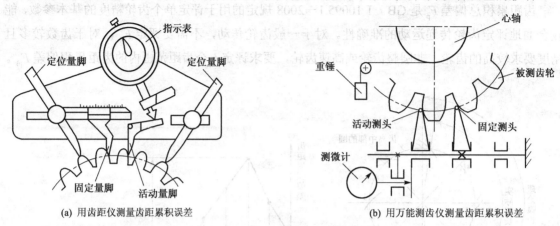

(a) 用齿距仪测量齿距累积误差　　　　　　　　　(b) 用万能测齿仪测量齿距累积误差

图 8-36　齿距累积误差的测量

齿距累积总偏差反映了一转内任意个齿距的最大变化，它直接反映齿轮的转角误差，是几何偏心和运动偏心的综合结果，因而可以较为全面地反映齿轮的传递运动准确性，是一项综合性的评定项目。

2. 切向综合总偏差 F_i'

切向综合总偏差 F_i' 是指被测齿轮与测量齿轮单面啮合检验时，被测齿轮转过一转时，齿轮分度圆上实际圆周位移与理论圆周位移的最大差值，如图 8-37（a）所示。

切向综合总偏差能反映出一对齿轮轮齿的齿距、齿廓、螺旋线误差的综合影响，是评定齿轮传递运动准确性较为完善的综合性指标。除供需双方另有文件规定外，切向综合偏差不是齿轮的强制性检测精度指标。

切向综合总偏差一般用齿轮单面啮合综合检查仪（单啮仪）测量。图 8-37（b）是单啮仪的测量原理图，测量齿轮和被测齿轮以公称中心距安装而形成单面啮合，它们分别与直径等于其分度圆直径的两个摩擦圆盘同轴安装：测量齿轮与圆盘 1 固定在轴 1 上且同步转动，被测齿轮与圆盘 2 同轴但可做相对转动，两个摩擦圆盘之间做纯滚动形成标准啮合传动。测量时，测量齿轮与摩擦圆盘 1 同步匀速转动，分别带动被测齿轮与圆盘 2 回转，被测齿轮相对于摩擦圆盘 2 的角位移就是被测齿轮实际转角对理论转角的偏差，将转角偏差以分度圆周位移计值，就是被测齿轮分度圆上实际圆周位移对理论圆周位移的偏差。在被测齿轮转过一转范围内的位移偏差，经传感器、放大器后，由记录器记录下来，就得到切向综合偏差曲线，如图 8-37（c）所示，该曲线沿纵向的最大变动幅值就是切向综合总偏差 F_i'。

当被测齿轮切向综合总偏差的测得值不大于规定的允许值时，表示该齿轮的切向综合总偏差满足精度要求。

切向综合总偏差是在齿轮单面啮合情况下测得的齿轮过一转内转角误差的总幅度值，该误差是几何偏心、运动偏心和加工误差的综合反映，因而是评定齿轮传递运动准确性的最佳综合评定指标。但因切向综合总偏差是在单面啮合综合检查仪（简称单啮仪）上进行测量的，单啮仪结构复杂，价格昂贵，在车间很少使用。

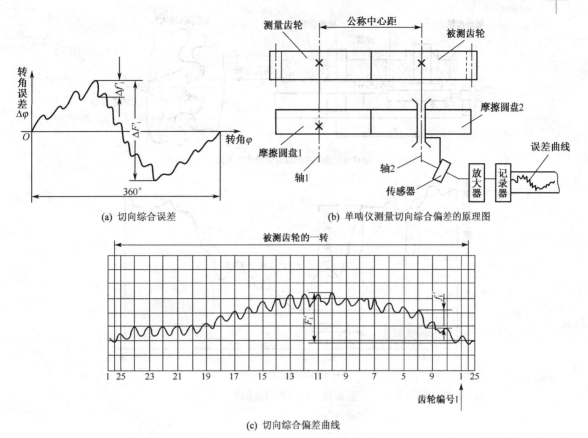

(a) 切向综合误差

(b) 单啮仪测量切向综合偏差的原理图

(c) 切向综合偏差曲线

图 8-37　切向综合总偏差

3. 径向综合总偏差 F_i''

径向综合总偏差 F_i'' 是指在径向综合检验（被测齿轮的左右齿面同时与测量齿轮接触）时，当被测齿轮转过一转时出现的中心距最大值和最小值之差。

径向综合总偏差用齿轮双面啮合综合测量仪（双啮仪）来测量。图 8-38（a）为双啮仪测量原理图，被测齿轮和测量齿轮分别安装在双啮仪的两个平行心轴上，前者安装在位置固定的心轴上，后者安装在可径向移动的滑座的心轴上，在弹簧的作用下，两齿轮做无侧隙的双面啮合，中心距为 a（通常称为双啮中心距）。测量时，转动被测齿轮，使其带动测量齿轮转动，若中心距 a 产生变动，其变动量由指示表读出，在被测齿轮转过一转范围内，指示表最大与最小示值之差即为径向综合总偏差 F_i'' 的数值。测量记录曲线如图 8-38（b）所示。

用双啮仪测量径向综合总偏差时，测量状态与齿轮工作状态不一致，测量结果同时受左、右两侧齿廓和测量齿轮的精度等因素影响，不能全面地反映齿轮运动准确性要求。但由于测量状态与切齿时的状态相似，能够反映由几何偏心和刀具的安装调整误差造成的齿轮加工误差，且仪器结构简单，操作方便，测量效率高，故在大批量生产中常用此项指标。

当被测齿轮径向综合总偏差 F_i'' 的测得值不大于规定的允许值时，表示该齿轮的径向综合总偏差满足精度要求。

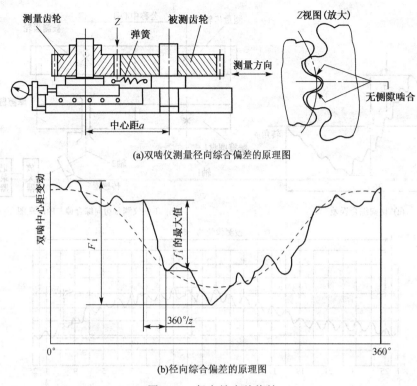

(a)双啮仪测量径向综合偏差的原理图

(b)径向综合偏差的原理图

图 8-38　径向综合总偏差

4．齿圈径向跳动 F_r

齿圈径向跳动 F_r 是指测头相继置于被测齿轮的每个齿槽内时，从测头到该齿轮基准轴线的最大和最小径向距离之差。测量时，测头在近似齿高中部与左右齿面接触，测头形状可以是球形、圆柱形或砧形，尺寸应与被测齿轮模数的大小相适应。

齿轮径向跳动一般采用径向跳动检查仪来测量，其测量原理如图 8-39（a）所示。测量时，被测齿轮绕其基准轴线 O' 间断地转动，将测头依次放入每一个齿槽内且与齿高中部双面接触，测头到基准轴线径向距离的变动由指示表测得（见图 8-39（b）），在被测齿轮一转范围内，指示表示值的最大变动幅值就是齿轮的径向跳动 F_r 的数值。

齿轮径向跳动主要反映齿轮加工时几何偏心的影响，其值近似等于两倍的几何偏心量 e_1。另外，齿轮的齿距偏差和齿廓偏差也会对径向跳动产生影响。

齿轮径向跳动 F_r 可用来评定齿轮传递运动准确性的精度，对于需要在极小侧隙下运行的齿轮及用于测量径向综合偏差的测量齿轮来说，控制齿轮的径向跳动是十分重要的。它的合格条件是：其测得值不大于齿轮径向跳动允许值。

5．公法线长度变动（ΔF_w）

公法线长度变动（ΔF_w）是指在被测齿轮一周范围内，实际公法线长度的最大值与最小值之差，$\Delta F_w = W_{max} - W_{min}$。公法线长度的变动说明齿廓沿基圆切线方向有误差，因此公法线长度变动可以反映滚齿时由运动偏心引起的切向误差。由于测量公法线长度与齿轮基准轴线无关，因此公法线长度变动可用公法线千分尺、公法线卡尺等测量，如图 8-40 所示。

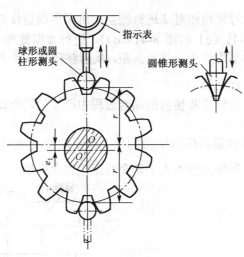

(a) 齿轮径向跳动的测量原理图

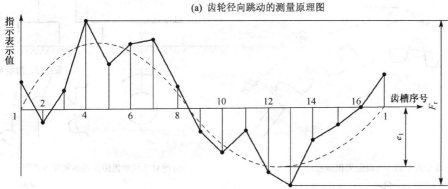

(b) 齿轮径向跳动测量中指示表示值变动

图 8-39　径向跳动

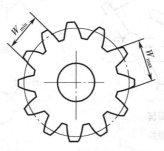

图 8-40　公法线长度测量

8.2.2.2　影响齿轮传动平稳性的评定指标及其检测（第 Ⅱ 公差组）

1. 单个齿距偏差 f_{pt}

单个齿距偏差 f_{pt} 是指在齿轮端平面上，在接近齿高中部的一个与齿轮轴线同心的圆上，实际齿距与理论齿距的代数差，如图 8-41（a）所示。

单个齿距偏差可采用图 8-41（b）所示的绝对测量法，在测量齿距累积总偏差的同时，获得单个齿距偏差的数值；也可采用相对法进行测量，所采用的量仪与测量齿距累积偏差及齿距累积总偏差时相同（见图 8-41（c）和图 8-41（d）），进行数据处理（参见例 8-2）时，用所测得的各个轮齿的实际齿距的平均值作为理论齿距，从而获得所有单个齿距偏差数值 f_{pt}，通常取其中绝对值最大的数值作为评定值。

单个齿距偏差是在每一次转齿和换齿的啮合过程中产生的转角误差，该项偏差主要由机床误差产生。

单个齿距偏差的合格条件是：所有测得的单个齿距偏差 f_{pt} 都在单个齿距偏差允许值范围内，即绝对值最大的单个齿距偏差值不大于单个齿距偏差允许值。

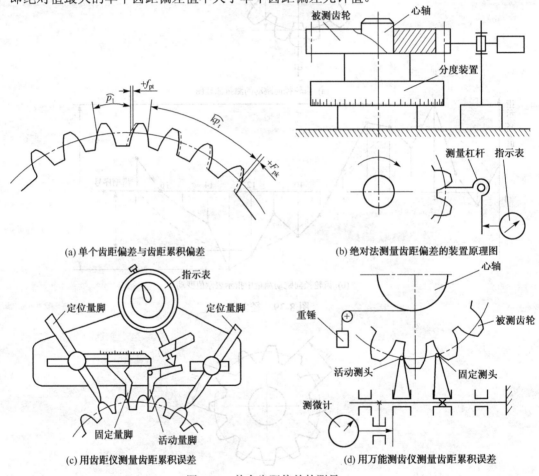

(a) 单个齿距偏差与齿距累积偏差　　　(b) 绝对法测量齿距偏差的装置原理图

(c) 用齿距仪测量齿距累积误差　　　(d) 用万能测齿仪测量齿距累积误差

图 8-41　单个齿距偏差的测量

【例 8-2】

某 8 级精度直齿圆柱齿轮的模数 $m = 5$ mm，齿数 $z = 12$，标准压力角 $\alpha = 20°$。该齿轮加工后采用相对法测量其各个右齿面齿距偏差，测量数据如表 8-4 所示，处理这些数据，确定该齿轮的齿距累积总偏差和单个齿距偏差。

表 8-4　相对法测量数据

齿距序号	P_1	P_2	P_3	P_4	P_5	P_6	P_7	P_8	P_9	P_{10}	P_{11}	P_{12}
指示表示值/μm	0	+8	+12	−4	−12	+20	+12	+16	0	+12	+12	−4

解： 数据处理过程及结果如表 8-5 所示。

表 8-5　相对法测量数据及处理

齿距序号	P_1	P_2	P_3	P_4	P_5	P_6	P_7	P_8	P_9	P_{10}	P_{11}	P_{12}
指示表示值/μm	0	+8	+12	−4	−12	+20	+12	+16	0	+12	+12	−4
各测得值的平均值 P_m（即理论齿距）												
$f_{pti}=P_i-P_m$（即各个单个齿距偏差数值）	−6	+2	+6	−10	−18	+14	+6	+10	−6	+6	+6	−10
$P_z=\sum\limits_{i}^{12}f_{pti}$（即齿距偏差逐齿累计）	−6	−4	+2	−8	−24	−10	−4	+6	0	+6	+12	+2

单个齿距累积偏差为表 8-5 中 f_{pti} 列的数值，其中 $f_{pt\,max}=-18\,\mu m$，出现于第 5 个轮齿。齿距累积总偏差应为所有齿距累计值 P_z 中正、负极值之差的绝对值，即

$$F_p=(+12)-(-24)=36\,\mu m$$

2．齿廓偏差

齿廓偏差是指在齿轮端平面内且垂直于齿廓的方向上，齿廓工作部分内（齿顶部分除外），包容实际齿廓且距离为最小的两条设计齿廓间的法向距离。

凡符合设计规定的齿廓都是设计齿廓，通常为渐开线齿廓。考虑到制造误差和齿轮受载后的弹性变形，为了降低噪声和减小动载荷的影响，齿廓也采用以理论渐开线为基础进行修正的修形齿廓，如凸齿廓、修缘齿廓等，所以，设计齿廓也包括修形齿廓。齿廓偏差会造成齿廓工作面在啮合过程中的接触点偏离啮合线，引起瞬时传动比的变化，破坏传动的平稳性。

1）齿廓总偏差 F_α

在计算范围内，包容实际齿廓迹线的两条设计齿廓迹线之间的距离就是齿廓总偏差。该量在齿轮端平面方向计值，如图 8-42 所示。

如图 8-43 所示，实际齿廓迹线用粗实线表示，设计齿廓迹线（未经修形的渐开线齿廓迹线一般为直线）用细点划线表示。图 8-43 中点 A 是齿轮的齿顶、齿顶倒棱或倒圆的起始点，点 F 是齿根圆角的起始点，点 E 表示该齿轮组成齿轮副时的有效啮合的终止点，A、E 两点间确定的齿廓称为有效齿廓，其迹线长度（点 A 到点 E 的距离）称为有效长度，用 L_{AE} 表示，则评定齿廓总偏差的计算范围 $L_\alpha=L_{AE}\times92\%$。齿廓总偏差就是在计算范围 L_α 内，最小限度地包容实际齿廓迹线的两条设计齿廓之间的距离。

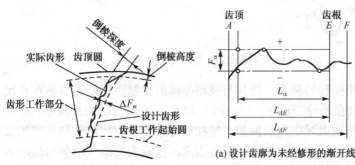

图 8-42　齿廓总偏差　　　　　　　　(a) 设计齿廓为未经修形的渐开线　　(b) 设计齿廓为修形的渐开线

图 8-43　齿轮的齿廓总偏差

2）齿廓形状偏差 $f_{f\alpha}$

齿廓形状偏差是指在计算范围（L_{α}）内，包容实际齿廓迹线的、与平均齿廓迹线（即实际齿廓迹线的最小二乘中线所表示的一条辅助齿廓迹线）完全相同且平行的两条迹线间的距离，如图 8-44 所示。

3）齿廓倾斜偏差 $f_{H\alpha}$

齿廓倾斜偏差是指在计算范围（L_{α}）内，两端与平均齿廓迹线相交的两条设计齿廓迹线间的距离，如图 8-45 所示。

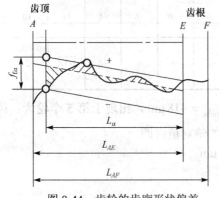

图 8-44　齿轮的齿廓形状偏差

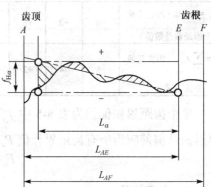

图 8-45　齿轮的齿廓倾斜偏差

齿廓偏差是由刀具的制造误差（如齿形误差等）和安装误差（如刀具在刀杆上的安装偏心及倾斜等）以及机床传动链中短周期误差等综合因素造成的。为了齿轮质量分等，只需检验齿廓总偏差；而齿廓形状偏差和倾斜偏差不是必检项目，一般只在做工艺分析时需要检测这两个偏差项目。

齿廓偏差通常用渐开线测量仪进行测量。图 8-46 为基圆盘式渐开线测量仪的原理图，被测齿轮与基圆盘（与被测齿轮的基圆大小相同）同轴安装，基圆盘利用弹簧以一定的压力与直尺相切；杠杆安装在直尺上，随着直尺同步移动，它的一端测头与被测齿轮的齿面相接触，另一端与指示表的测头相接触。手轮转动时，通过丝杠带动直尺做直线运动，直尺与基圆盘之间通过摩擦力做纯滚动，则直尺与基圆盘接触的切点相对于基圆盘的运动轨迹便是一条理论渐开线。同时，被测齿轮在基圆盘带动下同步转动。

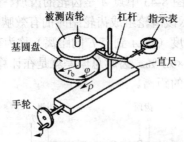

图 8-46　基圆盘式渐开线测量仪原理图

测量时，调整杠杆与被测齿面相接触的测头，使其与被测齿面的接触点正好垂直落在直尺与基圆盘最初接触的切点上。当直尺在手轮带动下，按照图 8-47 所示方向移动的过程中，被测齿轮实际齿廓上各点相对于理论渐开线上对应点的偏差，使杠杆与指示表相接触的测头产生微小的位移，其大小由指示表的示值读出。在被测齿廓计算范围内，指示表的最大示值与最小示值之差就是齿廓总偏差 F_{α} 的数值。

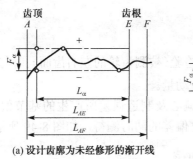
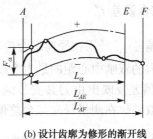

(a) 设计齿廓为未经修形的渐开线 (b) 设计齿廓为修形的渐开线

图 8-47 齿轮的齿廓总偏差

若杠杆测头直接连接记录器，即可通过记录得到齿廓偏差图，分别按照齿廓形状偏差和倾斜偏差的定义进行度量，即可求得其数值。

3. 一齿切向综合偏差 f_i'

一齿切向综合总偏差 f_i' 是指被测齿轮与测量齿轮单面啮合检验时，在被测齿轮一齿距角内，齿轮分度圆上实际圆周位移与理论圆周位移的最大差值。

一齿切向综合总偏差综合反映了齿轮基节偏差和齿形方面的误差，也能反映刀具制造安装误差与齿轮传动链的短周期误差，是评定齿轮传动平稳性的综合指标。

一齿切向综合偏差通过单啮仪进行测量，在测量切向综合总偏差的同时也可得到一齿切向综合偏差，如图 8-48 所示。

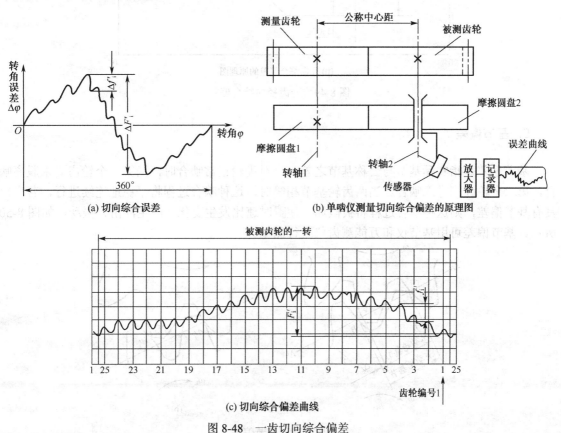

(a) 切向综合误差 (b) 单啮仪测量切向综合偏差的原理图

(c) 切向综合偏差曲线

图 8-48 一齿切向综合偏差

4. 一齿径向综合偏差 f_i''

一齿径向综合偏差 f_i'' 是指在径向综合检验（被测齿轮的左右齿面同时与测量齿轮接触）时，被测齿轮一齿距角内的双啮中心距的最大变动量。

一齿径向综合偏差反映出由刀具安装偏心及制造误差所产生的基节偏差和齿形误差的综合结果。它可利用双啮仪在测量径向综合总偏差的同时测得，如图8-49所示。

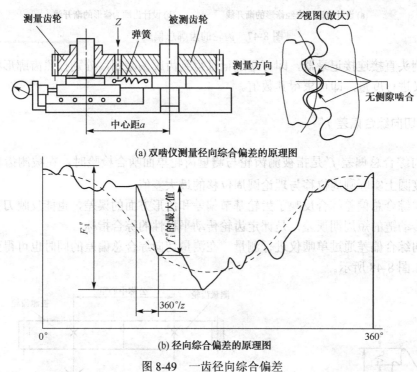

(a) 双啮仪测量径向综合偏差的原理图

(b) 径向综合偏差的原理图

图 8-49　一齿径向综合偏差

5. 基节偏差 f_{pb}

基节偏差是指实际基节与公称基节之差。一对齿轮正常啮合时，当第一个轮齿尚未脱离啮合，第二个轮齿应进入啮合。当两齿轮基节相等时，这种啮合过程将平稳地连续进行，若齿轮具有基节偏差，则这种啮合过程将被破坏，使瞬时速比发生变化，产生冲击、振动，如图8-50所示。基节偏差可用基节仪和万能测齿仪进行测量。

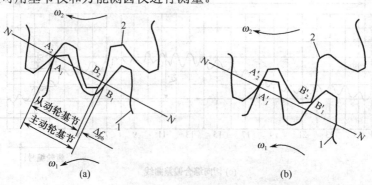

图 8-50　基节偏差

8.2.2.3　影响齿轮载荷分布均匀性的评定指标及其检测（第Ⅲ公差组）

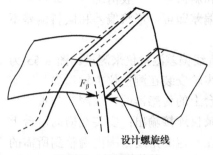

图 8-51　螺旋线偏差

　　两个齿轮啮合时，要使轮齿均匀承载和减小磨损，必须保证其在齿宽和齿高方向上都能充分接触。评定齿轮载荷分布均匀性的参数指标，在齿高方向是齿廓偏差，在齿宽方向是螺旋线偏差。

　　螺旋线偏差是指在齿轮端面基圆柱的切平面方向上测得的实际螺旋线偏离设计螺旋线的量（如图 8-51 所示）。符合设计规定的螺旋线称为设计螺旋线，它包括未修形的螺旋线和修形的螺旋线，其中前者一般为直线。

1．螺旋线总偏差 F_β

　　螺旋线总偏差是指在齿宽工作部分（端部倒角部分除外）计值范围内，包容实际螺旋线迹线的两条设计螺旋线之间的距离，如图 8-52 所示，实际螺旋线迹线用粗实线表示，设计螺旋线迹线用细点划线表示，b 为齿宽长度，L_β 表示螺旋线偏差的计值范围（在齿宽 b 上从齿轮两端各扣除倒角或修圆部分）。螺旋线总偏差 F_β 就是在 L_β 长度范围内，包容实际螺旋线且距离为最小的两条设计螺旋线之间的法向距离。

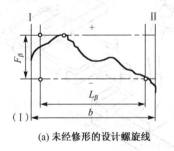

(a) 未经修形的设计螺旋线　　　　　(b) 经修形的设计螺旋线

图 8-52　齿轮的螺旋线总偏差

2．螺旋线形状偏差 $f_{f\beta}$

　　螺旋线形状偏差是指在计值范围 L_β 内，包容实际螺旋线迹线的、与平均螺旋线迹线完全相同且相互平行的两条曲线间的距离。其中平均螺旋线是实际螺旋线迹线的最小二乘中线所表示的一条辅助螺旋线迹线。如图 8-53 所示，实际螺旋线由粗实线表示，平均螺旋线由虚线表示，螺旋线形状偏差 $f_{f\beta}$ 就是在 L_β 长度范围内最小限度包容实际螺旋线的两条与平均螺旋线迹线完全相同且相互平行的两条曲线间的距离。

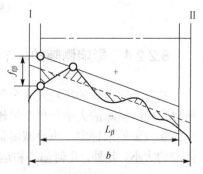

图 8-53　齿轮的螺旋线形状偏差

3．螺旋线倾斜偏差 $f_{H\beta}$

　　螺旋线倾斜偏差是指在计值范围 L_β 的两端，与平均螺旋线迹线相交的两条设计螺旋线间的距离。如图 8-54 所示，实际螺旋线、设计螺旋线和平均螺旋线分别由粗实线、点划线和虚线表示。

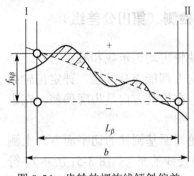

图 8-54　齿轮的螺旋线倾斜偏差

螺旋线偏差反映了在不同截面上齿厚沿轴向的变化情况，由于直齿轮可以看成是斜齿轮的特例，即螺旋角为 0，故螺旋线偏差适用于直齿轮和斜齿轮。一般情况下，评定被测齿轮精度只检测螺旋线总偏差即可，形状偏差和倾斜偏差不是必检项目。

螺旋线偏差通常用螺旋线偏差测量仪来测量。图 8-55 为测量仪的工作原理，被测齿轮安装在测量仪主轴顶尖与尾座顶尖之间，安装于纵向滑台上的传感器的一端测头与被测齿轮齿面接触，另一端与记录仪连接输出；安装在横向滑台上的分度盘的导槽位置可以在一定的角度范围内调整到所需的螺旋角。当纵向滑台沿导轨平行于被测齿轮基准轴线移动时，带动传感器测头及记录仪同步运动，同时滑台的滑柱在分度盘导槽内移动，使横向滑台沿垂直于齿轮轴线方向移动，从而使主轴滚轮带动被测齿轮沿其轴线回转，实现被测齿面相对于测头的螺旋运动。测量过程中，实际螺旋线对设计螺旋线的偏差使测头产生微小的位移，经传感器由记录仪记录下来，即可得到一条实际螺旋线迹线。分别按照螺旋线总偏差、形状偏差和倾斜偏差的定义对测得的实际螺旋线迹线进行度量，就可求得这三种螺旋线偏差的数值。

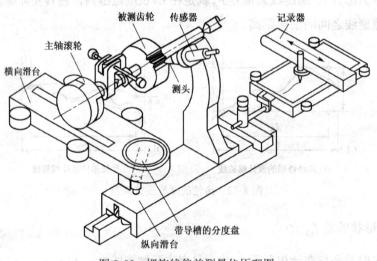

图 8-55　螺旋线偏差测量仪原理图

8.2.2.4　影响侧隙的单个齿轮评定指标及其检测

具有公称齿厚的齿轮副在公称中心距下啮合是无侧隙的，常用减薄齿厚的方法获得侧隙，所以齿轮副侧隙的大小与单个齿轮的齿厚减薄量有密切关系。齿厚减薄量可以用齿厚偏差或公法线长度偏差来评定。齿厚减薄量是通过调整刀具与毛坯的径向位置而获得的，其误差将影响侧隙的大小。此外，几何偏心和运动偏心也会引起齿厚不均匀，使齿轮工作时的侧隙也不均匀。

1.　齿厚偏差 f_{sn}

齿厚偏差 f_{sn} 是指实际齿厚 s_{na} 与公称齿厚（理论齿厚）s_n 的差值。对于直齿轮，实际齿厚是在分度圆柱面上测得；对于斜齿轮，实际齿厚偏差在法向平面内测量。

　　为了获得适当的齿轮副侧隙，规定用齿厚的极限偏差来限定实际齿厚偏差，即 $E_{sni} < f_{sn} < E_{sns}$，如图 8-56 所示。其中 E_{sns}、E_{sni} 分别是齿厚的上、下偏差，其值分别等于齿厚的最大、最小极限与实际齿厚的差值；齿厚上、下偏差的差值称为齿厚公差（T_{sn}），计算公式如下：

$$E_{sns} = s_{ns} - s_n$$
$$E_{sni} = s_{ni} - s_n$$
$$T_{sn} = E_{sns} - E_{sni}$$

　　按照定义，齿厚以分度圆弧长（弦齿厚）计值，为了测量方便，实际上常以分度圆弦齿厚计值。图 8-57 是用齿厚游标卡尺测量分度圆弦齿厚的情况。测量时，以齿顶圆作为测量基准，通过调整纵向游标卡尺来确定分度圆的高度 h，再从横向游标尺上测出弦齿厚的实际数值 s_a。齿轮的齿厚偏差等于弦齿厚的实际值与公称值 s_{nc} 的差值，其合格条件是在齿厚极限偏差范围内。

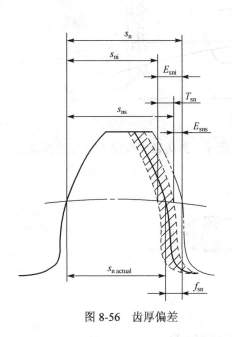

图 8-56　齿厚偏差

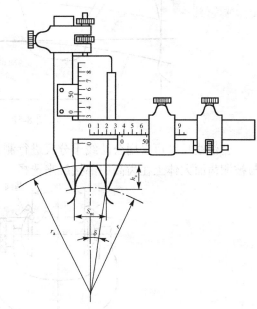

图 8-57　分度圆弦齿厚的测量

　　对于标注圆柱齿轮，高度 h_c 即分度圆弦齿厚的公称值 s_{nc} 的计算公式如下：

$$h_c = m\left[1 + \frac{z}{2}\left(1 - \cos\frac{90°}{z}\right)\right]$$

$$s_{nc} = mz\sin\frac{90°}{z}$$

式中，m 为齿轮模数，z 为齿数。

　　用齿厚游标卡尺测量齿厚偏差时，受齿顶圆误差的影响，测量精度不高，故仅用于公法线千分尺不能测量齿厚的场合，如大螺旋角斜齿轮、锥齿轮、大模数齿轮等。测量精度要求高时，分度圆高度 h_c 应根据齿顶圆实际直径进行修正：

$$h_{c(修正)} = h_c + (r_{a(实际)} - r_a)$$

式中，$r_{a\,(实际)}$ 为齿顶圆半径的实测值。

2. 公法线长度偏差 W_k

公法线长度 W_k 是指在基圆柱切平面上跨 k 个齿（对外齿轮）或 k 个齿槽（对内齿轮），在接触到一个齿的右齿面和另一个齿的左齿面的两个平行平面之间测得的距离，如图 8-58 所示。可见，实际齿厚的减小或增大，影响实际公法线长度相应地减小或增大，因此，可用测量公法线长度代替测齿厚，评定齿厚减薄量。

公法线长度偏差是指实际公法线长度 W_{ka} 与公称公法线长度 W_k 之差，它反映齿厚偏差，因此可规定极限偏差来限制，图 8-58 中，E_{bns}、E_{bni} 和 T_{bn} 分别表示公法线长度偏差的上偏差、下偏差和公差。

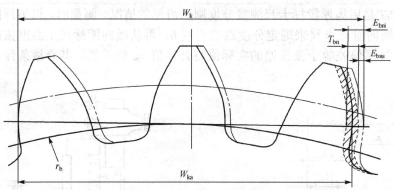

图 8-58　公法线长度偏差

公法线长度可采用公法线千分尺进行测量，如图 8-59 所示。跨齿数 k 按照千分尺的测量面与被测齿面大体上在齿高中部接触来选择。

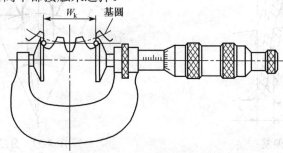

图 8-59　用公法线千分尺测量公法线长度（$k=3$）

（1）直齿轮的公法线公称长度 W_k 和跨齿数 k 的计算

直齿轮的公称公法线长度的计算公式如下：

$$W_k = m\cos\alpha\left[\pi(k-0.5)+z\cdot\mathrm{inv}\alpha\right]+2xm\sin\alpha$$

式中，m、z、α、x 分别指齿轮的模数、齿数、标准压力角、变位系数；$\mathrm{inv}\alpha$ 表示渐开线函数，$\mathrm{inv}20° = 0.014904$；$k$ 表示测量时的跨齿数。

对于标准直齿轮

$$k = z\alpha/180° + 0.5$$

式中 z、α 分别为齿数和压力角，当 $\alpha=20°$ 时，$k = z/9+0.5$。

对于变位齿轮

$$k = z\alpha_m/180° + 0.5$$

式中，$\alpha_m = \arccos[d_b/(d+2xm)]$，$d_b$ 和 d 分别为被测齿轮的基圆直径和分度圆直径。

（2）斜齿轮的公法线公称长度 W_k 和跨齿数 k 的计算

斜齿轮公法线长度在法向方向测量，其计算公式如下：

$$W_k = m_n \cos\alpha_n \left[\pi(k-0.5) + z \cdot \text{inv}\,\alpha_t\right] + 2x_n m_n \sin\alpha_n$$

式中，m_n、α_n、z、α_t、x_n 分别指齿轮的法向模数、标准压力角、齿数、端面压力角、法向变位系数。端面压力角 $\alpha_t = \arctan(\tan\alpha_n / \cos\beta)$。假想齿数 $z' = z\,\text{inv}\,\alpha_t / \text{inv}\,\alpha_n$，则跨齿数 k 可由下式确定：

$$k = \frac{\alpha_n}{180°} z' + 0.5 + \frac{2x_n \cos\alpha_n}{\pi}$$

对于标准齿轮（$x_n=0$），$k = \dfrac{\alpha_n}{180°} z' + 0.5$。当 $\alpha_n = 20°$ 时，$k = z'/9 + 0.5$。

应当指出，上述计算出来的 k 值通常不是整数，应将其化整为最接近计算值的整数。

测定的实际公法线长度与公称公法线长度相比较，即可得到公法线长度偏差的数值。公法线长度偏差的合格条件是：它在极限偏差范围内，即其值应在上、下偏差范围内。

8.2.3　齿轮副的精度评定指标及其检测

影响齿轮使用性能的因素除单个齿轮的加工误差外，齿轮副的安装误差也是影响齿轮传动的重要因素，例如，齿轮副的中心距偏差影响侧隙的大小，齿轮副轴线的平行度误差则影响其载荷分布均匀性；另外，接触斑点也是评定齿轮副接触精度的一项重要指标。

1. 齿轮副中心距偏差

齿轮副中心距偏差是指在齿轮副的齿宽中心平面内，实际中心距（齿轮副两轴线之间的实际距离）与公称中心距之差。

中心距偏差会影响齿轮副工作时的侧隙，当实际中心距小于公称中心距时，会导致侧隙减小；反之，会导致侧隙增大。为了保证齿轮副的侧隙要求，需要用中心距允许偏差来控制中心距偏差，若中心距偏差在规定的允许值范围内，即为合格。

2. 齿轮副轴线平行度偏差

测量齿轮副两条轴线之间的平行度偏差时，应根据两对轴承的跨距，选取跨距较大的那条轴线作为基准轴线；若两对轴承跨距相同，则可取其中任何一条轴线作为基准轴线。基准平面是包含基准轴线，并通过由另一轴线与齿宽中心平面相交的点所形成的平面。测量平面是垂直于基准平面，且平行于基准轴线的平面。

由于轴线平行度偏差的影响与其方向有关，所以，被测轴线对基准轴线的平行度偏差应在基准平面和测量平面上测量，如图 8-60 所示，分别称为基准平面内的偏差 $f_{\Sigma\delta}$（一对齿轮的轴线在其基准平面上投影的平行度偏差）和测量平面上的偏差 $f_{\Sigma\beta}$（一对齿轮的轴线，在测量平面上投影的平行度偏差）。

基准平面内的轴线平行度偏差影响螺旋线啮合偏差，它的影响是工作压力角的正弦函数，而测量平面上轴线平行度偏差的影响则是工作压力角的余弦函数。GB/Z 18620.3—2008 对这两种平行度偏差要素规定了不同的最大推荐值。

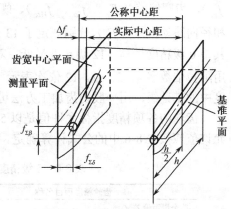

图 8-60　齿轮副轴线平行度偏差

测量平面上平行度偏差的推荐最大值为 $f_{\Sigma\beta} = 0.5\left(\dfrac{L}{b}\right)F_\beta$，式中 L 与 b 分别是较大的跨距和齿宽。基准平面内平行度偏差的推荐最大值为 $f_{\Sigma\delta} = 2f_{\Sigma\beta}$。

3. 齿轮副的接触斑点

齿轮副的接触斑点是指装配好的齿轮副，在轻微制动下，运转后齿面上分布的接触擦亮痕迹，如图 8-61 所示。接触斑点的大小在齿面展开图上用百分数计算。

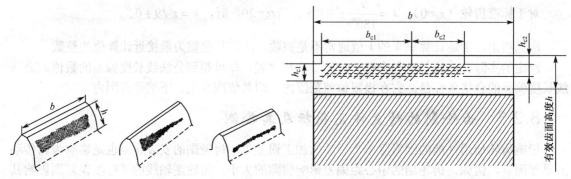

图 8-61　齿面开展开示意图

齿轮副的接触斑点综合反映了齿轮副的加工误差和安装误差，是评定齿面接触精度的一项综合指标。沿齿宽方向的接触斑点主要影响齿轮副的承载能力，沿齿高方向的接触斑点主要影响工作平稳性。检验齿轮副接触斑点时，对较大的齿轮副，一般是在安装好的传动装置中检验；对成批生产的中小齿轮允许在啮合机上与精确齿轮啮合检验。

8.2.4　圆柱齿轮（包括齿坯）精度标准及设计

8.2.4.1　圆柱齿轮精度标准

1. 齿轮精度等级

GB/T 10095.1－2008 和 GB/T 10095.2－2008 对圆柱齿轮同侧齿面的齿距偏差（F_p、F_{pk}、f_{pt}）、齿廓偏差（F_α、$f_{f\alpha}$、$f_{H\alpha}$）、螺旋线偏差（F_β、$f_{f\beta}$、$f_{H\beta}$）、切向综合偏差（F_i'、f_i'）和径向跳动偏差（F_r）分别规定了 13 个精度等级，用阿拉伯数字 0，1，2，…，12 依次表示，其中 0 级精度最高，12 级精度最低。对径向综合偏差（F_i'' 和 f_i''）分别规定了 9 个精度等级，用阿拉伯数字 4，5，…，12 依次表示，其中 4 级精度最高，12 级精度最低。5 级精度是各级精度中的基础级，用一般切齿加工方法可以达到，用途最广。齿轮副一般取同一精度等级。

齿轮的各项精度指标允许值是以 5 级精度为基础，通过公式计算得出的。各参数 5 级精度允许值应按表 8-6 中的公式计算确定。

表 8-6　5 级精度的齿轮偏差允许值计算公式、关系式

齿轮精度项目名称	计算公式
单个齿距偏差 f_{pt}	$f_{pt} = 0.3(m + 0.4\sqrt{d}) + 4$
齿距累计偏差 F_{pk}	$F_{pk} = f_{pt} + 1.6\sqrt{(k-1)m}$

续表

齿轮精度项目名称	计算公式
齿距累计总偏差 F_p	$F_p = 0.3m + 1.25\sqrt{d} + 7$
齿廓总偏差 F_α	$F_\alpha = 3.2\sqrt{m} + 0.22\sqrt{d} + 0.7$
螺旋线总偏差 F_β	$F_\beta = 0.1\sqrt{d} + 0.63 + \sqrt{b} + 4.2$
一齿切向综合偏差 f_i'	$f_i' = K(4.3 + f_{pt} + F_\alpha) = K(9 + 0.3m + 3.2\sqrt{m} + 0.34\sqrt{d})$ 当总重合度 $\varepsilon_\gamma < 4$ 时，$K = 0.2(\varepsilon_\gamma + 4)/\varepsilon_\gamma$； 当 $\varepsilon_\gamma \geqslant 4$ 时，$K = 0.4$
切向综合总偏差 F_i'	$F_i' = F_p + f_i'$
齿轮径向跳动 F_r	$F_r = 0.8F_p = 0.24m_n + 1.0\sqrt{d} + 5.6$
齿廓形状偏差 $f_{f\alpha}$	$f_{f\alpha} = 2.5\sqrt{m} + 0.17\sqrt{d} + 0.5$
齿廓倾斜偏差 $f_{H\alpha}$	$f_{H\alpha} = 2\sqrt{m} + 0.14\sqrt{d} + 0.5$
螺旋线形状偏差 $f_{f\beta}$	$f_{f\beta} = 0.07\sqrt{d} + 0.45\sqrt{b} + 3$
螺旋线倾斜偏差 $f_{H\beta}$	$f_{H\beta} = 0.07\sqrt{d} + 0.45\sqrt{b} + 3$
径向综合总偏差 F_i''	$F_i'' = 3.2m_n + 1.01\sqrt{d} + 6.4$
一齿径向综合偏差 f_i''	$f_i'' = 2.96m_n + 0.01\sqrt{d} + 0.8$

注：表中，m 为模数（mm）；m_n 为法向模数（mm）；d 为分度圆直径（mm）；b 为齿宽（mm）；k 为相继齿距数。

　　齿轮各项精度评定参数任一精度等级的偏差允许值是用 5 级精度规定的公式乘以级间公比计算出来的，两个相邻精度等级间公比等于 $\sqrt{2}$，本级数值乘以（或除以）$\sqrt{2}$ 即可得到相邻较高（较低）等级的数值。用表 8-4 所列公式计算齿轮偏差允许值时，应按齿轮的法向模数 m_n、分度圆直径 d、齿宽 b 分段界限值的几何平均值代入公式，并将计算值加以圆整。为了使用方便，GB/T 10095.1、2—2008 给出了齿轮评定参数偏差允许值，如表 8-7～表 8-11 所示。

表 8-7　圆柱齿轮部分精度评定指标的偏差允许值（摘自 GB/T 10095.1—2008）

分度圆直径 d/mm	模数或齿宽 m/mm、b/mm	精度等级											
		0	1	2	3	4	5	6	7	8	9	10	11	12
		单个齿距偏差允许值 $\pm f_{pt}$/μm												
$5 \leqslant d \leqslant 20$	$0.5 \leqslant m \leqslant 2$	0.8	1.2	1.7	2.3	3.3	4.7	6.5	9.5	13.0	19.0	26.0	37.0	53.0
	$2 < m \leqslant 3.5$	0.9	1.3	1.8	2.6	3.7	5.0	7.5	10.0	15.0	21.0	29.0	41.0	59.0
$20 < d \leqslant 50$	$0.5 \leqslant m \leqslant 2$	0.9	1.2	1.8	2.5	3.5	5.0	7.0	10.0	14.0	20.1	28.0	40.0	56.0
	$2 < m \leqslant 3.5$	1.0	1.4	1.9	2.7	3.9	5.5	7.5	11.0	15.0	22.0	31.0	44.0	62.0
	$3.5 < m \leqslant 6$	1.1	1.5	2.1	3.0	4.3	6.0	8.5	12.0	17.0	24.0	34.0	48.0	68.0
	$6 < m \leqslant 10$	1.2	1.7	2.5	3.5	4.9	7.0	10.0	14.0	20.0	28.0	40.0	56.0	79.0
		齿距累计总偏差 F_p/μm												
$5 \leqslant d \leqslant 20$	$0.5 \leqslant m \leqslant 2$	2.0	2.8	4.0	5.5	8.0	11.0	16.0	23.0	32.0	45.0	64.0	90.0	127.0
	$2 < m \leqslant 3.5$	2.1	2.9	4.2	6.0	8.5	12.0	17.0	23.0	33.0	47.0	65.0	94.0	133.0
$20 < d \leqslant 50$	$0.5 \leqslant m \leqslant 2$	2.5	3.6	5.0	7.0	10.0	14.0	20.0	29.0	41.0	57.0	81.0	115.0	162.0
	$2 < m \leqslant 3.5$	2.6	3.7	5.0	7.5	10.0	15.0	21.0	30.0	42.0	59.0	84.0	119.0	168.0
	$3.5 < m \leqslant 6$	2.7	3.9	5.5	7.5	11.0	15.0	22.0	31.0	44.0	62.0	87.0	123.0	174.0
	$6 < m \leqslant 10$	2.9	4.1	6.0	8.0	12.0	16.0	23.0	33.0	46.0	65.0	93.0	131.0	185.0
		齿廓总偏差 F_α/μm												
$5 \leqslant d \leqslant 20$	$0.5 \leqslant m \leqslant 2$	0.8	1.1	1.6	2.3	3.2	4.6	6.5	9.0	13.0	18.0	26.0	37.0	52.0
	$2 < m \leqslant 3.5$	1.2	1.7	2.3	3.3	4.7	6.5	9.5	13.0	19.0	26.0	37.0	53.0	75.0
$20 < d \leqslant 50$	$0.5 \leqslant m \leqslant 2$	0.9	1.3	1.8	2.6	3.6	5.0	7.0	10.0	15.0	21.0	29.0	41.0	58.0
	$2 < m \leqslant 3.5$	1.3	1.8	2.5	3.6	5.0	7.0	10.0	14.0	20.0	29.0	40.0	57.0	81.0
	$3.5 < m \leqslant 6$	1.6	2.2	3.1	4.4	6.0	9.0	12.0	18.0	25.0	35.0	50.0	70.0	99.0
	$6 < m \leqslant 10$	1.9	2.7	3.8	5.5	7.5	11.0	15.0	22.0	31.0	43.0	61.0	87.0	123.0

续表

分度圆直径 d/mm	模数或齿宽 m/mm、b/mm	精度等级												
		0	1	2	3	4	5	6	7	8	9	10	11	12
		螺旋线总偏差 F_β /μm												
5 ≤ d ≤ 20	20 < b ≤ 40	1.4	2.0	2.3	3.9	5.5	8.0	11.0	16.0	22.0	31.0	45.0	63.0	89.0
	40 < b ≤ 80	1.6	2.3	3.3	4.6	6.5	9.5	13.0	19.0	26.0	37.0	52.0	74.0	105.0
20 < d ≤ 50	20 < b ≤ 40	1.4	2.0	2.9	4.1	5.5	8.0	11.0	16.0	23.0	32.0	46.0	65.0	92.0
	40 < b ≤ 80	1.7	2.4	3.4	4.8	6.5	9.5	13.0	19.0	27.0	38.0	54.0	76.0	107.0

表 8-8 f'_i/K 的比值（摘自 GB/T 10095.1—2008）（单位：μm）

分度圆直径 d/mm	模数 m /mm	精度等级												
		0	1	2	3	4	5	6	7	8	9	10	11	12
5 ≤ d ≤ 20	0.5 ≤ m ≤ 2	2.4	3.4	4.8	7.0	9.5	14.0	19.0	27.0	38.0	54.0	77.0	109.0	154.0
	2 < m ≤ 3.5	2.8	4.0	5.5	8.0	11.0	16.0	23.0	32.0	45.0	64.0	91.0	129.0	182.0
20 < d ≤ 50	0.5 ≤ m ≤ 2	2.5	3.6	5.0	7.0	10.0	14.0	20.0	29.0	41.0	58.0	82.0	115.0	163.0
	2 < m ≤ 3.5	3.0	4.2	6.0	8.5	12.0	17.0	24.0	34.0	48.0	68.0	96.0	135.0	191.0
	3.5 < m ≤ 6	3.4	4.8	7.0	9.5	14.0	19.0	27.0	38.0	54.0	77.0	108.0	153.0	217.0
	6 < m ≤ 10	3.9	5.5	8.0	11.0	16.0	22.0	31.0	44.0	63.0	89.0	125.0	117.0	251.0

表 8-9 圆柱齿轮径向跳动 F_r 的偏差允许值（摘自 GB/T 10095.2—2008）（单位：μm）

分度圆直径 d/mm	法向模数 m_n /mm	精度等级												
		0	1	2	3	4	5	6	7	8	9	10	11	12
5 ≤ d ≤ 20	0.5 ≤ m_n ≤ 2	1.5	2.5	3.0	4.5	6.5	9.0	13	18	25	36	51	72	102
	2 < m_n ≤ 3.5	1.5	2.5	3.5	4.5	6.5	9.5	13	19	27	38	53	75	105
20 < d ≤ 50	0.5 ≤ m_n ≤ 2	2.0	3.0	4.0	5.5	8.0	11	16	23	32	46	65	92	130
	2 < m_n ≤ 3.5	2.0	3.0	4.0	6.0	8.5	12	17	24	34	47	67	95	134
	3.5 < m_n ≤ 6	2.0	3.0	4.5	6.0	8.5	12	17	25	35	49	70	99	139
	6 < m_n ≤ 10	2.5	3.5	4.5	6.5	9.5	13	19	26	37	52	74	105	148

表 8-10 圆柱齿轮径向偏差的允许值（摘自 GB/T 10095.2—2008）

分度圆直径 d/mm	法向模数 m_n /mm	精度等级								
		4	5	6	7	8	9	10	11	12
		径向综合总偏差 F''_i /μm								
5 ≤ d ≤ 20	1.0 ≤ m_n ≤ 1.5	10	14	19	27	38	54	76	108	153
	1.5 < m_n ≤ 2.5	11	16	22	32	45	63	89	126	179
	2.5 < m_n ≤ 4.0	14	20	28	39	56	79	112	158	223
20 < d ≤ 50	2.5 < m_n ≤ 4.0	16	22	31	44	63	89	126	178	251
	4.0 < m_n ≤ 6.0	20	28	39	56	79	111	157	222	314
	6.0 < m_n ≤ 10	26	37	52	74	104	147	209	295	417
		一齿径向综合偏差 f''_i /μm								
5 ≤ d ≤ 20	1.0 ≤ m_n ≤ 1.5	3.0	4.5	6.5	9.0	13	18	25	36	50
	1.5 < m_n ≤ 2.5	4.5	6.5	9.5	13	19	26	37	53	74
	2.5 < m_n ≤ 4.0	7.0	10	14	20	29	41	58	82	115
20 < d ≤ 50	2.5 < m_n ≤ 4.0	7.0	10	14	20	29	41	58	82	116
	4.0 < m_n ≤ 6.0	11	15	22	31	43	61	87	123	174
	6.0 < m_n ≤ 10	17	24	34	48	67	95	135	190	269

表 8-11　齿廓和螺旋线形状偏差、倾斜偏差允许值（摘自 GB/T 10095.2—2008）

分度圆直径 d/mm	模数或齿宽 m/mm、b/mm	精度等级												
		0	1	2	3	4	5	6	7	8	9	10	11	12
齿廓形状偏差 $f_{f\alpha}$/μm														
5 ≤ d ≤ 20	0.5 ≤ m ≤ 2	0.6	0.9	1.3	1.8	2.5	3.5	5.0	7.0	10.0	14.0	20.0	28.0	40.0
	2 < m ≤ 3.5	0.9	1.3	1.8	2.6	3.6	5.0	7.0	10.0	14.0	20.0	29.0	41.0	58.0
20 < d ≤ 50	0.5 ≤ m ≤ 2	0.7	1.0	1.4	2.0	2.8	4.0	5.5	8.0	11.0	16.0	22.0	32.0	45.0
	2 < m ≤ 3.5	1.0	1.4	2.0	2.8	3.9	5.5	7.0	11.0	15.0	22.0	31.0	44.0	62.0
	3.5 < m ≤ 6	1.2	1.7	2.4	3.4	4.8	7.0	9.5	14.0	19.0	27.0	39.0	54.0	77.0
	6 < m ≤ 10	1.5	2.1	3.0	4.2	6.0	8.5	12.0	17.0	24.0	34.0	48.0	67.0	95.0
齿廓倾斜偏差 $f_{H\alpha}$/μm														
5 ≤ d ≤ 20	0.5 ≤ m ≤ 2	0.5	0.7	1.0	1.5	2.1	2.9	4.2	6.0	8.5	12.0	17.0	24.0	33.0
	2 < m ≤ 3.5	0.7	1.0	1.5	2.1	3.0	4.2	6.0	8.5	12.0	17.0	24.0	34.0	47.0
20 < d ≤ 50	0.5 ≤ m ≤ 2	0.6	0.8	1.2	1.6	2.3	3.3	4.6	6.5	9.5	13.0	19.0	25.0	37.0
	2 < m ≤ 3.5	0.8	1.1	1.6	2.3	3.2	4.5	6.5	9.0	13.0	18.0	26.0	35.0	51.0
	3.5 < m ≤ 6	1.0	1.4	2.0	2.8	3.9	5.5	8.0	11.0	15.0	22.0	32.0	45.0	63.0
	6 < m ≤ 10	1.2	1.7	2.4	3.4	4.8	7.0	9.5	14.0	19.0	27.0	39.0	55.0	78.0
螺旋线形状偏差 $f_{f\beta}$ 和螺旋线倾斜偏差 $\pm f_{H\beta}$/μm														
5 ≤ d ≤ 20	20 < b ≤ 40	1.0	1.4	2.0	2.8	4.0	5.5	8.0	11.0	16.0	22.0	32.0	45.0	64.0
	40 ≤ b ≤ 80	1.2	1.7	2.3	3.3	4.7	6.5	9.5	13.0	19.0	26.0	37.0	53.0	75.0
20 < d ≤ 50	20 < b ≤ 40	1.0	1.4	2.0	2.9	4.1	6.0	8.0	12.0	16.0	23.0	33.0	46.0	65.0
	40 < b ≤ 80	1.2	1.7	2.4	3.4	4.8	7.0	9.5	14.0	19.0	27.0	38.0	54.0	77.0
	80 < b ≤ 160	1.4	2.0	2.9	4.1	6.0	8.0	12.0	16.0	23.0	33.0	46.0	65.0	93.0

2．齿轮精度等级的选择

GB/T 10095.1、2—2008 规定的 13 个圆柱齿轮精度等级中，0～2 级的精度要求非常高，属于有待发展的精度等级，目前我国只有少数单位能制造和测量 2 级精度齿轮；3～5 级为高精度等级，6～9 级为中等精度等级，10～12 级为低精度等级。

同一齿轮的传递运动准确性、传动平稳性和载荷分布均匀性三项精度要求可以取相同的精度等级，也可以将不同的精度等级相组合。设计者应根据所设计的齿轮传动在工作中的具体使用条件，对齿轮的加工精度规定最合适的技术要求。

齿轮精度等级的选择恰当与否，不仅影响齿轮传动的质量，而且影响制造成本。选择精度等级的主要依据是齿轮的用途和工作条件，应考虑齿轮的圆周速度、传递的功率、工作持续时间、传递运动准确性的要求、振动和噪声、承载能力、寿命等。

齿轮选择精度等级的方法有计算法和类比法。计算法主要用于精密齿轮传动系统，按产品性能对齿轮所提出的使用要求，计算评定其精度指标，再选定其精度等级。例如对于读数或分度齿轮，可按齿轮传动链计算出所允许的最大转角误差，以确定齿轮传递运动准确性的精度等级；对于高速动力齿轮，可按其工作时最高转速计算出的圆周速度，或按允许的噪声大小，来确定齿轮传动平稳性的精度等级。对于重载齿轮，可在强度计算或寿命计算的基础上确定齿轮载荷分布均匀性的精度等级。

类比法按齿轮的用途和工作条件等进行对比选择。选择时，主要根据以往产品设计、性能试验及使用过程中所积累的经验，以及长期使用已验证其可靠性的各种齿轮精度等级选择的技术资料。表 8-12 列出某些机器中的齿轮所采用的精度等级，表 8-13 列出某些精度等级齿轮的应用范围，供参考。

表 8-12　各种机器中的齿轮所采用的精度等级

应用范围	精度等级	应用范围	精度等级
测量齿轮（单、双啮仪）	2～5	载重汽车	6～9
涡轮机减速器	3～5	通用减速器	6～8
金属切削机床	3～8	轧钢机	5～10
航空发动机	4～7	矿用绞车	6～10
内燃机车、电气机车	5～8	起重机	6～9
轿车	5～8	拖拉机	6～10

表 8-13　齿轮各精度等级的应用范围

精度等级	齿轮圆周速度/(m/s)		应用范围
	直齿轮	斜齿轮	
4	< 35	< 70	极精密分度机构的齿轮，非常高速并要求平稳、无噪声的齿轮，高速涡轮机齿轮
5	< 20	< 40	精密分度机构的齿轮，高速并要求平稳、无噪声的齿轮，高速涡轮机齿轮
6	< 15	< 30	高速、平稳、无噪声、高效率齿轮，航空、汽车、机床中的重要齿轮，分度机构齿轮，读数机构齿轮
7	< 10	< 15	高速、动力小而需要逆转的齿轮，机床中的进给齿轮，航空齿轮，读数机构齿轮，具有一定速度的减速器齿轮
8	< 6	< 10	一般机器中的普通齿轮，汽车、拖拉机、减速器中的一般齿轮，航空器中的不重要齿轮，农机中的重要齿轮
9	< 2	< 4	用于一般性工作和噪声要求不高的齿轮

3. 齿轮检测项目的确定

一般精度的单个齿轮应采用检测齿距累积总偏差 F_p、单个齿距偏差 f_{pt}、齿廓总偏差 F_α、螺旋线总偏差 F_β 来保证齿轮的精度；齿轮侧隙检测选用齿厚偏差或公法线长度偏差；高速齿轮应检测切向综合偏差 F_{pk}。若供需双方同意，可检验切向综合偏差 F_i' 和 f_i' 来代替 F_p 和 f_{pt}，要求检测所用测量齿轮精度应高于被测齿轮 4 级以上。F_r、F_i'、f_i'、F_i''、f_i''、$f_{f\alpha}$、$f_{H\alpha}$、$f_{f\beta}$ 和 $f_{H\beta}$ 都不是齿轮精度的必检项目，若需检验，应在供需双方协议中明确规定。F_r 的允许值也可经双方协商另行规定。

实际应用选择时，推荐按齿轮的使用要求分为三个公差组进行选择，如表 8-14 所示。

表 8-14　公差组的选择

公差组	检测项目	使用要求
第 I 公差组	F_p、F_{pk}、F_i'、F_i''、F_r、F_w	保证运动准确性
第 II 公差组	f_{pt}、F_α、$f_{f\alpha}$、$f_{H\alpha}$、f_i'、f_i''、f_{pb}	保证传动平稳性
第 III 公差组	F_β、$f_{f\beta}$、$f_{H\beta}$	保证载荷分布均匀性

具体应用选择时，齿轮检验组常用选择方案如表 8-15 所示。

表 8-15　齿轮检验组常用选择方案

精度等级	公差组 I	公差组 II	公差组 III	应用场合
3～5	F_i' 或 F_p	f_i' 或 f_{pb} 与 $f_{f\alpha}$	F_β	测量分度齿轮

续表

精度等级	公差组 I	公差组 II	公差组III	应用场合
3～6	F_i' 或 F_p	$f_{f\beta}$ 或 f_i'	F_β	汽轮机齿轮
4～6	F_i' 或 F_p	$f_{f\alpha}$ 与 f_{pb} 或 $f_{f\alpha}$ 与 f_{pt}	F_β	航空、汽车、机床、牵引齿轮
6～8	F_r 与 F_w 或 F_i'' 与 F_w	$f_{f\alpha}$ 与 f_{pb} 或 f_i'	F_β	
6～9	F_r 与 F_w 或 F_i'' 与 F_w	$f_{f\alpha}$ 与 f_{pb} 或 f_i''	F_β	拖拉机、起重机、一般齿轮
9～11	F_r 或 F_p	f_{pt}	F_β	

4. 齿轮齿面精度设计

齿轮齿面的表面微观结构会对齿轮的传动精度和抗疲劳性能等产生影响，有必要提出设计要求加以限制。GB/Z 18620.4－2008 给出了齿面表面粗糙度的推荐值，如表 8-16 所示。

表 8-16　齿面表面粗糙度的推荐值极限值（摘自 GB/Z 18620.4－2008）

齿轮精度等级	模数 m/mm					
	$m \leqslant 6$	$6 < m \leqslant 25$	$m > 25$	$m \leqslant 6$	$6 < m \leqslant 25$	$m > 25$
	Ra/μm			Rz/μm		
5	0.5	0.63	0.8	3.2	4.0	5.0
6	0.8	1.00	1.25	5.0	6.3	8.0
7	1.25	1.6	2.0	8.0	10.0	12.5
8	2.0	2.5	3.2	12.5	16	20
9	3.2	4.0	5.0	20	25	32
10	5.0	6.3	8.0	32	40	50
11	10.0	12.5	16	63	80	100
12	20	25	32	125	160	200

5. 齿轮精度等级的图样标注

当齿轮所有精度评定指标为同一精度等级时，图样上标注该精度等级和国家标准号，例如，若各评定参数均为 8 级时，可标注为

8 GB/T 10095.1—2008

当齿轮各评定指标的精度等级不同时，可按"齿轮传递运动准确性、传动平稳性、载荷分布均匀性"的顺序分别标注参数的等级（对应评定参数的符号）和标准号，或分别标注精度等级和标准号。例如，齿轮的 F_p、f_{pt}、F_α 皆为 8 级，F_β 为 7 级，可标注为

8（F_p、f_{pt}、F_α）、7（F_β）GB/T 10095.1—2008

或标注为

8－8－7 GB/T 10095.1—2008

8.2.4.2　齿轮副侧隙评定指标的精度标准

1．齿轮副所需最小侧隙的确定

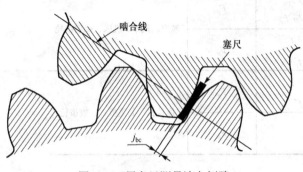

图 8-62　用塞尺测量法向侧隙

侧隙通常在相互啮合齿轮齿面的法向平面上沿啮合线测得，如图 8-62 所示，称为法向侧隙 j_{bn}，可用塞尺测量。为了保证齿轮传动过程中的润滑、热和力变形补偿等，齿轮副必须具有一定的最小侧隙。

最小侧隙 j_{bnmin} 是当两个相配齿轮分别以最大允许实效齿厚在最紧的允许中心距下相啮合时，在静态条件下存在的最小允许侧隙。它可以用以下公式计算：

$$j_{bnmin} = \frac{2}{3}(0.006 + 0.0005a_i + 0.03m_n)$$

式中，a_i 是最小中心距，m_n 为法向模数。为方便应用，根据表 8-17 给出了对工业传动装置推荐的最小侧隙。

表 8-17　对于中、大模数齿轮最小侧隙的推荐数值（GB/Z 18620.2—2008）　　（单位：mm）

法向模数 m_n	最小中心距 a_i					
	50	100	200	400	800	1600
1.5	0.09	0.11	—	—	—	—
2	0.10	0.12	0.15	—	—	—
3	0.12	0.14	0.17	0.24	—	—
5	—	0.18	0.21	0.28	—	—
8	—	0.24	0.27	0.34	0.47	—
12	—	—	0.35	0.42	0.55	—
18	—	—	—	0.54	0.67	0.94

2．齿厚偏差的确定

若不考虑齿距偏差、中心距偏差、螺旋线偏差等因素，最小法向侧隙 j_{bnmin} 是在齿厚最大时，即齿厚极限偏差为上偏差时形成的。将齿厚偏差换算到法向侧隙方向，则有

$$j_{bn\,min} = |E_{sns1} + E_{sns2}|\cos\alpha_n$$

式中，E_{sns1} 和 E_{sns2} 分别是齿轮副中两齿轮齿厚的上偏差，α_n 为标准压力角。当大、小齿轮的上偏差相同时，则齿厚偏差的上偏差为

$$E_{sns} = \frac{j_{bnmin}}{2\cos\alpha_n}$$

齿厚下偏差 E_{sni} 由齿厚上偏差 E_{sns} 和齿厚公差 T_{sn} 求得，即

$$E_{sni} = E_{sns} - T_{sn}$$

齿厚公差的大小主要取决于切齿时的径向进刀公差 b_r 和齿轮径向跳动允许值 F_r，计算公式为

$$T_{sn} = 2\tan\alpha_n\sqrt{b_r^2 + F_r^2}$$

式中，b_r 的数值推荐按表 8-18 选取，F_r 的数值按齿轮传递运动准确性的精度等级、分度圆直径和法向模数确定。

表 8-18　切齿时的径向进刀公差 b_r

齿轮传递运动准确性的精度等级	4	5	6	7	8	9
b_r	1.26IT7	IT8	1.26IT8	IT9	1.26IT9	IT10

3. 公法线长度偏差的确定

公法线长度的上、下偏差 E_{bns} 和 E_{bni} 分别由齿厚的上、下偏差 E_{sns} 和 E_{sni} 换算得到。由于几何偏心使同一齿轮各齿的实际齿厚大小不相同，而几何偏心对实际公法线长度没有影响，因此在换算时应该从齿厚的上、下偏差中扣除几何偏心的影响。对于外齿轮，其公法线长度上、下偏差的换算公式如下：

$$\begin{cases} E_{bns} = E_{sns} \cos \alpha_n - 0.72 F_r \sin \alpha \\ E_{bni} = E_{sni} \cos \alpha_n + 0.72 F_r \sin \alpha \end{cases}$$

一般大模数齿轮采用测量齿厚偏差，中小模数和高精度齿轮采用测量公法线长度偏差来控制齿轮副的侧隙。

8.2.4.3　齿轮坯精度标准

齿轮在加工、检验、装配时，径向基准面和轴向辅助基准面应尽量一致，齿轮坯的内孔、端面、顶圆等常作为齿轮加工、装配的基准，所以其精度对齿轮的加工精度和安装精度的影响很大。通过控制齿轮坯精度来保证和提高齿轮的加工精度是一项有效的技术措施，正确确定齿轮坯精度是齿轮精度设计的重要环节。

1. 盘形齿轮的齿轮坯的精度要求

对于盘形齿轮的齿轮坯，确定其基准轴线的基准面有两种情况：一种是以齿轮坯的基准孔圆柱面，如图 8-63（a）所示，确定轴线 A 的圆柱面；一种是以齿轮坯的一个定位端面和圆柱面，如图 8-63（b）所示的基准面 B 和确定基准轴线 A 的短圆柱面。所以，盘形齿轮的齿轮坯公差项目包括基准孔的尺寸和形状（圆度、圆柱度）公差；基准端面对基准孔轴线的跳动公差；有时还要规定齿顶圆柱面对基准轴线的径向圆跳动公差。

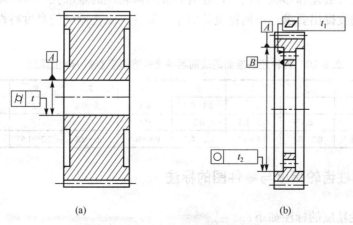

(a)　　　　　　　　　　(b)

图 8-63　盘形齿轮的齿轮坯基准轴线

基准孔直径的尺寸公差和齿顶圆的尺寸公差按齿轮精度选择，见表 8-19。基准孔的圆柱度公差取 0.04 $(L/b) F_\beta$ 和 $0.1F_p$ 两值中的小值，其中 L 和 b 分别指较大的轴承跨距和齿宽。基准端面对基准孔轴线的轴向跳动公差 t_t 按下式确定：

$$t_t = 0.2(D_d / b)F_\beta$$

式中，D_b 和 b 分别是端面的直径和齿宽。加工齿轮时，齿顶圆柱面有时用来对基准孔轴线相对工作台回转轴线进行找正，故需要规定齿顶圆柱面对基准孔轴线的径向圆跳动，该公差值 t_r 按下式确定：

$$t_r = 0.3F_p$$

表 8-19　基准孔直径和齿顶圆直径的尺寸公差（摘自 GB/T 10095—1988）

齿轮精度等级	1	2	3	4	5	6	7	8	9	10	11	12
基准孔直径		IT4			IT5	IT6		IT7		IT8		IT9
齿顶圆尺寸公差	IT6			IT7			IT8			IT9		IT11

2. 齿轮轴的齿轮坯的精度要求

对于齿轮与轴做成一体的齿轮轴的齿轮坯，其基准轴线的定位面可以选择两个预定的轴承安装表面，如图 8-64（a）所示，也可选择两个中心孔，如图 8-64（b）所示。

如图 8-64（a）所示，作为定位基准面的两个圆柱面通常提出尺寸公差和形状公差（圆度和径向跳动）要求，其中尺寸公差按滚动轴承的公差等级确定。圆度公差取 0.04 $(L/b) F_\beta$ 和 $0.1F_p$ 两值中的小值；圆柱面相对基准轴线的径向跳动公差则取 0.15 $(L/b) F_\beta$ 和 $0.3F_p$ 两值中的大值，其中 L 和 b 分别指较大的轴承跨距和齿宽。

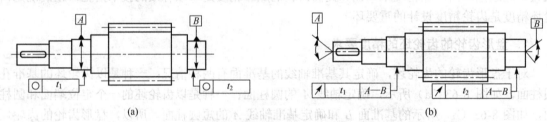

(a)　　　　　　　　　　　　　(b)

图 8-64　齿轮轴的齿轮坯基准轴线

除了上述的尺寸公差和形状公差外，还有必要对齿轮坯的基准孔、基准端面、基准圆柱面及齿顶面的表面精度提出要求，不同精度等级下，其各表面粗糙度的高度特性参数 Ra 的上限值如表 8-20 所示。

表 8-20　齿轮坯基准面的表面粗糙度轮廓幅度参数 Ra 上限值　　　　　（单位：μm）

齿轮精度等级	3	4	5	6	7	8	9	10
盘形齿轮的基准孔表面	0.2	0.2	0.4～0.2	0.8	1.6～0.8	1.6	3.2	3.2
齿轮轴的基准圆柱面	0.1	0.2～0.1	0.2	0.4	0.8	1.6	1.6	1.6
定位端面、齿顶圆柱面	0.2～0.1	0.4～0.2	0.8～0.4	0.8～0.4	1.6～0.8	3.2～1.6	3.2	3.2

8.2.4.4　圆柱齿轮精度与零件图的标注

（1）圆柱齿轮精度的标注如下：

（2）圆柱齿轮零件图的标注如图 8-65 所示。

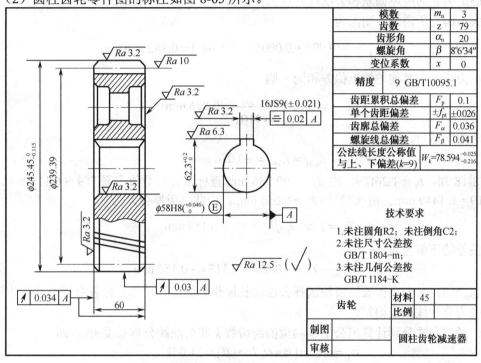

模数	m_n	3
齿数	z	79
齿形角	α_n	20
螺旋角	β	8°6′34″
变位系数	x	0
精度	9 GB/T10095.1	
齿距累积总偏差	F_p	0.1
单个齿距偏差	$\pm f_{pt}$	±0.026
齿廓总偏差	F_α	0.036
螺旋线总偏差	F_β	0.041
公法线长度公称值 与上、下偏差(k=9)	W_k=78.594$^{-0.025}_{-0.216}$	

技术要求

1. 未注圆角R2；未注倒角C2；
2. 未注尺寸公差按 GB/T 1804−m；
3. 未注几何公差按 GB/T 1184−K

	齿轮	材料	45
		比例	
制图			圆柱齿轮减速器
审核			

图 8-65　圆柱齿轮零件图的标注

8.2.4.5　圆柱齿轮精度设计举例

【例 8-3】

一级圆柱斜齿轮减速器，输出功率为 40 kW，高速轴转速为 n_1=1470 r/min。法向模数 m_n = 3 mm，齿数 z_1 = 19，z_2 = 63，齿宽 b_1 = 55 mm，b_2 = 50 mm，齿轮螺旋角 β = 18°53′16″，大小齿轮均采用非变位齿轮。小齿轮采用齿轮轴，大齿轮设计成盘形齿轮，支撑齿轮的轴承跨距 L = 100 mm。要求设计大齿轮，并绘出齿轮图样。

解：（1）确定齿轮精度

小齿轮的分度圆直径 $d_1 = m_n z_1 / \cos\beta = 60.249$ mm；

大齿轮的分度圆直径 $d_2 = m_n z_2 / \cos\beta = 199.756$ mm；

齿轮公称中心距 $a = (d_1 + d_2)/2 = 130$ mm；

齿轮圆周速度 $v = \dfrac{\pi d_1 n_1}{1000 \times 60} = 4.635$ m/s。

由齿轮的圆周速度和应用场合，查表 8-12 和表 8-13，确定该减速器的齿轮精度等级为 8 级。

（2）确定齿轮的精度指标的偏差允许值

本减速器为通用减速器，生产批量中等，对齿轮的各项使用没有特殊要求，确定齿轮的精度评定指标为 F_p、f_{pt}、F_α、F_β 和 F_r（批量生产时）。当齿轮精度等级为 8 级时，分别查表 8-5 和表 8-7 可得各项精度指标的偏差允许值：$F_p = 0.070$ mm，$\pm f_{pt} = \pm 0.018$ mm，$F_\alpha = 0.025$ mm，$F_\beta = 0.029$ mm 和 $F_r = 0.056$ mm。

（3）确定齿轮的齿厚偏差和公法线长度的极限偏差

大小齿轮所需最小侧隙为

$$j_{bn\,min} = \frac{2}{3}(0.006 + 0.0005a + 0.03m_n) = 0.143 \text{ mm}$$

取大小齿轮的齿厚偏差的上偏差相同，则

$$E_{sns1} = E_{sns2} = \frac{j_{bn\,min}}{2\cos\alpha_n} = 0.076 \text{ mm}$$

将计算值取负值，则

$$E_{sns1} = E_{sns2} = -0.076 \text{ mm}$$

查表 8-18 知，$b_r = 1.26 \text{IT}9$，由 $d_2 = 199.756$ mm 查标准公差数值表得 IT9 $= 0.115$ mm，则 $b_r = 1.26 \text{IT}9 = 0.1449$ mm；由（2）知 $F_r = 0.056$ mm。由此，齿厚公差为

$$T_{sn} = 2\tan\alpha_n\sqrt{b_r^2 + F_r^2} = 0.113 \text{ mm}$$

齿厚偏差的下偏差为

$$E_{sni} = E_{sns} - T_{sn} = -0.076 - 0.113 = -0.186 \text{ mm}$$

由于 $m_n = 3$，对中小模数的齿轮选择公法线长度作为侧隙评定指标比较合适，故将齿厚极限偏差转换为公法线极限偏差。

首先，通过公式分别计算出公法线测量的跨齿数 k 和公法线公称长度 W_k，即

$$\alpha_t = \arctan(\tan\alpha_n / \cos\beta) = 21.041°$$

$$\text{inv}\,\alpha_t = 0.017\,450\,4\,;\quad \text{inv}20° = 0.014\,904$$

$$z' = z\,\text{inv}\,\alpha_t / \text{inv}\,\alpha_n = 73.783$$

$$k = z'/9 + 0.5 = 8.698\,,\quad \text{圆整取跨齿数}\ k = 9$$

$$W_k = m_n\cos\alpha_n[(k-0.5)\pi + z\,\text{inv}\,\alpha_t + 2\tan\alpha_n x] = 78.379 \text{ mm}$$

则公法线长度的上、下偏差分别为

$$E_{bns} = E_{sns}\cos\alpha_n - 0.72F_r\sin\alpha = -0.071 \text{ mm}$$

$$E_{bni} = E_{sni}\cos\alpha_n + 0.72F_r\sin\alpha = -0.175 \text{ mm}$$

所以，公法线长度及其极限偏差为

$$W_k{}_{E_{bni}}^{E_{bns}} = 78.379_{-0.175}^{-0.071} \text{ mm}$$

（4）确定齿轮的表面粗糙度参数及其上限值

根据表 8-16 取大齿轮齿面、齿坯基准孔表面、齿顶圆表面的表面粗糙度参数 Ra 的上限值分别为 1.6 μm。

（5）确定齿轮坯精度

查表 8-19，确定大齿轮齿轮坯基准孔直径的尺寸公差为 IT7 级，按基孔制要求应标注 ϕ50H7。侧隙采用公法线为评定参数，齿顶圆不是测量基准，取其尺寸公差为 IT11 级，则齿顶圆应标注 ϕ205.456h11。

齿轮内孔为基准面，需给出圆柱度公差要求，经计算 0.04（L/b）F_β = 0.0023 mm，0.1F_p = 0.007，二者取小者，故取基准孔的圆柱度公差值为 0.002 mm。

齿轮坯端面作为加工的基准面，需要给出相对于基准孔轴线的轴向圆跳动公差，经计算 $t_t = 0.2(D_d/b)F_\beta = 0.022$ mm，故取其圆跳动公差值为 0.022 mm。

根据表 8-18 取大齿轮齿坯基准孔表面、齿顶圆表面的表面粗糙度参数 Ra 的上限值分别为 1.6 μm 和 3.2 μm。

（6）绘制齿轮的零件图样，如图 8-66 所示，齿轮的数据见表 8-21。（齿轮的主要参数有模数 m_n、齿数 z、齿形角 α、螺旋角 β、变位系数 x 等，精度等级及齿厚极限偏差代号、所选用的公差或极限偏差，均应列表标注于图纸技术要求中。）

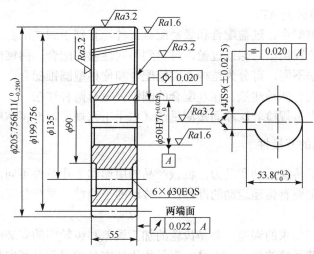

图 8-66　大齿轮零件图样标注

表 8-21　大齿轮数据

法向模数	m_n	3
齿数	Z_2	63
法向压力角	α_n	20
螺旋角及方向	β	18°53′16″ 左旋
径向变位齿数	X	0
跨齿数	K	9
公法线长度及极限偏差	$W_{k}{}^{E_{ws}}_{E_{wi}}$	$78.379^{-0.071}_{-0.175}$
精度等级	8 GB/T 10095.1—2008 8 GB/T 10095.2—2008	
齿距累积总偏差	F_p	0.070
单个齿距偏差	f_{pt}	± 0.018
齿廓总偏差	F_α	0.025
螺旋线总偏差	F_β	0.029
径向跳动	F_r	0.056
配对齿轮齿数	Z_1	19

本 章 小 结

1. 圆锥结合的互换性

圆锥结合特点是具有较高的同轴度、自锁性好、密封性好、间隙和过盈可以调节。

圆锥结合的主要参数有圆锥角、圆锥直径 D/d、圆锥长度 L、锥度 C 等。

国标规定了四项圆锥公差：圆锥直径公差 T_D、圆锥角公差 AT、圆锥形状公差 T_F 和给定截面圆锥直径公差 T_{DS}；两种圆锥公称给定方法：一是给定圆锥直径公差 T_D，二是给定圆锥截面直径公差 T_{DS} 和圆锥角公差 AT。

圆锥配合分为间隙配合、过盈配合和紧密配合三种，有别于圆柱配合的主要特点是：通过内、外圆锥相对轴向位置调整间隙或过盈，可得到不同性质的配合。圆锥配合时，按确定内、外圆锥相对位置的方法不同，可分为结构型圆锥配合和位移型圆锥配合。

圆锥尺寸和公差共有四种注法，相互配合的圆锥公差有两种注法。

圆锥的检测方法有量规检验法和间接测量法（如用正弦规、标准钢球检测）。

2. 圆柱齿轮传动的互换性

齿轮传动主要用于传递运动和动力，机械产品的用途和工作条件不同，对齿轮传动的使用要求也不同，其要求主要有传递运动的准确性、传动的平稳性、载荷分布的均匀性、适当的侧隙四个方面。

影响齿轮传动使用要求的误差主要是齿轮的加工误差和齿轮副的安装误差。齿轮的加工误差来源于组成加工工艺系统的机床、刀具、夹具和齿坯本身的误差及其安装、调整误差。齿轮副安装误差主要来源于中心距偏差和齿轮副轴线的平行度误差。

阐述了国家标准规定的单个齿轮精度的评定指标和齿轮副的评定指标，包括各评定指标的含义、代号、特点及检测方法，最后从应用角度出发，结合相关的国家标准，对圆柱齿轮（包括齿坯）精度标准及设计进行了讲述，并举例讲解（包括正确选用精度等级、确定检验项目及其允许值、确定齿厚极限偏差、选用齿轮坯公差及各形位公差和表面粗糙度，并正确标注在齿轮工作图上）。

习 题

一、多项选择题

1. 圆锥的主要几何参数有（ ）。

A. 圆锥角   B. 圆锥直径

C. 圆锥长度   D. 锥度

2. 圆锥配合有（ ）。

A. 间隙配合   B. 过盈配合

C. 过渡配合

3. 圆锥公差包括（ ）。

A．圆锥直径公差 B．锥角公差
C．圆锥形状公差 D．截面直径公差
4．圆锥公差等级分为（　　）。
A．10 B．12
C．16 D．18

二、判断题

1．圆锥配合是通过相互配合的内、外圆锥所规定的轴向位置来形成间隙或过盈的。

（　　）

2．结合型圆锥配合只有基轴制配合。 （　　）

3．圆锥一般以大端尺寸为基本尺寸。 （　　）

4．对于非配合型圆锥，其基本偏差应选用 JS 或 js。 （　　）

三、简答题

1．圆锥公差的给定方法有哪两种？是如何规定的？

2．简述圆锥结合的种类与特点。

3．对圆锥配合有什么要求？

4．如何用正弦规测量圆锥角？

5．试述齿轮传动的四项使用要求及影响其使用精度的加工误差来源？

6．齿轮传递运动精度的评定指标有哪些？如何测量这些指标？

7．齿轮传动准确性精度的评定指标有哪些？如何测量这些指标？

8．齿轮载荷分布均匀性精度的评定指标有哪些？如何测量这些指标？

9．评定齿轮侧隙的指标有哪些？如何测量这些指标？

10．齿轮副精度的评定指标有哪些？

11．什么是侧隙？齿轮副所需的最小侧隙如何确定？

12．齿厚偏差和公法线长度的上、下偏差如何确定？

四、计算题

1．某圆锥的锥度为 1：10，最小圆锥直径为 90 mm，圆锥长度为 100 mm。试求最大圆锥直径和圆锥角。

2．已知某内圆锥锥度为 1：10，圆锥长度为 100 mm，最大圆锥直径为 30 mm，圆锥直径公差代号为 H8，采用包容要求，试确定圆锥完工后锥角在什么范围内才合格？

3．大批量生产某直齿圆柱齿轮，其模数 $m = 3.5$ mm，齿数 $z = 30$，标准压力角 $\alpha = 20°$，变位系数为 0，齿宽 $b = 50$ mm，精度等级为 7 GB/T 10095.1—2008，齿厚上、下偏差分别为-0.07 mm 和-0.14 mm。试确定：

（1）齿轮精度评定指标 F_p、f_{pt}、F_α、F_β 和 F_r 的偏差允许值；

（2）测量公法线长度时的跨齿数 k 和公法线长度及其上、下偏差；

（3）齿面的表面粗糙度参数 Ra 的上限值；

（4）齿轮坯的各项尺寸公差和形状公差（齿顶圆柱面不作为切齿时的找正基准，也不作为测量齿厚的基准）。

4．某减速器斜齿圆柱齿轮的法向模数 $m_n = 3$ mm，齿数 $z = 20$，标准压力角 $\alpha = 20°$，分度

圆螺旋角 $\beta = 8° 6' 34''$，变位系数为 0，齿宽 $b = 65$ mm，精度等级为 8−8−7 GB/T 10095.1 —2008，齿厚上、下偏差分别为-0.056 mm 和-0.152 mm。试确定：

（1）齿轮精度评定指标 F_p、f_{pt}、F_α、F_β 和 F_r 的偏差允许值；

（2）测量公法线长度时的跨齿数 k 和公法线长度及其上、下偏差；

（3）齿面的表面粗糙度参数 Ra 的上限值；

（4）齿轮坯的各项尺寸公差和形状公差（齿顶圆柱面不作为切齿时的找正基准，也不作为测量齿厚的基准）。

第9章

尺寸链

> ➤ 学习目的

通过本章的学习，了解尺寸链的定义及特点，同时了解尺寸链的基本特征及分类，重点掌握尺寸链的完全互换法和大数互换法这两种计算方法，以达到正确确定有关尺寸的公差和极限偏差的目的。

9.1 基本概念

在制造业中，必须根据产品的性能、使用要求在零件的设计、加工、检测和机器的装配过程中来确定一些相互关联的尺寸。这些尺寸需要进行几何精度设计（合理规定产品的形位公差、尺寸公差和表面粗糙度），尺寸链理论是解决机械制造中相关的尺寸问题的有效手段。我国颁布的国家标准 GB/T 5847—2004《尺寸链计算方法》，可作为分析计算尺寸链的参考准则。

9.1.1 尺寸链的基本术语与定义

1. 尺寸链

在机器装配或零件加工过程中，由相互连接的尺寸形成封闭的尺寸组，称为尺寸链。如图 9-1（a）所示的零件，以底面为基准先加工 A_1 尺寸，然后加工 A_2 尺寸，尺寸 A_0 也就随之确定了。A_0、A_1 和 A_2 按照一定顺序的首尾连接就形成了一个尺寸链，如图9-1（b）所示。

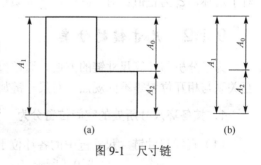

图 9-1 尺寸链

2. 环

列入尺寸链中的每一个尺寸称为尺寸链的环，常用大写字母"A、B、C…"加下脚标"0，1，2，…"表示。如图 9-1 所示，A_0、A_1 和 A_2 都是环。

3. 封闭环

尺寸链中在装配过程或加工过程最后形成的一环，称为封闭环。封闭环常用大写字母加下脚标"0"表示，如图9-1中的 A_0 所示。

4．组成环

尺寸链中对封闭环有影响的全部环，称为组成环。这些环中任意环的变动必然引起封闭环的变动，如图9-1中的 A_1 和 A_2 所示。

5．增环

尺寸链中的组成环，当其余组成环尺寸不变时，由于该环的变动引起封闭环同向变动，即该环尺寸增大（减小），封闭环的尺寸随之增大（减小）。该组成环称为增环，常在环的代号上加标右向箭头，如图9-1中的 A_1 所示。

6．减环

尺寸链中某一类组成环，当其余组成环尺寸不变时，该类组成环的变动引起封闭环反向变动，即该组成环尺寸增大（减小），封闭环的尺寸反而减小（增大）。该组成环称为减环，常在环的代号上加标左向箭头，如图9-1中的 A_2 所示。

7．补偿环

尺寸链中预先选定某一组成环，可以通过改变其大小或位置，使封闭环达到规定的要求，该组成环为补偿环。补偿环也称为协调环，通常用在装配中，又有调整环和修配环之分。

8．传递系数

传递系数是指各组成环对封闭环影响大小的系数，用 ξ 表示。尺寸链中封闭环和组成环的关系可用方程式表示，设 B_1、B_2、$\cdots$、B_m 为组成环（m 为组成环的环数），B_0 为封闭环，则 $B_0=f(B_1,B_2,\cdots,B_m)$。设第 i 组成环的传递系数为 ξ_i，则

$$\xi_i=\frac{\partial f}{\partial L_i}$$

对于增环，ξ_i 为正值；对于减环，ξ_i 为负值。直线尺寸链的 $|\xi|=1$。

9.1.2　尺寸链的分类

为了分析与计算尺寸链的方便，通常按尺寸链的几何特征、功能要求、误差性质及环的相互关系与相互位置等不同观点，对尺寸链加以分类，得出尺寸链的不同形式。

1．按各环尺寸所处的空间位置分为

（1）直线尺寸链　尺寸链中的各环位于同一平面内且互相平行，也可称为线性尺寸链，如图9-1所示。

（2）平面尺寸链　尺寸链中的各环位于同一平面内，但其中有些环彼此不平行，如图9-2所示。可以用投影方法把各环尺寸纳入同一方位上，使之成为直线尺寸链。

（3）空间尺寸链　尺寸链中的各环不在同一平面内且互不平行，这类尺寸链可通过两次投影变换而成为直线尺寸链，即先将各环尺寸投影于封闭环尺寸所在平面，得到平面尺寸链，再将平面尺寸链中各环尺寸投影于封闭环所在方位，即得到直线尺寸链。

直线尺寸链是最常见的尺寸链，本章讨论的均为直线尺寸链。

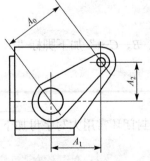

图9-2　平面尺寸链

2．按各环尺寸的几何特性分为

（1）长度尺寸链　全部环为长度的尺寸链。
（2）角度尺寸链　全部环为角度的尺寸链，如图9-3所示。

图 9-3　角度尺寸链

3．按尺寸链的应用范围分为

（1）装配尺寸链　全部组成环为不同零件设计尺寸所形成的尺寸链，如图9-4所示。它表示出部件与部件或零件与零件的要素之间的尺寸关系或位置关系。当在结构确定的条件下组成装配尺寸链时，每一个有关零件只应有一个尺寸列入装配尺寸链。
（2）零件尺寸链　全部组成环为同一零件设计尺寸所形成的尺寸链，如图9-5所示。

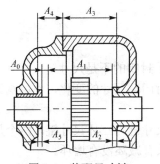

图 9-4　装配尺寸链

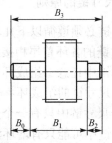

图 9-5　零件尺寸链

　　装配尺寸链与零件尺寸链统称为设计尺寸链。在产品设计或装配过程中分析和解算装配尺寸链，是保证装配精度即保证产品有关技术指标的极为重要的手段。

（3）工艺尺寸链　全部组成环为同一零件工艺尺寸所形成的尺寸链。工艺尺寸是指工序尺寸、定位尺寸与基准尺寸等。最常用的有基准换算尺寸链：零件加工中，当定位基准与设计基准不重合时需要进行尺寸换算，此时有关尺寸以定位面为基准形成尺寸链。如图9-6（a）所示的零件，加工时是以设计基准底面 A 定位加工 C 面和 B 面，直接保证 A_2 和 A_3，再以 C 面定位加工 D 面，保证尺寸 A_1，同时间接得到 A_0（定位基准与设计基准不重合时需要进行尺寸换算），则 A_0、A_1、A_2 和 A_3 这四个尺寸顺序连接就形成了一个工艺尺寸链，如图9-6（b）所示。

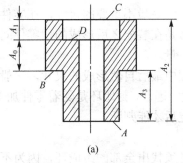

（a）　　　　　　　　　　　（b）

图 9-6　工艺尺寸链

4．按尺寸链的组合形式分为

（1）并联尺寸链　几个尺寸链通过一个或几个公共环相互联系的尺寸链。
（2）串联尺寸链　每一个后继尺寸链都以前一个尺寸链作为基面或基线的尺寸链。
（3）混联尺寸链　同时具有并联和串联两种形态的尺寸链。

9.1.3　尺寸链的确立与分析

1．尺寸链的主要特点

1）封闭性

尺寸链应该是一组关联尺寸顺序首尾相接而形成的封闭轮廓，其中应包含一个间接保证的尺寸和若干个与之有关的直接获得的尺寸。

2）关联性

尺寸链内间接保证的尺寸的大小和变化范围（即精度）是受该链内直接获得的尺寸大小和变化范围所制约的彼此间具有特定的尺寸关系。

2．确立尺寸链的原则

确立尺寸链必须遵循以下几项原则：

（1）尺寸链的各环首尾相接地排列成封闭轮廓，不封闭的不是尺寸链；

（2）尺寸链中任意一组成环尺寸的变化必然导致封闭环尺寸的变化，不影响该封闭环变化的尺寸不是该尺寸链的组成环；

（3）一个尺寸链中只有一个封闭环，最少环数的尺寸链为三环尺寸链，两个尺寸不能构成尺寸链。尺寸链中可能只有增环没有减环，但不可能只有减环没有增环。

3．建立尺寸链的方法

尺寸链的建立并不复杂，但在尺寸链的建立中，封闭环的判定和组成环的查找却应引起重视。因为封闭环的判定错误，整个尺寸链的解算将得出错误的结果；组成环查找不对，将得不到最少链环的尺寸链，解算的结果也会是错误的；当然，正确画出尺寸链图并判断增减环也是正确计算的必要条件。下面给出它们的具体判断方法。

1）判断找出封闭环

这是建立尺寸链的第一步，根据封闭环的特征，应查明加工或装配完成以后所自然形成的尺寸为封闭环，它是由其他尺寸派生出来的，通过其他尺寸而间接保证的尺寸。一个尺寸链中只能有一个封闭环。

对于单个零件的加工而言，封闭环通常是最不重要的尺寸，在零件设计图上不标注出来。对于若干零部件的装配而言，封闭环通常是在装配之后形成的，零件间相互位置要求的尺寸或保证相配合零件配合性能的间隙（过盈）量。

在工艺尺寸链中，封闭环是加工过程中最后自然形成的尺寸，一般为被加工零件要求达到的设计尺寸或工艺过程中需要的余量尺寸。因此，封闭环是随着零件加工方案的变化而变化的，工艺尺寸链的封闭环必须在加工顺序确定后才能判断。

2）判断找出组成环

在确认封闭环之后，要建成尺寸链必须找出全部的组成环，因为不论是装配尺寸链还是工艺尺寸链，以某一尺寸为封闭环，参与其组成的各尺寸是一定的，即各组成环都是唯一的。

找组成环时应注意以下几点：

（1）与封闭环不同，组成环必定是属于一个零件上的某一尺寸。在装配尺寸链中，组成环是零件成品已具有的尺寸；在零件和工艺尺寸链中，组成环是本工序或上工序加工中直接得到的尺寸。

（2）尺寸链中的组成环间首尾相衔接。

3）画尺寸链图

在装配尺寸链中，前一组成环零件的尾端表面必与后一组成环零件的首端表面相贴接；在零件和工艺尺寸链中，前一组成环尺寸的尾端表面必是后一组成环尺寸的首端表面。按上述原则，用简图表示出来：从封闭环的一端开始，依次画出各组成环，最后一个组成环的尾端必然回到封闭环的另一端，形成一个封闭系统。

4）判断增减环

从一系列组成环中分辨出增环和减环，有以下几种方法。

（1）按定义判断　根据增环、减环的定义，逐个分析组成环尺寸的增减对封闭环尺寸的影响，以判断其为增环或减环。此法比较麻烦，在环数较多、链的结构较复杂时，容易产生差错，但这是基本方法。

（2）按连接封闭环的形式判断　凡与封闭环串联的组成环属于减环，与封闭环并联的则属于增环，当尺寸链的结构形式较复杂时，这种判断方法更加简便。

（3）按箭头方向（回路法）判断　在封闭环符号下方按任意指向画箭头，从其一端起始，顺着一个方向，在各组成环的符号下方也加上箭头符号，使所画各箭头依次彼此头尾相连，凡箭头方向与封闭环相同者为减环，相反者为增环。如图9-7所示，封闭环 A_0，与它同方向的是 A_2。根据增减环定义，若其他环尺寸不变，A_2 尺寸增大，则 A_0 尺寸减小，所以 A_2 为减环；与 A_0 反向的是 A_1 和 A_3，当其他环尺寸不变，而 A_1 尺寸增大，则 A_0 尺寸减小，所以 A_1 为增环，同理 A_3 也为增环。

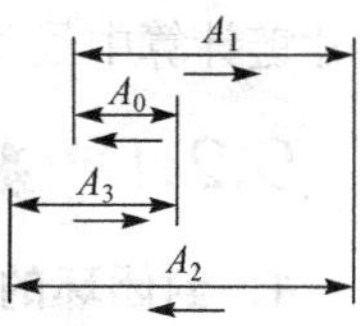

图 9-7　尺寸链

9.1.4　尺寸链的求解方法

1. 计算尺寸链的目的

进行尺寸链计算是为了正确合理地确定尺寸链中各环的尺寸和精度。

2. 计算尺寸链的任务

进行尺寸链计算可以解决以下三种类型的任务。

1）校核计算

已知各组成环的基本尺寸和极限偏差，求得封闭环的基本尺寸和极限偏差。校核计算也可称为正计算，这方面的计算主要用于验证设计的正确性。对零件尺寸链来说，校核计算是通过组成环的尺寸和公差来间接地保证难以测量或控制的封闭环的尺寸和公差，或验证各组成环的公差是否合理；对装配尺寸链来说，校核计算出现在已有装配图和零件图的条件下，校验可装配件能否保证装配精度等。

2）设计计算

已知封闭环的基本尺寸和极限偏差，以及各组成环的基本尺寸，求各组成环的极限偏差或公差。这方面的计算主要用于设计上，即根据机器的使用要求，确定各零件的尺寸和公差，也可解决公差的分配问题。

3）中间计算

已知封闭环及某些组成环的尺寸及偏差，求某一组成环的尺寸和偏差。这种计算常用在工艺上，如基面的换算或确定工序尺寸等。中间计算属于设计计算中的一种特殊情况。

9.2 完全互换法

计算尺寸链的主要方法是互换法，即零件具有互换性，就是在装配过程中，各相关零件不经任何选择、调整、装配，安装后就能达到装配精度要求的一种方法。当产品采用互换装配法时，装配精度主要取决于零件的加工精度。其实质就是用控制零件的加工误差来保证产品的装配精度。按照互换程度的不同，可分为完全互换法和大数互换法。

完全互换法又称为极值法，是以极限尺寸为基础来计算尺寸链。这种方法是按误差综合后的两个最不利情况进行的。即若组成环中的增环都是最大极限尺寸，减环都是最小极限尺寸，则封闭环的尺寸必然是最大极限尺寸；若增环都是最小极限尺寸，减环都是最大极限尺寸，则封闭环的尺寸必然是最小极限尺寸。

按此方法计算出的尺寸来加工工件各组成环的尺寸，无须进行挑选或修配就能将工件装配到机器上，也就是实现了零件的完全互换，装配后能够保证封闭环的公差要求。完全互换法是尺寸链计算中最基本的方法，但当组成环环数较多而封闭环公差又较小时不宜采用。

9.2.1 基本公式

1．封闭环的基本尺寸 L_0

尺寸链封闭环的基本尺寸，等于所有增环的基本尺寸之和减去所有减环的基本尺寸之和（封闭环的基本尺寸也有可能等于零），即

$$L_0 = \sum_{i=1}^{m} \xi_i L_i \qquad (9\text{-}1)$$

式中，L_i 为第 i 个环的基本尺寸；ξ_i 为第 i 个基本尺寸的传递系数；m 为组成环的环数。

2．封闭环的公差 T_0

尺寸链封闭环的公差等于所有组成环的公差之和，即

$$T_0 = \sum_{i=1}^{m} T_i \qquad (9\text{-}2)$$

式中，T_i 为第 i 个组成环的公差。

由式（9-2）可知：

（1）封闭环的公差比任何一个组成环要大，因此在零件尺寸链中，应选最不重要的尺寸作为封闭环；在装配尺寸链中，由于封闭环是装配后的技术要求，一般不能随意选择。

（2）在组成环公差一定时，可通过减少组成环环数来减小封闭环公差，提高其精度；而当封闭环公差一定时，要使组成环的公差大些，容易加工，也可以通过减少尺寸链的组成环数达到目的。这种使组成环的数目最少的原则就称为最短尺寸链原则，在设计中应尽量遵守这一原则。

3．封闭环的极限偏差

封闭环的上偏差等于所有增环的上偏差之和减去所有减环的下偏差之和；封闭环的下偏差等于所有增环的下偏差之和减去所有减环的上偏差之和，即

$$\begin{cases} ES_0 = \sum_{i=1}^{n} \overrightarrow{ES_i} - \sum_{i=n+1}^{m} \overleftarrow{EI_i} \\ EI_0 = \sum_{i=1}^{n} \overrightarrow{EI_i} - \sum_{i=n+1}^{m} \overleftarrow{ES_i} \end{cases} \quad (9\text{-}3)$$

式中，n 为组成环中增环的环数。

注：式（9-3）可以进行简化计算，也称为竖式计算，其口诀为"增环，上下偏差照抄；减环，上下偏差对调变号之后竖式相加"。

4. 封闭环的极限尺寸

封闭环的最大极限尺寸等于封闭环的基本尺寸与其上偏差之和；封闭环的最小极限尺寸等于封闭环的基本尺寸与其下偏差之和，即

$$\begin{cases} L_{0\max} = L_0 + ES_0 \\ L_{0\min} = L_0 + EI_0 \end{cases} \quad (9\text{-}4)$$

9.2.2　尺寸链的计算

1. 校核计算

【例 9-1】

如图 9-8 所示的固定轴，装配要求 $A_0 = 3^{+0.40}_{+0.10}$ 之间。已知各尺寸分别为：$A_1 = 24^{\ 0}_{-0.20}$ mm，$A_2 = 8^{\ 0}_{-0.10}$ mm，$A_3 = 50^{+0.20}_{+0.10}$ mm，$A_4 = 15^{\ 0}_{-0.16}$ mm，试计算确定所规定的各尺寸公差及极限偏差能否保证装配要求？

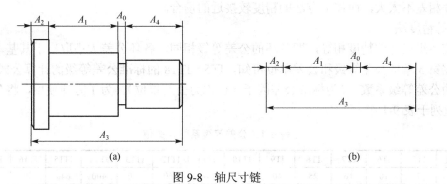

(a)　　　　　　　　　　　　　　(b)

图 9-8　轴尺寸链

解：

（1）已知 A_0 为封闭环，画出尺寸链图，如图9-8（b）所示。

（2）确定增环、减环。按照判断增减环的第三种方法——回路法判断，在尺寸链图上画出首尾相接的箭头，经判断可知：A_3 与 A_0 反向为增环，A_1、A_2、A_4 与 A_0 同向为减环。

（3）选择公式校核计算封闭环的尺寸。

封闭环的基本尺寸，即

$$\begin{aligned} L_0 &= L_3 - (L_1 + L_2 + L_4) \\ &= 50 - (24 + 8 + 15) \\ &= 3 \text{ mm} \end{aligned}$$

校核封闭环的极限尺寸，即

$$ES_0 = \sum_{i=1}^{n} ES_i - \sum_{i=n+1}^{m} EI_i$$
$$= ES_3 - (EI_1 + EI_2 + EI_4)$$
$$= +0.2 - (-0.2 - 0.1 - 0.16)$$
$$= +0.66 \text{ mm}$$

$$EI_0 = \sum_{i=1}^{n} EI_i - \sum_{i=n+1}^{m} ES_i$$
$$= EI_3 - (ES_1 + ES_2 + ES_4)$$
$$= +0.10 - 0 - 0 - 0$$
$$= +0.10 \text{ mm}$$

计算所得封闭环的上偏差大于装配要求的+0.40 mm，所以不能保证装配要求。

2．设计计算

设计计算是通过求解尺寸链，将封闭环的公差合理分配到组成环上去。公差的分配方法有三种：等公差法、等精度法和经验法。

1）等公差法

设定各组成环的公差相等，也就是将封闭环的公差均匀分配到各组成环上，即

$$T_{av} = \frac{T_0}{m} \tag{9-5}$$

式中，m 为组成环的数目。

此方法较简单，但未考虑相关零件的尺寸大小和实际加工方法，所以不够合理，常用在组成环尺寸相差不太大，而加工方法的精度较接近的场合。

2）等精度法

设定各组成环的精度相等，即各环的公差等级相同，各环公差大小取决于其基本尺寸。

根据第3章的公差等级和公差单位可知，IT5～IT18的标准公差等级的计算公式为 $T = ai$，式中 a 为公差等级系数，i 为标准公差因子（也称为公差单位）。为了方便使用，将公差等级系数 a 的值列于表9-1中。

表9-1　公差等级系数 a 的值

公差等级	IT5	IT6	IT7	IT8	IT9	IT10	IT11	IT12	IT13	IT14	IT15	IT16	IT17	IT18
系数 a	7	10	16	25	40	64	100	160	250	400	640	1000	1600	2500

根据式（9-2），有

$$T_0 = \sum_{i=1}^{m} T_i = \sum_{i=1}^{m} ai_i = a\sum_{i=1}^{m} i_i$$

则

$$a = \frac{T_0}{\sum_{i=1}^{m} i_i}$$

式中，公差因子 i 的值可根据第3章的公式计算得到。算出 a 后，对照表9-1查取与之接近的公差等级系数，同时也就确定了组成环的公差等级。

此法考虑了组成环尺寸的大小，但未考虑各零件的加工难易程度，使组成环中有的零件精度容易保证，有的较难保证。此法比等公差法合理，但计算较复杂。

3）经验法

先根据等公差法计算出各组成环的公差值，再根据尺寸的大小、加工的难易程度及工作经验选择组成环的公差，其中一个组成环需要选作补偿环，其他组成环的极限偏差采用如下所述的"入体原则"来确定。确定完其他组成环的极限偏差后，补偿环的尺寸通过尺寸链的基本计算公式计算得到。最后，要进行校验，以保证分配的正确性。此法在实际中应用较多。

入体原则："入体"即入材料体，是指标注工件尺寸公差时应向材料实体方向单向标注。当组成环为轴、键宽等时，其尺寸越加工越小，因此其尺寸上偏差取 0，下偏差为负；当组成环为孔、键槽宽等时，其尺寸越加工越大，因此其尺寸下偏差为 0，上偏差为正。

【例 9-2】

如图 9-9 所示齿轮箱部件，装配后轴向间隙 $A_0 = 0^{+0.50}_{+0.10}$ 之间。若各零件基本尺寸分别为：$L_1 = 121$ mm，$L_2 = 5$ mm，$L_3 = 100$ mm，$L_4 = 30$ mm，$L_5 = 4$ mm，试计算确定各零件尺寸的极限偏差。

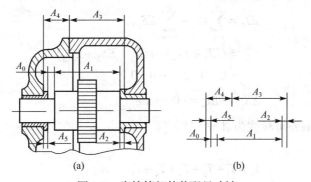

图 9-9　齿轮箱部件装配尺寸链

解：

（1）确定封闭环，画出尺寸链图。由图 9-9（a）分析可知，尺寸链由六环组成，其中轴向间隙 A_0 是在装配的最后自然形成的，因此 A_0 为封闭环。由图可知影响 A_0 大小的尺寸还有轴的尺寸 A_1、大套筒的尺寸 A_2、齿轮箱体的尺寸 A_3 和 A_4 以及小套筒的尺寸 A_5，可画出如图 9-9（b）所示尺寸链图。按照回路法判断可知：A_3、A_4 与 A_0 反向为增环，A_1、A_2、A_5 与 A_0 同向为减环。

（2）校核各环的基本尺寸，即

$$L_0 = (L_3 + L_4) - (L_1 + L_2 + L_5)$$
$$= (100 + 30) - (121 + 5 + 4)$$
$$= 0$$

各环的基本尺寸合格。

（3）确定各组成环公差和极限偏差。

先根据等公差法，由式（9-5）可得组成环的平均公差为

$$T_{av} = \frac{T_0}{m} = \frac{0.40}{5} = 0.08 \text{ mm}$$

再选择补偿环，通常选易加工、便于拆卸的零件。本例选择 A_1 作为补偿环，在装配尺寸链中起协调作用。A_3 和 A_4 较难加工且尺寸较大，则其公差可略大；A_2 和 A_5 较易加工，但其尺寸较小，公差应较小。因此，确定除补偿环以外的各环公差如下：

$T_2 = 0.048$ mm，$T_3 = 0.140$ mm，$T_4 = 0.084$ mm，$T_5 = 0.048$ mm

再按照"入体原则"标注极限偏差如下：

$A_2 = 5_{-0.048}^{0}$ mm，$A_3 = 100_{0}^{+0.140}$ 0mm，$A_4 = 30_{0}^{+0.084}$ mm，$A_5 = 4_{-0.048}^{0}$ mm

公差等级为 IT10 级。注：也可用等精度法求出接近的公差等级，再查表 3-3 确定各尺寸公差。

（4）计算补偿环的极限偏差。

根据式（9-4），则

$$ES_0 = \sum_{i=1}^{n} ES_i - \sum_{i=n+1}^{m} EI_i$$
$$= (ES_3 + ES_4) - (EI_1 + EI_2 + EI_5)$$
$$EI_1 = (ES_3 + ES_4) - (EI_2 + EI_5) - ES_0$$
$$= (+0.140 + 0.084) - \left[-0.048 + (-0.048) \right] - 0.5$$
$$= -0.18 \text{ mm}$$

$$EI_0 = \sum_{i=1}^{n} EI_i - \sum_{i=n+1}^{m} ES_i$$
$$= (EI_3 + EI_4) - (ES_1 + ES_2 + ES_5)$$
$$= 0 + 0 - ES_1 - 0 - 0$$

$$ES_1 = -EI_0 = -0.1 \text{ mm}$$

所以，补偿环的极限偏差可标注为 $A_1 = 121_{-0.18}^{-0.10}$。

（5）校验。

$$T_0 = T_1 + T_2 + T_3 + T_4 + T_5$$
$$= 0.116 + 0.03 + 0.14 + 0.084 + 0.03$$
$$= 0.4 \text{ mm}$$

即上述计算符合装配精度要求。

3．中间计算

【例 9-3】

加工如图 9-10 所示的轴套，先加工外圆柱面，再加工内孔，要求保证壁厚 10 ± 0.05 mm，外圆对内孔的同轴度公差为 $\phi 0.012$ mm，求外圆尺寸 B_1。

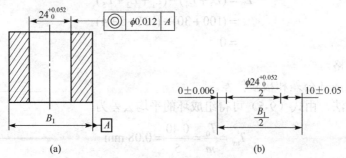

图 9-10　轴套工艺尺寸链

解：

（1）根据题意，封闭环 B_0 为壁厚尺寸 10 ± 0.05 mm，画出尺寸链图，如图 9-10（b）所示。

同轴度应以基本尺寸为零，上下偏差绝对值相等纳入尺寸链中，写成 $B_2 = 0 \pm 0.006$ mm。为了便于建立尺寸间的联系，直径尺寸改为半径尺寸进行计算，即 $B_3 = \dfrac{\phi 24^{+0.052}_{0}}{2} = \phi 12^{+0.026}_{0}$ mm。

（2）判断增减环。按回路法判断可知：$B_1/2$ 为增环，B_2 和 B_3 为减环。

（3）计算增环 $B_1/2$ 的基本尺寸及其极限偏差。

$$10 = \frac{L_1}{2} - (0 + 12)$$

$$L_1 = 44 \text{ mm}$$

$$ES_0 = \sum_{i=1}^{n} ES_i - \sum_{i=n+1}^{m} EI_i$$

$$= \frac{ES_1}{2} - (EI_2 + EI_3)$$

$$\frac{ES_1}{2} = (EI_2 + EI_3) + ES_0$$

$$ES_1 = 2 \times [(-0.006 + 0) + 0.05]$$

$$= +0.088 \text{ mm}$$

$$EI_0 = \sum_{i=1}^{n} EI_i - \sum_{i=n+1}^{m} ES_i$$

$$= \frac{EI_1}{2} - (ES_2 + ES_3)$$

$$\frac{EI_1}{2} = (ES_2 + ES_3) + EI_0$$

$$EI_1 = 2 \times [+0.006 + 0.026 + (-0.05)]$$

$$= -0.036 \text{ mm}$$

故外圆尺寸 $B_1 = \phi 44^{+0.088}_{-0.036}$ mm。

9.3 大数互换法

实践中，在大批量生产且工艺过程稳定的情况下，各组成环的实际尺寸出现极限值是小概率事件，多数尺寸呈正态分布趋近于公差带中间值，而增环与减环以相反的极限值形成封闭环的概率就更小。因此，不适宜用完全互换法解尺寸链。

大数互换法是在绝大多数产品中，装配时各组成环不需要挑选或改变其大小、位置，装配后能达到封闭环的公差要求。该法是以保证大数互换为出发点的，装配时有少量组件、部件、零件不合格（可能存在 0.27% 的不合格品率），留待个别处理，因此又称为不完全互换法；同时该方法采用统计公差公式，又可称为概率法。

9.3.1 基本公式

大数互换法和完全互换法所用的基本公式，区别只在封闭环公差及平均公差的计算上，其他完全相同。

1. 封闭环的公差

根据概率统计原理的有关知识，可得封闭环公差公式如下：

$$T_0 = \frac{1}{k_0}\sqrt{\sum_{i=1}^{m}\xi_i^2 k_i^2 T_i^2}$$

式中，k_0 为封闭环的相对分布系数；k_i 为第 i 组成环的相对分布系数。

由于机械制造中的尺寸多数为正态分布，因此相对分布系数 $k=1$，则得

$$T_0 = \sqrt{\sum_{i=1}^{m}T_i^2} \tag{9-6}$$

2. 封闭环的中间偏差

$$\Delta_0 = \sum_{i=1}^{m}\xi_i\left(\Delta_i + \frac{e_iT}{2}\right) \tag{9-7}$$

式中，e_i 为第 i 组成环尺寸分布曲线的不对称系数。

由图9-11可知，各环的中间偏差等于上下偏差的平均值，即

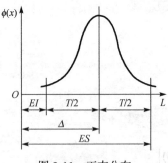

图 9-11   正态分布

$$\Delta_i = \frac{ES_i + EI_i}{2} \tag{9-8}$$

因此

$$ES_i = \Delta_i + \frac{T_i}{2}; \quad EI_i = \Delta_i - \frac{T_i}{2} \tag{9-9}$$

各环的中间尺寸为

$$\frac{L_{i\max} + L_{i\min}}{2} = L_i + \Delta \tag{9-10}$$

尺寸在正态分布时，$e_i = 0$，因此封闭环的中间偏差等于所有增环中间偏差之和减去所有减环中间偏差之和，即

$$\Delta_0 = \sum_{i=1}^{n}\vec{\Delta}_i - \sum_{i=1}^{m}\overleftarrow{\Delta}_i \tag{9-11}$$

3. 各组成环的平均公差

在设计计算时，可按"等公差"原则先求出各组成环的平均统计公差，即

$$T_{av} = \frac{T_0}{\sqrt{m}} \tag{9-12}$$

再根据生产经验，考虑各组成环尺寸的大小和加工难易程度进行调整。具体调整方法同完全互换装配法。

9.3.2   大数互换法解尺寸链

【例9-4】

采用大数互换法确定例9-2所述齿轮箱部件各组成零件尺寸的极限偏差。

解：

（1）确定封闭环，画出尺寸链图。方法与例9-2相同。A_3、A_4 与 A_0 反向为增环，A_1、A_2、A_5 与 A_0 同向为减环。

（2）确定各组成环公差和极限偏差。

先根据等公差法，由式（9-7）可得组成环的平均公差为

$$T_{av} = \frac{T_0}{\sqrt{m}} = \frac{0.40}{\sqrt{5}} \approx 0.179 \text{ mm}$$

本例仍然选择 A_1 作为补偿环，在装配尺寸链中起协调作用。L_3 和 L_4 较难加工且尺寸较大，则其公差可略大；L_2 和 L_5 较易加工，但其尺寸较小，公差应较小。因此，确定除补偿环以外的各环公差如下：

$$T_2 = 0.07 \text{ mm}, \quad T_3 = 0.3 \text{ m}, \quad T_4 = 0.18 \text{ mm}, \quad T_5 = 0.07 \text{ mm}$$

公差等级约为 IT11 级和 IT12 级。

再按照"入体原则"标注极限偏差如下：

$$A_2 = 5^{\ 0}_{-0.07} \text{ mm}, \quad A_3 = 100^{+0.31}_{\ 0} \text{ mm}, \quad A_4 = 30^{+0.18}_{\ 0} \text{ mm}, \quad A_5 = 4^{\ 0}_{-0.07} \text{ mm}$$

根据式（9-8），各环的中间偏差为

$$\Delta_0 = 0.3 \text{ mm}, \quad \Delta_2 = -0.035 \text{ mm},$$

$$\Delta_3 = 0.155 \text{ mm}, \quad \Delta_4 = 0.09 \text{ mm}, \quad \Delta_5 = -0.035 \text{ mm}$$

（3）计算补偿环的极限偏差。

按式（9-6）计算得协调环 A_1 的公差为

$$\begin{aligned}
T_1 &= \sqrt{T_0^2 - (T_2^2 + T_3^2 + T_4^2 + T_5^2)} \\
&= \sqrt{0.4^2 - (0.07^2 + 0.31^2 + 0.18^2 + 0.07^2)} \\
&\approx 0.148 \text{ mm}
\end{aligned}$$

根据式（9-11）和式（9-9），可得协调环 A_1 的中间偏差和极限偏差为

$$\begin{aligned}
\Delta_1 &= (\Delta_3 + \Delta_4) - (\Delta_0 + \Delta_2 + \Delta_5) \\
&= (0.155 + 0.09) - (0.3 - 0.035 - 0.035) \\
&= 0.015 \text{ mm}
\end{aligned}$$

$$ES_1 = \Delta_1 + \frac{T_1}{2} = 0.015 + 0.074 = 0.089 \text{ mm}$$

$$EI_1 = \Delta_1 - \frac{T_1}{2} = 0.015 - 0.074 = -0.059 \text{ mm}$$

所以，补偿环的极限偏差可标注为 $A_1 = 121^{+0.089}_{-0.059}$。

（4）验算。

$$\begin{aligned}
T_0 &= \sqrt{T_1^2 + T_2^2 + T_3^2 + T_4^2 + T_5^2} \\
&= \sqrt{0.148^2 + 0.07^2 + 0.31^2 + 0.18^2 + 0.07^2} \\
&\approx 0.40 \text{ mm}
\end{aligned}$$

从上面的计算可以看出：在封闭环公差一定的情况下，利用大数互换法装配其组成环的公差比完全互换法装配时组成环的平均公差扩大了 $\sqrt{m}$ 倍。尤其是在环数较多，组成环又呈正态分布时，扩大的组成环公差最显著，对组成环零件的加工变得更容易，可降低各组成环的加工

成本。但装配后可能会有少量的产品达不到装配精度要求，产生超差。这一问题一般可通过更换组成环中的1～2个零件加以解决。大数互换法常用在封闭环要求较宽的多环尺寸链及生产节拍不是很严格的成批生产中。例如，机床和仪器仪表等产品。

完全互换装配法具有装配质量稳定、可靠，对工人的技术等级要求较低，可使装配过程简单、经济，生产率高，易于组织流水及自动化装配，又可保证零部件的互换性，适用于汽车制造等的专业化生产和协作生产。因此，只要能满足零件加工的经济精度要求，无论何种生产类型都应首先考虑采用完全互换法装配。但是当装配精度要求较高，尤其是组成环数较多时，零件就难以按经济精度制造。这时当放大组成环公差所得到的经济效果超过为避免超差而采取的工艺措施所花的代价时，在较大批量生产条件下，就可考虑采用不完全互换法装配。

本 章 小 结

1. 尺寸链是一个封闭的尺寸组，可以按各环尺寸所处的空间位置、几何特性、尺寸链的应用范围及其组合形式进行分类。

2. 尺寸链中封闭环和组成环的确定及尺寸链的求解方法。

3. 计算尺寸链的方法有完全互换法和大数互换法。完全互换法是尺寸链计算中最基本的方法，可以解决校核计算、设计计算和中间计算这三种类型的任务。大数互换法与完全互换法有不同之处，应用条件不同。

习 题

一、选择题

1. 对于尺寸链封闭环的确定，下列论述不正确的有（　　）。

A. 图样中未注尺寸的那一环　　　　B. 在装配过程中最后形成的一环

C. 在零件加工过程中间接形成的一环　　D. 尺寸链中设计要求达到的那一环

2. 中间计算主要用于（　　）。

A. 工艺设计　　　　　　　　　　B. 产品设计

C. 求工序间的加工余量　　　　　D. 验证设计的正确性

3. 在零件尺寸链中，应选择（　　）尺寸作为封闭环。

A. 最重要的　　B. 不太重要的　　C. 最不重要的　　D. 随便一个

4. 在装配尺寸链中，封闭环的公差往往体现了机器或部件的精度，因此在设计中应使形成此封闭环的尺寸链的环数（　　）。

A. 越少越好　　B. 多少无宜　　C. 越多越好　　D. 有固定的数

5. 封闭环的基本尺寸等于（　　）。

A. 所有增环的基本尺寸之和

B. 所有减环的基本尺寸之和

C. 所有增环的基本尺寸之和减去所有减环的基本尺寸之和

D. 所有减环的基本尺寸之和减去所有增环的基本尺寸之和

6. 封闭环的公差是（　　）。

A. 所有增环的公差之和

B. 所有减环的公差之和

C. 所有增环与减环的公差之和

D. 所有增环公差之和减去所有减环的公差之和

二、判断题

1. 一个尺寸链必须由增环、减环和封闭环组成。　　　　　　　　　　　　　　（　　）

2. 一条尺寸链中封闭环可以有两个或两个以上。　　　　　　　　　　　　　　（　　）

3. 尺寸链增环增大，则封闭环增大；减环减小，则封闭环减小。　　　　　　　（　　）

4. 用回路法判断尺寸链增减环，与封闭环箭头方向相反的为增环。　　　　　　（　　）

5. 零件尺寸链中一般选择最重要的尺寸作为封闭环。　　　　　　　　　　　　（　　）

6. 封闭环的公差值一定大于任一组成环的公差值。　　　　　　　　　　　　　（　　）

三、简答题

1. 什么叫尺寸链？它有何特点？

2. 如何确定一个尺寸链的封闭环？如何区分组成环中的增环与减环？

3. 尺寸链计算主要为解决哪几类问题？

4. 什么是最短尺寸链原则？

5. 完全互换法、大数互换法各有何特点？各适用于何种场合？

四、综合计算题

1. 如图 9-12 所示为车床溜板部位局部装配简图，装配间隙要求为 $0.005 \sim 0.025$ mm，已知有关零件的基本尺寸及其偏差为：$A_1 = 25^{+0.084}_{0}$ mm，$A_2 = 20 \pm 0.065$ mm，$A_3 = 5 \pm 0.006$ mm，试校验装配间隙 A_0 能否得到保证（画出尺寸链图）。

2. 如图 9-13 所示工件外圆、内孔及端面均已加工完毕，本道工序加工 A 面，必须保证设计尺寸 8 ± 0.1 mm。由于不便测量，现以 B 面作为测量基准，试求 A 到 B 的尺寸及其极限偏差（画出尺寸链图）。

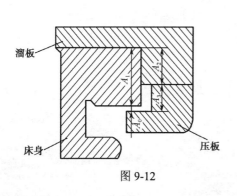

图 9-12

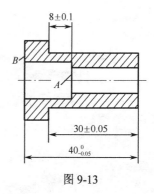

图 9-13

3. 如图 9-14 所示，加工一轴套，加工工艺过程为：粗镗孔至 $A_1 = \phi 49.6^{+0.08}_{0}$ mm；插键槽 A_2；精镗孔 $A_3 = \phi 50^{+0.05}_{0}$ mm；（4）要求达到 $A_4 = 52.7^{+0.30}_{0}$ mm。求键槽工艺尺寸 A_2 的基本尺寸和极限偏差。

4. 如图 9-15 所示为一套筒装配图，各组成零件的尺寸：$B_1 = 5_{-0.05}^{0}$，$B_2 = 80_{0}^{+0.14}$，$B_3 = 75_{-0.1}^{0}$。试分别用完全互换法和大数互换法计算装配后螺母在套筒内的轴向窜动量 B_0 的尺寸。

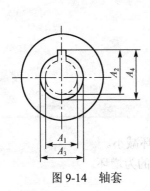

图 9-14 轴套

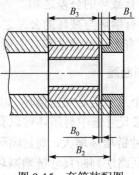

图 9-15 套筒装配图

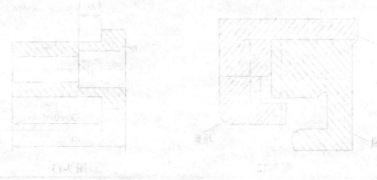

参考文献

[1] 陈于萍，周兆元. 互换性与测量技术基础（第 2 版）. 北京：机械工业出版社，2005.

[2] 胡凤兰. 互换性与技术测量基础（第二版）. 北京：高等教育出版社，2010.

[3] 徐茂功，公差配合与技术测量（第 3 版）. 北京：机械工业出版社，2008.

[4] 周玉凤，杜向阳. 互换性与技术测量. 北京：清华大学出版社，2008.

[5] 廖念钊，古莹奄，莫雨松等. 互换性与技术测量（第五版）. 北京：中国计量出版社，2010 .

[6] 何永熹. 机械精度设计与检测. 北京：国防工业出版社，2006.

[7] 邓英剑，杨冬生. 公差配合与测量技术. 北京：国防工业出版社，2008.

[8] 王伯平. 互换性与测量技术基础（第 3 版）. 北京：机械工业出版社，2008.

[9] 孔晓玲. 公差与测量技术. 北京：北京大学出版社，2009.

[10] 武良臣，吕宝占，明哲. 互换性与技术测量. 北京：北京邮电大学出版社，2009.

[11] 甘永立. 几何量公差与检测（第九版）. 上海：上海科学技术出版社，2010.

[12] 朱定见，葛为民. 互换性与测量技术. 大连：大连理工大学出版社，2010.

[13] 夏家华，沈顺成. 互换性与技术测量基础. 北京：北京理工大学出版社，2010.

[14] 李柱，徐振高，蒋向前. 互换性与技术测量——几何产品技术规范与认证 GPS. 北京：高等教育出版社，2004.

[15] 考试与命题研究组. 互换性与技术测量习题与学习指导. 北京：北京理工大学出版社，2009.

[16] 杨好学，蔡霞. 公差与技术测量. 北京：国防工业出版社，2009.

[17] 陈于萍，李翔英，蒋平. 互换性与测量技术基础学习指导及习题集. 北京：机械工业出版社，2006

[18] 重庆大学精密测试实验室. 互换性与技术测量实验指导书. 北京：中国质检出版社，2011.

[19] 杨武成，孙俊茹. 互换性与技术测量实验指导书. 西安：西安电子科技大学出版社，2009.

[20] 郑建中. 互换性与测量技术习题与解答. 北京：清华大学出版社，2007.

反侵权盗版声明

电子工业出版社依法对本作品享有专有出版权。任何未经权利人书面许可，复制、销售或通过信息网络传播本作品的行为，歪曲、篡改、剽窃本作品的行为，均违反《中华人民共和国著作权法》，其行为人应承担相应的民事责任和行政责任，构成犯罪的，将被依法追究刑事责任。

为了维护市场秩序，保护权利人的合法权益，我社将依法查处和打击侵权盗版的单位和个人。欢迎社会各界人士积极举报侵权盗版行为，本社将奖励举报有功人员，并保证举报人的信息不被泄露。

举报电话：（010）88254396；（010）88258888

传　　真：（010）88254397

E-mail：　　dbqq@phei.com.cn

通信地址：北京市万寿路 173 信箱

　　　　　电子工业出版社总编办公室

邮　　编：100036